"十三五"国家重点出版物出版规划项目

弗吉尼亚栎引种研究与应用

The introduction and applications of *Quercus virginiana*

陈益泰　王树凤　孙海菁　赵锦年　编著

浙江出版联合集团　浙江科学技术出版社

图书在版编目(CIP)数据

弗吉尼亚栎引种研究与应用 / 陈益泰,王树凤,孙海菁等编著.—杭州:浙江科学技术出版社,2017.6
ISBN 978-7-5341-7550-3

Ⅰ.①弗⋯ Ⅱ.①陈⋯ ②王⋯ ③孙⋯ Ⅲ.①栎属–引种–研究–弗吉尼亚 Ⅳ.①S792.180.4

中国版本图书馆 CIP 数据核字(2017)第 075267 号

书　　名	弗吉尼亚栎引种研究与应用
编　　著	陈益泰　王树凤　孙海菁　赵锦年
出版发行	浙江科学技术出版社 杭州市体育场路 347 号　邮政编码:310006 办公室电话:0571-85062601 销售部电话:0571-85171220 网　　址:www.zkpress.com E-mail:zkpress@zkpress.com
排　　版	杭州大漠照排印刷有限公司
印　　刷	浙江新华数码印务有限公司
经　　销	全国各地新华书店
开　　本	787×1092　1/16　　印　张　15.75
字　　数	310 000
版　　次	2017 年 6 月第 1 版　　2017 年 6 月第 1 次印刷
书　　号	ISBN 978-7-5341-7550-3　　定　价　198.00 元

版权所有　翻印必究
(图书出现倒装、缺页等印装质量问题,本社销售部负责调换)

策划组稿	詹　喜	责任编辑	詹　喜
特邀编辑	张　韵	责任校对	赵　艳
责任美编	金　晖	责任印务	田　文

《弗吉尼亚栎引种研究与应用》编写人员

编　著　陈益泰　王树凤　孙海菁　赵锦年

编　委　（按姓氏拼音排序）

陈　炳　陈雨春　陈竹君　何理坤　何云芳

胡韵雪　路　鲲　路晓宏　吕明杰　孟现东

潘红伟　潘士华　饶龙兵　沈春明　沈正阳

施　翔　谭君琴　唐雪元　王　华　王金明

王　军　王士杰　王　松　王　涛　吴敏霞

吴天林　徐小源　颜福彬　叶天龙　袁　杰

张晓磊　周和锋

前言 PREFACE

我国长江三角洲平原地区人口密集、城镇林立，经济相对比较发达。随着经济的高速发展和城乡人民生活水平的逐步提高，人们对人居环境的安全和绿化、美化需求也愈来愈高。但是，在浙江、上海、江苏沿海平原地区，森林覆盖率低下，景观单调，存在土地资源紧张，地下水位和土壤盐碱度较高，局部地区环境污染较重，还有台风、暴雨、洪水和冬季寒风、倒春寒等自然灾害的袭击等问题，总体上生态环境远远不能满足人们的需求，这在一定程度上影响了社会经济的可持续发展。因此，加强沿海城乡绿化和沿海防护林体系建设具有重要的战略意义。

在长三角沿海地区防护林和城镇绿化建设中，比较突出的技术难题是树种多样性不足。常见的城乡绿化乔木树种水杉、香樟、杜英等，多不耐盐碱，而南方沿海地区的木麻黄、桉树等受到耐寒性的限制不能在杭州湾及其以北地区应用。因此，常绿型抗风、耐盐、耐湿、耐污染乔木树种的选择已成为该地区绿化建设迫切需要解决的课题。

树木引种驯化是增加生物多样性、改善人居环境和发展人工林、提高生产力的重要手段，世界各国不论乡土树种资源丰富或稀少，均普遍重视树木引种驯化工作。国内外引种成功并大面积推广应用的实例举不胜举，最突出的例子是巴西的桉树引种和新西兰的辐射松引种。巴西在20世纪80年代大规模引进桉树优良无性系造林，极大地提高了森林生产力。新西兰引进美国的辐射松，成为该国人工造林的最主要树种。我国树木引种历史悠久，成效显著，近几十年来更是树木引种研究的高潮时期。1983年，著名森林地理学家和树木引种专家吴中伦院士领导的研究团队编写出版了《国外树种引种概论》，该书介绍了85科570种外来树种的引种表现；1994年，潘志刚、游应天等编著出版了《中国主要外来树种引种栽培》，该书介绍了47科200种外来树种的引种表现。如美国南方松类、澳洲桉树和欧洲杨树无性系等在我国的引种取得极大成功，并已在我国得到大规模应用，在木材生产、社会经济发展和生态环境改善方面发挥了重大作用。引种实践证明，从气候条件相似的地区引进树种，引种成功的概率较高。

栎属植物种类众多，在全球分布很广，是构成温带、亚热带森林群落的重要成员，也是多功能的重要生态经济树种，然而我国对栎树的研究包括引种研究相对还比较薄弱，最近十多年才得到了加强。为丰富我国长三角及东南沿海地区的树种多样性，在国家林业局948项目"耐水湿耐盐碱优良树种资源引进"（2000-04-15）的资助下，中国林业科学研究院亚热带林业研究所于2001年从美国东南沿海地区引进常绿乔木树种弗吉尼亚栎（*Quercus virginiana* Mill.，简称弗栎）进行了多点试种，同时开展了十多种北美栎树的引种研究。十多年来的引种研究与栽培实践证明，弗吉尼亚栎是一个适宜在我国长江中下游及其以南沿海地区推广的优良树种。它的突出优点是生态幅较宽，对气温、光照、水分、养分、盐度、污染物质等环境的适应范围较大，特别对干旱或水涝、盐碱、瘠薄、重金属污染和强风等恶劣环境具有较强的单一抗性和综合抗性，因而成为生态脆弱地区植被恢复和沿海防护林建设的优先选择对象。同时，由于它的常绿特性（大致在北纬33°线以南）、巨大的冠幅和强大的萌生能力等特点，成为城市行道树、园林绿化的优良树种。目前，在长江三角洲地区，弗吉尼亚栎已广泛用于沿海防护林和城镇、厂区绿化工程。

为进一步推广应用这个优新树种，现将十多年来对弗吉尼亚栎的引种研究进行阶段性总结，以供生产单位和林业、园林管理部门参考。在对弗吉尼亚栎的研究过程中，常常结合其他栎树同时开展对比研究，因此，本书的内容实际上涉及多种北美栎树和国产栎树，信息比较丰富。栎树的生命史大多长达数百年，目前我们对弗吉尼亚栎等树种的认识仅仅是幼年阶段的初步研究结果，未来的路还很长，有待后来者继续深入研究，获取有关弗吉尼亚栎以及栎属树种更加全面而准确的知识。

最后，谨向所有参与本书编写的同人表示感谢。由于作者水平和编写时间所限，书中存在不足和疏漏之处在所难免，敬请读者批评指正。

陈益泰
2017年2月
于浙江富阳

目录
CONTENTS

第一章　弗吉尼亚栎及其引种概况

第一节　栎树简介 / 002

第二节　弗吉尼亚栎的自然分布、生境和基本特性 / 004

第三节　弗吉尼亚栎在我国的引种概况与应用前景 / 008

　　（一）弗吉尼亚栎的引种概况 / 008

　　（二）弗吉尼亚栎的应用前景 / 009

参考文献 / 015

第二章　弗吉尼亚栎引种生物学特性研究

第一节　弗吉尼亚栎种子发芽与苗期生长 / 018

　　（一）种子萌发与幼苗生长 / 018

　　（二）一年生苗木的地上部与根系生长 / 023

第二节　弗吉尼亚栎的物候特征与萌生能力 / 031

　　（一）物候特征 / 031

　　（二）萌生能力 / 031

第三节　弗吉尼亚栎分枝习性与形态分化 / 033

　　（一）分枝习性 / 033

　　（二）树形分化及其生长差异 / 035

　　（三）树皮和叶形变异 / 038

第四节　弗吉尼亚栎的光合特性和养分吸收利用 / 041

　　（一）弗吉尼亚栎的光合特性 / 041

　　（二）弗吉尼亚栎对遮阴的响应 / 045

　　（三）弗吉尼亚栎与几种栎树养分利用效率的比较 / 047

　　（四）弗吉尼亚栎等对养分供应水平的响应 / 050

第五节　弗吉尼亚栎幼林生长表现 / 054
　　（一）弗吉尼亚栎林分生长 / 054
　　（二）栽种密度对弗吉尼亚栎林木生长的影响 / 055
　　（三）相似立地条件下弗吉尼亚栎与其他栎树的比较 / 056
第六节　弗吉尼亚栎的开花结实 / 060
　　（一）弗吉尼亚栎开花结实年龄 / 060
　　（二）弗吉尼亚栎的开花 / 060
　　（三）弗吉尼亚栎果实着生特性 / 061
　　（四）弗吉尼亚栎种实生长发育动态 / 064
　　（五）弗吉尼亚栎成熟种子形态特征 / 066
　　（六）弗吉尼亚栎种子成熟期 / 070
　　（七）弗吉尼亚栎种子产量 / 075
　　（八）弗吉尼亚栎种子的营养价值 / 078
第七节　简要总结 / 081
参考文献 / 083

第三章　弗吉尼亚栎的抗逆性及其生理基础

第一节　弗吉尼亚栎对干旱胁迫的响应 / 086
　　（一）叶片水势和相对含水量 / 086
　　（二）叶绿素 / 087
　　（三）相对电导率和丙二醛含量 / 088
　　（四）脯氨酸含量 / 088
　　（五）叶绿素荧光 / 089
第二节　弗吉尼亚栎等对水涝胁迫的响应 / 092
　　（一）形态学响应 / 092

　　　　（二）生长响应 / 095
　　　　（三）生理生化响应 / 099
　　　　（四）弗吉尼亚栎等栎树耐涝性综合评价 / 104
　　　　（五）研究小结 / 108
　　第三节　弗吉尼亚栎耐盐性及其生理基础 / 110
　　　　（一）弗吉尼亚栎对盐胁迫的耐受性与适应机理 / 110
　　　　（二）弗吉尼亚栎等6树种的耐盐性比较研究 / 123
　　第四节　弗吉尼亚栎在重金属污染土壤的适应性 / 135
　　　　（一）盆栽条件下3种栎树对重金属污染土壤的响应 / 135
　　　　（二）弗吉尼亚栎等树种在尾矿库的造林表现 / 138
　　第五节　弗吉尼亚栎的耐寒性与适宜引种范围 / 140
　　　　（一）弗吉尼亚栎苗木的冷冻试验 / 140
　　　　（二）弗吉尼亚栎引种实践与适宜区域分析 / 141
　　第六节　简要总结 / 143
　　参考文献 / 145

第四章　弗吉尼亚栎的繁殖和栽培技术

　　第一节　弗吉尼亚栎无性繁殖技术 / 148
　　　　（一）弗吉尼亚栎扦插繁殖试验 / 148
　　　　（二）弗吉尼亚栎扦插育苗技术体系构建 / 152
　　　　（三）组织培养技术探索 / 155
　　第二节　弗吉尼亚栎种子繁殖技术 / 161
　　　　（一）弗吉尼亚栎播种育苗技术 / 161
　　　　（二）弗吉尼亚栎大苗培育技术 / 163
　　　　（三）弗吉尼亚栎母树林的建立 / 166

第三节　弗吉尼亚栎造林技术 / 169
　　（一）造林地选择 / 169
　　（二）整地与土壤改良 / 169
　　（三）苗木选用 / 170
　　（四）栽植株行距 / 170
　　（五）栽植深度 / 171
　　（六）干旱与灌溉 / 171
　　（七）套种与施肥 / 172
参考文献 / 173

第五章　弗吉尼亚栎主要害虫及其防治技术

第一节　栎树害虫种类与为害 / 176
第二节　弗吉尼亚栎的主要害虫及其生物学特性 / 179
第三节　星天牛对弗吉尼亚栎的为害及其防治建议 / 196
　　（一）研究方法 / 196
　　（二）主要研究结果 / 197
第四节　栎树主要害虫防控技术 / 210
　　（一）提升栎林自身保护性能 / 210
　　（二）营林措施和人工防治 / 210
　　（三）开展多途径的生物防治 / 211
　　（四）灯诱监测和诱杀栎林中趋光性害虫 / 212
　　（五）药剂防治 / 213
参考文献 / 216

第六章　弗吉尼亚栎的遗传变异与改良策略

第一节　弗吉尼亚栎半同胞家系苗期生长的遗传变异 / 220
　　（一）家系间种子性状的差异 / 220
　　（二）家系间出苗速度和出苗率的差异 / 222
　　（三）家系间苗木生长的差异 / 223
　　（四）苗木生长与种子性状的简单相关 / 225
　　（五）结论与讨论 / 227
第二节　弗吉尼亚栎半同胞家系抗逆性的差异 / 229
第三节　弗吉尼亚栎无性系生长差异 / 231
第四节　弗吉尼亚栎的遗传改良策略与方法 / 234
　　（一）选育方向与目标 / 234
　　（二）选育策略与技术路线 / 235

参考文献 / 240

第一章
弗吉尼亚栎及其引种概况

树木引种驯化（tree introduction and domestication），包含引种和驯化两个概念。引种就是将一个树种或品系的繁殖材料（种子、穗条或植株）从它的自然分布区或原有栽培区引入到一个新的地理区域和新的环境下进行栽培，考察其生长发育过程和表现，评价其适应性和应用价值，再加以选择和利用的过程。驯化是在引种的基础上，进一步通过栽培环境诱导和人工选择，使得一种处于野生状态的树种逐步改变其原有的种群遗传结构，提高适生优良基因频率，或者通过优良基因型的挑选与扩繁，最终成为适宜在新环境下栽培的新种群或新品系。因此，选择是树木引种驯化的核心。

为改变一个地区生物多样性贫乏的现状，或者为了获取某些急需的特殊种质资源，树木引种是一个相对简便易行而且快速的途径。林业工作者开展树木引种，需要有的放矢，先要明确引种目的与目标，再广泛查找资料，确定候选引种对象。开展弗吉尼亚栎引种的最初目的，就是为了解决我国长三角沿海地区常绿型抗风耐盐树种资源稀少的问题。

第一节
栎树简介

壳斗科(Fagaceae)中的栎属(*Quercus* L.)植物在全世界约有300多种,占壳斗科树种总数的1/3左右,包括落叶栎树和常绿栎树,分布在北半球的亚洲、欧洲、北美洲和非洲大陆,南北跨越40个纬度,东西跨越75个经度,是构成温带和亚热带森林群落的重要成员。

栎属树种生境条件复杂多样,从低纬度到高纬度,从沿海平原到内陆丘陵、高山,从水湿地、深厚冲积土到干旱瘠薄的沙地荒漠,都有栎树的分布。栎树大多喜光、深根性,对土壤条件要求不严,能在干旱瘠薄的山地生长,但以深厚肥沃、湿润、排水良好的中性至微酸性土壤最为适宜。一般生长在海拔500~1500 m的阳坡山麓、山沟。

栎属多为高大乔木,树高达20~30 m,树皮坚硬,暗褐色,呈不规则深纵裂。枝有顶芽,芽鳞数枚,覆瓦状排列。叶互生,具短柄,边缘具粗细不等的锯齿,少有深裂或全缘。花雌雄同株。雄花序为纤弱的下垂的柔荑花序,单朵散生或数朵簇生于花轴;花萼一般为4~7裂;雄蕊与花萼裂片同数,有时较少。雌花单生、簇生或排成直立穗状花序,每一雌花单生于总苞内;花萼5~6片,深裂;子房3室,少数为2或4室,每室2胚珠,花柱与子房室同数。果实称之为壳斗或橡实,呈杯状、碗状、碟状、半球形或近钟形。苞片鳞形、线形或钻形,覆瓦状排列,紧贴、开展或反曲,坚果单生或双生,个别丛生,当年或第二年成熟。

栎树树势雄伟,根深叶茂,有的秋天五彩缤纷,它们一般生长较慢,寿命较长,大多结实丰盛,为野生动物和鸟类提供了丰富食物。因此,栎树具有强大而且持久的生态服务功能和重要的环境保护价值。栎树的经济用途广泛,价值很高。栎树材质优异,质地硬重,抗冲击、耐腐蚀,是传统的工业用材,广泛用于建筑、船舶、车辆、矿柱、枕木、农具等。尤其木材纹理美观,是制造名贵家具、地板、细木工板和手工艺品等的优质用材。"橡木"是世界上优质商品材和装饰材的重要来源。此外,栎树的枝丫材热值高,自古就是山区居民薪炭材的主要来源。栎树皮、壳斗等富含单宁,可用于制革。橡实富含淀粉,可制作食品、酒类和饲料,并有可能在生物质能源方面具有开发利用价值。

亚洲的栎属植物资源丰富,最新的研究认为,亚洲的东南部,包括我国的云南省、缅甸、老挝等地可能是世界栎属植物的起源中心。我国拥有丰富的栎属植物资源和森林面积，树种 50 多种，分布于从东北三省、华北、西北、华中直到西南的近 20 多个省（自治区），分类学家将我国的栎树分为 5 个组：麻栎组（Section *Aegilops*）、槲栎组（Section *Quercus*）、橿子栎组（Section *Echinolepides*）、高山栎组（Section *Brachylepides*）和巴东栎组（Section *Engleriana*）。我国的栎树绝大多数分布于丘陵山地，在东部沿海平原地区分布稀少。

北美洲的栎树大约有 60 多种，栎树是美国最重要的阔叶树，美国优质硬阔木材的产量中有一半出自栎树。美国的栎树不但分布于山地，在东南沿海平原、中部密西西比河谷平原及低湿地森林中也占有较多的种类。美国东南部地区与我国长江中下游地区的气候环境条件比较相似，因此成为我国引种北美栎树的主要地区。北美栎树被分成两组：红栎组和白栎组。红栎组大多数树种的叶片为深裂叶，叶尖具有刚毛状刺，叶缘尖锯齿状。果实两年成熟，果肉有苦味，通常不可食用。大多数红栎的树皮颜色较深。白栎组树种的叶片带有圆形浅裂片或钝的叶缘锯齿，橡实当年成熟，果肉无苦味，常常可以食用，多数白栎的树皮颜色较浅。

弗吉尼亚栎（*Quercus virginiana* Mill.，简称弗栎）是白栎组树种中的一种。

第二节
弗吉尼亚栎的自然分布、生境和基本特性

弗吉尼亚栎是栎属常绿乔木树种，分布于美国东南部沿海平原和岛屿，从弗吉尼亚州东南部起，南到佐治亚州南部、佛罗里达州全部以及沿着墨西哥湾沿岸到路易斯安那州南部，西至得克萨斯州中部一线，均有弗吉尼亚栎的自然分布。在俄克拉荷马州西南部和墨西哥东北山区也有零星分布。分布区气候湿润，年雨量变化于得克萨斯的 810 mm 到海湾沿海的 1650 mm，在大西洋沿岸的佛罗里达州为 1270 mm，在生长季节 3～9 月间，平均降雨量从西部的 460 mm 到东部和南部的 660～760 mm。在西部部分地区还有严重的夏季干旱。夏季平均气温 27 ℃，冬季平均气温变动于东部和西部的 2 ℃ 至南部的 16 ℃（佛罗里达州南部），无霜期在东部和西部达 240 d，在佛罗里达南部超过 300 d。

弗吉尼亚栎通常生长于沿海地带的砂质土壤，很耐盐雾，也能耐较高的土壤盐分，这使它成为大西洋和海湾沿岸荒岛林地的优势树种。在南卡罗来纳州，它被发现于干燥的沙地森林、湿润肥沃森林和湿地森林之中。在佛罗里达州，它出现在各种生境之中，从沙丘到低洼地，一般都是优势树种。在路易斯安那州，弗吉尼亚栎是沿海沼泽地边缘大堤上的优势树种。

弗吉尼亚栎寿命长达数百年，树冠可以达到 40～50 m 的跨度，自由生长的植株，胸高直径可达 2 m 以上，树高 15～18 m。据美国佐治亚州林业协会的报道，生长在佐治亚州南部韦克罗斯的一株最大的弗吉尼亚栎，直径 304 cm，树高 26.2 m，冠幅 43.6 m。又据报道，在南卡罗来纳州的约翰岛上一株弗吉尼亚栎古树年龄超过 700 年，树干围径 8.5 m，高度 20.2 m，冠幅 57 m。图 1-1 是作者于 2001 年在密西西比州的滨海城市格尔夫波特市的南方大学门前见到的一株弗吉尼亚栎古树。其栽种于 1487 年（当时树龄 514 年），高约 20 m，几个粗大侧枝辐射状展开使冠幅达 30 m 以上。图 1-2 是在亚拉巴马州莫比尔市的一株弗吉尼亚栎古树，围径 7 m，高 19 m，冠幅 43 m；图 1-3 和图 1-4 是在 18 世纪初期和中期栽植的弗吉尼亚栎古树林荫道，分别位于路易斯安那州的 Vacheric 和南卡罗来纳州的 Mount Pleasant，显示出一片宁静、舒适的环境，令人向往。弗吉尼亚栎古树经历了数百年的历史沧桑，它们在研究历史气候变迁的树木年代学（Dendrochronologia）领域中，也许具有重要的科学文化价值。

第一章　弗吉尼亚栎及其引种概况

图1-1　位于密西西比州格尔夫波特市南方大学门前的一株弗吉尼亚栎古树

图1-2　位于亚拉巴马州莫比尔市新教徒儿童之家外侧的一株弗吉尼亚栎古树
（供图：Chris Pruitt，2012）

图 1-3 位于路易斯安那州 Vacheric 的弗吉尼亚栎林荫道
（供图：Emily Richardson，2012）

图 1-4 位于南卡罗来纳州 Mount Pleasant 的弗吉尼亚栎林荫道
（供图：Brian Stansberry，2012）

弗吉尼亚栎枝叶浓密，叶片互生，长椭圆形或倒卵形，叶尖钝圆。幼苗叶片常有刺尖，但成年树叶缘光滑，少有缺刻。叶灰绿色，长 5~8 cm，宽 1.5~2.5 cm。每年春季老叶脱落，新叶焕发。在南方系常绿树种，但到北方冬季落叶。

弗吉尼亚栎是雌雄同株植物。每年 4~5 月开花。橡子长而渐尖，深褐色到黑色，当年 9~11 月成熟，12 月前脱落。6~8 年生开始结实，每年结实且量大。种子靠重力和动物传播。在种子掉落到地面之后，如果遇到湿润和温暖的立地条件随即发芽，子叶不出土。

弗吉尼亚栎具有旺盛的萌生能力,当顶梢被杀死或树木被割伤,接近地表的根上和根颈能萌发出大量萌条。喜光,但幼年阶段有一定程度的耐阴能力。弗吉尼亚栎为深根性树种,根系发达,枝条具韧性,具有抗击飓风的能力。

弗吉尼亚栎幼树对林火高度敏感,即使是弱度的地面火也会使弗吉尼亚栎薄薄的树皮迅速烧死,上面的树干易遭昆虫和真菌为害。一种由黑斑病菌(*Ceratocystis fagacearum*)引起的枯萎病使弗吉尼亚栎生长衰退,这种病害在美国得克萨斯州每年杀死数千株树木(Juzwik et al.,2008)。由致泡真菌(*Taphrina caerulescens*)造成的叶泡泡病导致相当多的落叶(Camp and Whittingham,1974)。一种蛀虫(*Archodontes melanopus*)普遍侵害大西洋海岸的幼年弗吉尼亚栎,妨碍树木形成正常树形。在某些地点,槲寄生于弗吉尼亚栎的枝条上,西班牙苔藓可能损害弗吉尼亚栎。该树种也容易受冰冻伤害。

第三节
弗吉尼亚栎在我国的引种概况与应用前景

（一）弗吉尼亚栎的引种概况

在国家林业局948项目资助下，从2001年起，中国林业科学研究院亚热带林业研究所首次从美国引进弗吉尼亚栎种子开展引种试验研究，先后参加引种协作的单位有上海市林业总站和松江、南汇、奉贤等区林业站，浙江省林业种苗总站、上虞市世纪阳光园林绿化工程有限公司、慈溪市林业局及林特技术推广站、海宁市农经局、海盐县林特技术推广站、三门县林业局、温岭市农林局、瑞安市林业局，江苏省江都市林业站、东台市通源种苗场，江西省南昌市林业科学研究所，安徽省望江县林业局，湖北省阳新县林业局等十多家单位和种苗企业。2001年和2002年年初，首次引进的美国路易斯安那州种源弗吉尼亚栎种子分别有25 kg和30 kg，2004年又引进路易斯安那州种源种子200 kg，先后在浙江富阳、海宁、上虞、慈溪和上海松江、江苏江都育苗造林。2003~2004年间，江苏省吴江市中林苗木有限公司和浙江慈溪某公司等也引进弗吉尼亚栎种子数百千克，在吴江、慈溪育苗。2005年年初，浙江省林业种苗管理总站组织引进弗吉尼亚栎种子1500 kg分别在上虞、海盐、温岭育苗，上虞市世纪阳光园林绿化工程有限公司在2005~2008年间，先后引进弗吉尼亚栎不同种源种子3000 kg，种源包含美国路易斯安那州、阿肯色州、佛罗里达州和弗吉尼亚州。至2012年，弗吉尼亚栎的引种和推广造林地点有浙江富阳、海盐、上虞、慈溪、舟山、三门、温岭、玉环、瑞安，上海松江、奉贤、南汇、宝山，江苏吴江、江都、东台、盐城直至赣榆，安徽望江，江西南昌、永丰，湖北武汉、阳新、京山等。其中，浙江上虞海发农艺园林有限公司（原上虞市世纪阳光园林绿化工程有限公司）的弗吉尼亚栎育苗和造林规模最大，存苗数量约150万株，海涂栽种面积近4000亩。

引种地基本上属于亚热带季风气候带，年平均降水量991~1421 mm，年平均气温14.2~16.4 ℃，7月平均气温28.6~29.5 ℃，极端最高气温37.8~39.7 ℃，1月平均气温

注：1亩＝666.7 m^2。

2.8~3.7 ℃,无霜期 225~251 d,年平均日照 1817~2038 h。

引种点的土壤基本上有两种类型,一是粉泥质或黏泥质滨海盐土,如慈溪、温岭、瑞安、上虞、海盐、奉贤、南汇等地。慈溪造林地为新围滩涂,0~50 cm 土层平均含盐量 0.50%(0.33%~0.74%),pH 8.94(8.36~9.46)。上虞造林地为 1996 年围垦的滩涂,平均含盐量 0.43%(0.37%~0.61%),pH 8.95(8.56~9.16)。温岭东海塘黏泥滩涂含盐量 0.5%~0.8%,pH 8.5~9.5。各地的老海塘引种点多为轻盐土,土壤含盐量 0.2%~0.3%,pH 8.0~8.5。二是水稻土或潮土,如富阳、吴江、江都、东台、南昌等地。土壤质地为中壤至重壤,中性或偏碱性,多位于水系附近,地下水位一般较高。

引种试验表明,弗吉尼亚栎在各引种点均能正常生长,生长速度中等。如果能够根据林木的生长状况,及时调整栽植密度,将会促进弗吉尼亚栎的加速生长。在 7~10 年生时,林木年均树高生长量 50~60 cm,胸径生长量 1cm 以上,尤其在杭州湾滨海粉泥质盐土(土壤含盐量 0.3%~0.5%)上生长良好。弗吉尼亚栎的径生长与栽植密度关系密切,密度愈小,树冠愈加开张,胸径生长量愈大。自由生长的散生树木,8~10 年生树的胸径年平均生长量可达 1.5 cm 以上。例如,在浙江富阳农田散生的 10 年生弗吉尼亚栎,最大胸径 16.5 cm,树高 5.8 m,冠幅 5.5 m。在慈溪海涂 10 年生疏林中最大单株胸径 16.6 cm,树高 7.5 m,冠幅 5 m。上海松江弗吉尼亚栎疏林在 9 年生时的最优单株,其胸径 15.7 cm,树高 5.8 m,冠幅 6 m。在江苏吴江新申铝业公司厂区栽种的 12 株弗吉尼亚栎行道树(见图 1-5),树龄 12.5 年时的平均胸径达 21.9 cm(最大 24.7 cm),树高 7.8 m,冠幅 6.7 m。

图 1-5 弗吉尼亚栎用于公路绿化工程
(江苏吴江)

观察发现,弗吉尼亚栎 6~7 年便开始结实。目前,在浙江上虞、上海松江、江苏吴江和东台等地的弗吉尼亚栎人工林树龄已达 8~12 年,每年可以采种育苗,尤其在浙江上虞海发农艺园林有限公司专门建立了弗吉尼亚栎母树林,具备每年有数千千克弗吉尼亚栎种子的生产能力。

(二)弗吉尼亚栎的应用前景

弗吉尼亚栎原生于美洲沿海沙地与海岛等恶劣环境,长期自然选择的结果造就了弗吉尼亚栎的多重抗逆性,例如抗风,耐盐雾并耐土壤盐碱,耐水湿,耐瘠薄,耐重金属污染等，因而成为难得的生态治理树种。在长江三角洲及其以南地区，由于它的常绿性和树冠特别广阔，又成为重要的城市园林树种。弗吉尼亚栎在我国的应用前景有如下几个方面：

1. 沿海防护林体系建设工程

弗吉尼亚栎根系发达，枝条柔韧性强，因而具有很强的抗风能力。据有关研究报道，

图1-6　浙江海盐县经济开发区的弗吉尼亚栎防护林带林相（树龄10年）

图1-7　浙江温岭市沿海防护林工程中的弗吉尼亚栎林带

弗吉尼亚栎具有抗飓风的能力，在美国许多南部沿海城市，弗吉尼亚栎是构成沿海防护林群落的主要成员树种。引种试验表明，弗吉尼亚栎能耐含盐量0.3%～0.6%和pH 8.0～9.5的盐土，且具有较强的耐水涝能力，因而成为我国东南沿海滩涂防护林的优良造林树种，受到林业部门的广泛欢迎。目前，在浙江上虞、慈溪、海盐、温岭、瑞安，上海南汇、奉贤，江苏东台等地，弗吉尼亚栎已被大规模用于沿海防护林工程建设之中。另外，在福建、广东沿海沙质海岸防护林建设中也具有广泛的应用前景。

2. 城镇园林绿化工程

由于弗吉尼亚栎树干粗壮，树冠庞大，侧枝萌发力很强，很耐修剪造型，形成伞状树冠，在美国许多南方城市，弗吉尼亚栎被广泛用作城市遮阴树和观赏树木。例如，在美国佐治亚州的萨凡纳市，弗吉尼亚栎是最普遍的城市树种，在65000株公园和街道树木中，弗吉尼亚栎占据五分之一的比例。引种试验表明，弗吉尼亚栎具有较强的耐寒性，在我国长三角地区能够正常越冬并保持它的常绿性，这一特性受到该地区偏爱常绿树种的园林部门和社会民众的欢迎。同时，弗吉尼亚栎对土壤的适应范围较广，在砂质盐碱土、壤质中性稻田土上生长良好，在黏质微酸性黄泥土上也能生长。另外，弗吉尼亚栎具有较强的耐涝性。所有这些特性使它受到园林部门的关注，在江苏、浙江、上海一带的湿地公园、城镇园林、厂区绿化建设中已有不少应用，今后在我国南方广大地区的城镇园林建设中应用潜力很大。

图1-8　美国密西西比州滨海城市格尔夫波特市用作行道树的弗吉尼亚栎

图1-9　弗吉尼亚栎用作行道树（浙江上虞）

图 1-10　弗吉尼亚栎用于公园与庭院绿化（浙江慈溪、富阳）

图 1-11　弗吉尼亚栎用于绍兴上虞滨海大道绿化工程

图 1-12　弗吉尼亚栎用于厂区绿化（树龄 12.5 年，胸径 24 cm，江苏吴江）

图 1-13　弗吉尼亚栎用于厂区绿化（树龄 12.5 年，江苏吴江）

3. 废弃矿山治理工程

最新研究表明,弗吉尼亚栎在金属矿区废弃尾矿库的砂质瘠薄土壤中生长基本正常,对尾矿库的夏季高温干旱、土壤瘠薄和铅、锌、镉、砷等重金属污染严重等恶劣环境具有很强的耐受性,并对重金属有一定的吸收积累和固定能力,因而在废弃尾矿库的绿化治理方面有应用潜力。

图 1-14　弗吉尼亚栎在废弃尾矿库植被恢复试验中表现良好

4. 种子资源的开发利用

国内外橡子资源极其丰富。橡子富含淀粉,是多种鸟类和野生动物喜爱的食物,橡树林在生物多样性保护方面具有特殊作用。数百年前,一些国家和地区的原住民就有吃食橡子的习俗。当代,橡子可以加工成各种食品、酒品和饲料等。目前,已经形成将橡子淀粉加工成燃料乙醇的成熟工艺,这使橡子利用与全球热点之一的能源问题挂起钩来,从而更加凸显橡子开发的战略意义。弗吉尼亚栎结实期早,结实量大。浙江上虞海涂的 9~11 年生弗吉尼亚栎人工林,在每亩 80 株左右的栽植密度条件下,每亩年均种子产量高达 180 kg。据初步分析,弗吉尼亚栎种子同其他栎树种子一样富含淀粉,而比其他栎树种子含有更高的脂肪、蛋白质和更低的单宁,因此在食品、饲料乃至生物质能源的开发利用方面潜力巨大。

图 1-15　六年生弗吉尼亚栎开始结实　　图 1-16　8~10 年丰产母树结实累累

除了以上几个方面的应用之外,弗吉尼亚栎的木材材质坚重,结构细密,是用于造船和其他特殊用材的好原料。

参考文献

[1] 陈益泰,陈雨春,黄一青,等.抗风耐盐常绿树种弗吉尼亚栎引种初步研究[J].林业科学研究,2007,20(4):542-546.

[2] 陈益泰,孙海菁,王树凤,等.5种北美栎树在我国长三角地区的引种表现[J].林业科学研究,2013,26(3):344-351.

[3] 冯国楣,周俊,翟平,等.橡子[M].北京:科学出版社,1966.

[4] 江泽平,王豁然,吴中伦.论北美洲木本植物资源与中国林木引种的关系[J].地理学报,1997,52(2):169-176.

[5] 黄利斌,李晓储,朱惜晨,等.北美栎树引种试验研究[J].林业科技开发,2005,19(1):30-34.

[6] 美国农业部林务局.美国木本植物种子手册[M].李霆,陈幼生,颜启传,等,译.北京:中国林业出版社,1984.

[7] 彭焱松,陈丽,李建强.中国栎属植物的数量分类研究[J].武汉植物学研究,2007,25(2):149-157.

[8] 潘志刚,游应天.中国主要外来树种引种栽培[M].北京:北京科学技术出版社,1994.

[9] 王豁然,江泽平.论中国林木引种驯化策略[J].林业科学,1995,31(4):367-371.

[10] 中华人民共和国林业部森林经营司森林副产处.木本粮油植物[M].北京:中国农业出版社,1965.

[11] 张川红,王豁然,李晓储,等.北美栎属引种试验格局在变化——树木引种与植物地理论文集[C].北京:中国林业出版社,2005:90-95.

[12] Haller J M. *Quercus virginiana*: the southern live oak[J]. Arbor Age,1992,12(5):30.

[13] Batista W B,Platt W J. Tree population responses to hurricane disturbance:syndromes in a south-eastern USA old growth forest [J]. Journal of Ecology,2003,91(2):197-212.

[14] Camp R R,Whittingham W F. Ultrastructural alterations in oak leaves parsitized by *Taphrina caerulescens*[J]. American Journal of Botany,1974,61(9):964-972.

［15］Bell R, Teramura A H. Soil metal effects on the germination and survival of *Quercus alba* L. and *Q. prinus* L ［J］. Environmental and Experimental Botany, 1991, 31（2）: 145-152.

［16］Juzwik J, Harrington T C, Macdonald W L, et al. The origin of *Ceratocystis fagacearum*, the oak wilt fungus［J］. Annual Review of Phytopathology, 2008, 46（4）: 13-26.

［17］Harms W R. *Quercus virginiana* Mill. live oak. In: Burns R M, Honkala B H. Silvics of North America［M］. U. S. Department of Agriculture. Forest Service. Washington D. C. 1990: 751-754.

第二章
弗吉尼亚栎引种生物学特性研究

任何生物都有其固有的生态适应范围,这就是生态幅(ecological amplitude)。生态幅是指每种生物有机体能够生存的环境变化幅度,即对某种生态环境因子耐受上限与下限之间的范围。植物在其生态幅范围内,有一个最佳适生范围,在最佳适生区内保持旺盛的生长发育和正常的生理状态。当环境因子逐步变化到接近生态幅的上限或下限时,植物体就产生生理变化,乃至产生伤害,影响其生长发育。

一个树种从它生存了千万年的原产地被引到一个全新的区域环境栽种,引种者首先关注的焦点是它的适应性问题,即该树种在引种地的自然环境条件下能否正常生长、能否正常开花结实和繁衍后代。因此,引种后的第一步就是要对引种对象的生长表现和适应性进行评价,观察研究其基本生物学和生态学特性,为栽培利用提供技术依据。本章介绍从弗吉尼亚栎种子发芽到幼苗形成、幼树生长、成林,再到开花结实的一个引种周期的有关研究结果。

第一节
弗吉尼亚栎种子发芽与苗期生长

(一)种子萌发与幼苗生长

1. 种子发芽条件

在我国杭州湾及上海地区,10~11月间的气温通常为20~25 ℃,有时会达到30 ℃,雨水也比较频繁,地面湿度充裕。这一时期,正处于弗吉尼亚栎种子成熟和脱落的上升期和高峰期。在这个时段如果你到已结实的弗吉尼亚栎林下走一走,就会发现自然脱落的弗吉尼亚栎种子比比皆是,那些直接接触到土壤的或被地被物覆盖的种子纷纷萌发生根,有的长出芽梢,甚至发现弗吉尼亚栎母树上尚未脱落的种子发芽的现象(见图2-1)。第二年春天林下幼苗会茁壮成长[林下自然更新的情况也普遍出现在我们引进的另一个速生树种水栎(*Q. nigra* L.)林内]。这说明弗吉尼亚栎种子没有后熟期,只要温度和湿度条件适宜,随时能发芽生长。在育苗生产实践中,可以考虑采取随采随播的方法。

图 2-1　弗吉尼亚栎种子脱落前在树上萌发

为进一步掌握弗吉尼亚栎种子发芽条件,开展了如下实验:选取无虫害、未出芽的弗吉尼亚栎种子,浸泡一昼夜后,播种于塑料盆,培养基质为河沙,每盆播种 50 粒,置于人工气候箱中培养,设 3 个温度梯度 20 ℃、25 ℃和 30 ℃,相对湿度控制在 85%±5%,光照强度 2000 lx。每天记录各培养箱的发芽数量。发芽结束日为连续 5 d 不再有发芽的种子为止,根据发芽数量,计算萌发率,并绘制发芽曲线,结果如下:

(1)温度对种子萌发率的影响

由图 2-2 可以看出,不同温度条件下,弗吉尼亚栎种子萌发开始时间和发芽结束时间不同。就萌发开始时间来说,在 30 ℃条件下的种子萌发最早,播种第 3 天便开始萌发。其次是 25 ℃条件下,第 5 天开始萌发。在 20 ℃条件下萌发最晚,第 7 天才开始萌发,但起始萌发率以 20 ℃条件下的最高。萌发结束的时间则刚好相反,温度越高,发芽结束时间越早。在 30 ℃条件下 14 d 以后便不再有种子发芽,在 25 ℃条件下发芽持续 18 d,在 20 ℃条件下持续 21 d,说明温度对种子发芽的早晚具有很大影响。但 3 个温度处理下的最终萌发率差异不大,保持在 62%~66%之间。

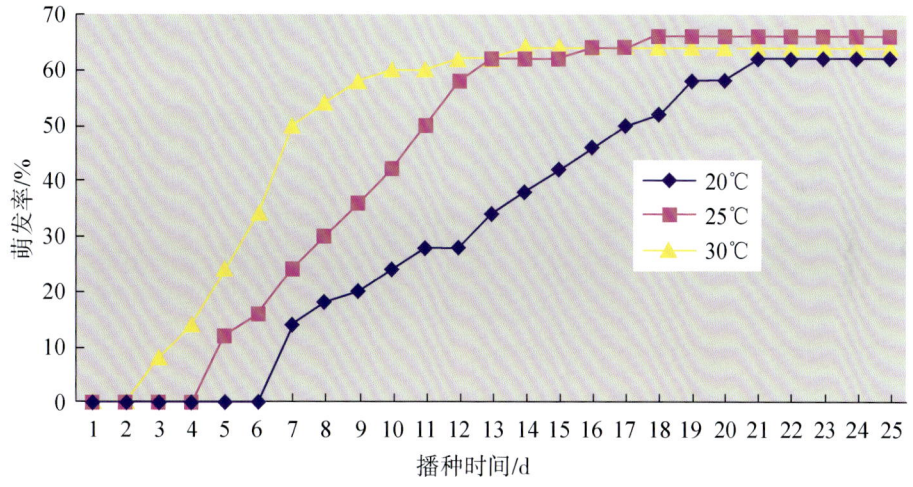

图 2-2 温度对弗吉尼亚栎种子萌发率的影响

(2)温度对种子发芽势的影响

发芽势为发芽初期比较集中的发芽率,是指种子发芽初期在规定时间内能正常发芽的种子粒数占供检种子粒数的百分率,是判断田间出苗率的指标。发芽势决定着出苗的整齐程度,发芽势高,出苗整齐,籽苗生长一致,反之籽苗参差不齐。

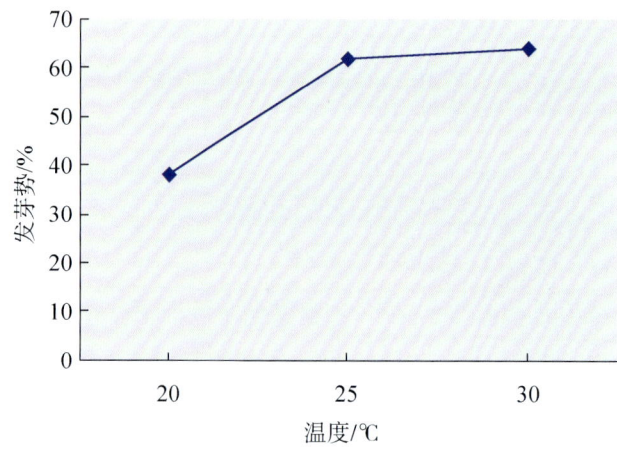

图 2-3　不同温度条件下弗吉尼亚栎种子 14 d 的发芽势

图 2-3 显示,弗吉尼亚栎种子在 25 ℃和 30 ℃时发芽势较高,也就是说,温度越高,出苗越整齐。说明由于在大田播种情况下,温度很难控制,因此导致出苗率不一致,而温室或大棚内播种可以达到较高的温度,出苗率相对整齐,因此建议弗吉尼亚栎在育苗时最好采用棚内播种,可以提高苗木的整齐性。

2. 幼根幼芽形态发生与基质效应

选择一批发育健全的弗吉尼亚栎种子,在装有两种基质(河沙基质和泥土泥炭混合基质)的塑料盆中播种,当出现个别幼芽出土时,分别取出两种基质中即将出土的芽苗,观察生根发芽情况。

弗吉尼亚栎种子播种之后,遇到适宜的温度和水分条件,即开始萌发,先从种子顶端长出胚根入土,入土后胚根渐渐膨大呈"棒槌"状,当棒状主根伸长到 8～12 cm 时,从胚轴与棒状主根顶部的连接处萌生幼芽,幼芽高度达到 1.5～2.5 cm 时开始出土。棒状根是弗吉尼亚栎苗木根系发育的显著特点,可能起着营养物质贮存中转作用,子叶中所贮存的活化营养物质通过胚轴先转运到棒状根中贮存,再供主根延伸和幼芽生长之用。

从图 2-4 可以看出,在泥土泥炭基质播种的种子萌发过程中,有不少胚根伸长中止,不能形成棒状根且不能成苗,其比例高达 20%～30%。而在河沙基质中种子一般都能形成棒状主根和萌发幼芽梢,这可能与泥土泥炭基质中水分含量过高有关。图 2-5 显示,在河沙基质中,也有个别种子未形成棒状根和芽梢,只形成簇状细根,能否成苗有待进一步观察,弗吉尼亚栎种子发芽过程中棒状根的生理功能有待深入研究。

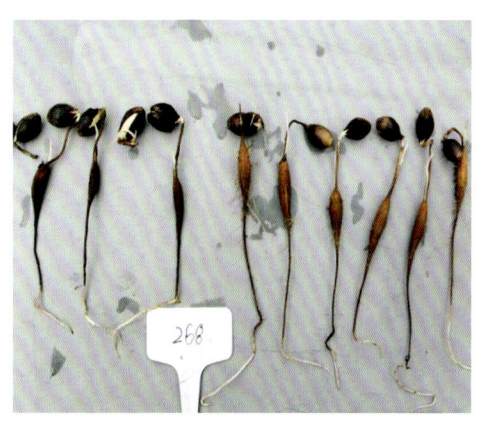
图 2-4　泥土（左）和河沙（右）基质芽苗

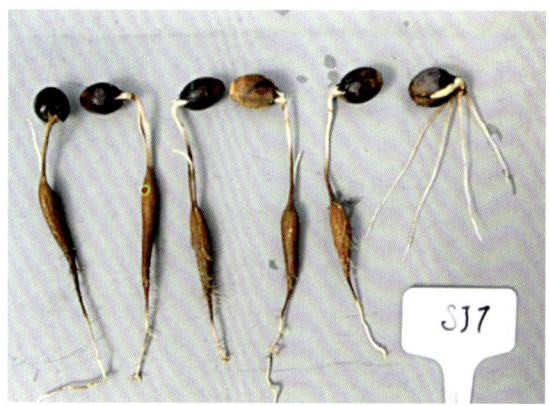
图 2-5　河沙基质中的棒状根有芽苗与细根无芽苗

表 2-1 显示，河沙基质中幼苗的主根总长和胚轴长度均明显高于泥土泥炭基质，而且棒状根上几乎全都着生密集的毛状须根，但泥土泥炭基质的幼苗只有少数着生毛状须根。可见，沙床播种有利于弗吉尼亚栎种子萌发和芽苗的根系发育。

表 2-1　两基质各 30 株芽苗出土前的根系生长

指标	基质	
	河沙基质	泥土泥炭混合基质
未出土幼芽高度 /mm	20.5±7.2	20.6±7.3
胚轴长 /mm	34.4±8.5	30.8±4.9
主根总长 /mm	119.5±27.5	102.5±26.0
棒状根长 /mm	39.0±5.0	37.6±7.2
棒状根粗 /mm	9.2±1.7	9.6±1.9
棒状根着生细根植株比率 /%	近 100%	<10%

在育苗实践中，还发现少数种子出现多根芽梢现象（见图 2-6），显然，该幼苗后来将成为"丛生"植株。此外，弗吉尼亚栎种子存在"双胚"现象，即 1 粒种子出现 2 个胚并长出 2 条根（见图 2-7），经培养，1 粒种子可获得 2 株幼苗（见图 2-8 左），但若其中有 1 条败育为细根，则只具棒状根者能长成 1 株幼苗（见图 2-8 右）。据观察，弗吉尼亚栎种子中出现双胚种子的比例在不同母树的后代中有差异，个别母树高达 3% 以上。此外，双胚现象在北方红栎（*Q. rubra* L.）、舒玛栎（*Q. shumardii* Buckl.）、牛栎（*Q. michauxii* Nutt.）、猩红栎（*Q. coccinea* Muenchh.）中均有出现。

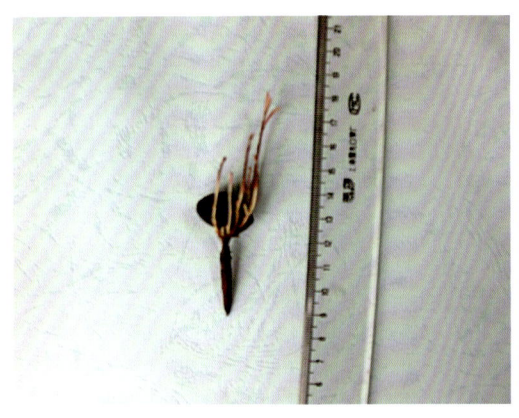 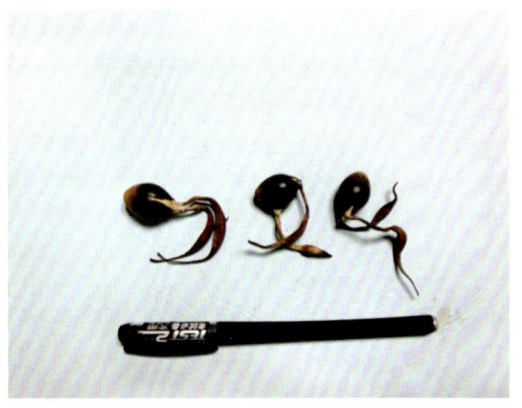

图 2-6　单胚根多芽梢　　　　　　　图 2-7　双胚现象

图 2-8　1 粒种子生 2 条棒状根成 2 株苗(左)和仅 1 条棒状根成 1 株苗(右)

3. 育苗方法对幼苗根系发育的影响

采用三种方法播种育苗:一是在圃地直播,该圃地土壤属滨海盐土,其上垫一层 8 cm 厚的黄泥土再行播种;二是在多孔穴盘容器内播种(直径 5 cm,高 10 cm);三是在杯状塑料容器内播种(直径 8 cm,高 13 cm)。两种容器均采用泥炭 + 珍珠岩 + 蛭石的混合基质。三者均在大棚条件下于 1 月中旬播种完毕,5 月 24 日各取 15 株苗木观测根系发育状况。

结果表明,容器育苗促进了弗吉尼亚栎幼苗的根系发育(见表 2-2 和图 2-9)。杯状容器苗的侧根数比土培苗增加了 4.7 倍以上,主根长和最大侧根长分别增加 1.1 倍和 2.7 倍以上。穴盘容器苗由于受到容积较小的限制,主根长度与土培苗相差不大,但大大促进了侧根、须根的发育,其侧根数和最大侧根长分别增加了 5 倍和 4.2 倍以上。杯状容器苗与穴盘容器苗相比,前者的主根长度大幅增加,地上生长量也有所提高,说明容器大小的影响显著。实际上这两种容器的容积均偏小,使得多数弗吉尼亚栎苗木的主根在容器中卷曲生长。因此,生产上应该采用较大规格的容器。

表 2-2　播种 4 个月后弗吉尼亚栎土培苗与容器苗的根系发育

育苗方法	苗高 /cm	主根长 /cm	最大 Ⅰ 级侧根长 /cm	Ⅰ 级侧根数 / 根	其他
土床直播	7.6 (4.0～14.0)	16.8 (9.0～24.0)	2.5(1.0～4.5)	6.7 (1.0～16.0)	无Ⅱ级侧根棒状根上无须根
穴盘容器	8.2 (7.0～10.0)	20.2 (16.0～25.0)	13.2(4.5～24.0)	40.3 (31.0～48.0)	Ⅱ级侧根较多棒状根上多须根
杯状容器	10.1 (8.0～13.0)	36.2 (21.0～49.0)	9.4(4.5～22.0)	38.6 (19.0～72.0)	Ⅱ级侧根稀少棒状根上多须根

图 2-9　不同育苗方法播种 4 个月的幼苗根系

（二）一年生苗木的地上部与根系生长

1. 育苗模式的影响

育苗模式是指播种期、土壤条件、容器规格、密度控制和培育管理等多个技术环节的组合。其中，播种期、土壤条件、容器规格这三者更是关键的技术环节。早播可以提前发芽生根与抽梢，延长生长期，提高生长量。土壤条件主要是指土壤质地和养分状况，大田直播育苗时常见的土壤类型有：质地黏重且养分贫瘠的黄泥土，较黏重及养分一般的稻田土，较疏松、较肥沃的圃地壤土等。在稻田土上直播培育出的苗木具有明显发达的主根，但侧根、须根稀少，见图 2-10。

图 2-10 一年生大田苗(左)和容器苗(右)的根系发育

容器育苗则采用泥炭、蛭石、珍珠岩和肥料等进行适当组配的无土基质,使土壤的结构和水分、通气以及营养状况得到显著改善,从而大大促进了根系发育,特别是侧、须根的充分发育,提高了造林成活率。为降低育苗成本,生产单位常常采用泥土、泥炭、河沙等按一定比例组成的混合基质进行容器育苗,也能达到较好效果。

弗吉尼亚栎大田播种宜在 2 月播种,在常规培育管理条件下,当年平均苗高可达 40 cm 以上。在大棚条件下实行容器育苗,播种时间可提前至当年 12 月或翌年 1 月,这有利于提早生根发芽和生长。

容器育苗时,除了基质的配方之外,容器的大小直接影响苗木的根系发育和地上部生长,过小规格的容器往往导致根系卷曲并抑制地上部生长,见表 2-3。

浙江上虞海发农艺园林有限公司采用两步育苗法,于 1 月先在小杯容器或穴盘内播种,5 月移栽幼苗到中型容器(直径 18 cm,高 23 cm)中继续培养。此法虽然提高了育苗工本,但优点十分突出,即在移苗过程中有个分级和断根的作用,所培育成的弗吉尼亚栎苗木相当整齐,根团发达,当年平均苗高可达 60 cm,基径 0.5 cm 以上,当年秋冬即可用于造林。江苏省东台市通源种苗场于 2014 年采用大容器(直径 20 cm,高 22 cm)、无土混合基质育苗,喷灌管理比较正常,当年平均苗高达 81.8 cm,平均基径 0.58 cm。

表 2-3 弗吉尼亚栎多年育苗生长概况

育苗地点与时间	育苗模式	平均苗高 /cm	平均基径 /cm	根系发育状况
富阳,2001	大田稻田土,4 月播种	26.4±6.8	0.34±0.06	侧根稀少
富阳,2002	大田稻田土,2 月播种	43.1±6.1	0.55±0.08	侧根稀少
富阳,2004	大棚内圃地,1 月播种	51.4±8.7	0.54±0.09	侧根稀少
上虞,2004	大棚小容器 1 月播种,5 月移入中型容器	54.8±7.5	0.56±0.07	侧根发达
上虞,2005	大棚小容器 1 月播种,5 月移入中型容器	60.0±6.2	0.51±0.06	侧根发达
富阳,2011	大棚小容器 1 月播种	41.5±5.2	0.31±0.03	侧根发达
富阳,2011	室外中型容器 3 月播种	39.1±7.7	0.37±0.06	侧根发达
东台,2014	大棚中大容器 1 月播种	81.8±12.6	0.58±0.06	根系发达侧枝多

2. 弗吉尼亚栎与其他栎树容器苗根系发育状况的比较

2010 年在浙江富阳开展弗吉尼亚栎等 7 种栎树的容器播种育苗,采用口径 18 cm、高 23 cm 的黑色塑料袋作为容器,混合基质(稻田土、泥炭、珍珠岩体积比为 6:3:1),出苗后每容器定苗 2 株,每种 5 杯 10 株,重复 4 次。年底逐株测量苗高和基径,每树种取 3 个重复中的 9 株平均苗测定生物质量,并用根系扫描仪进行根系形态参数分析,结果见表 2-4。

平均苗高和基径数据未列入表中,纳塔栎(*Q. nuttallii* Palmer)、舒玛栎、水栎(*Q. nigra* L.)、弗吉尼亚栎、柳叶栎(*Q. phellos* L.)、沼生栎(*Q. palustris* Muenchu.)和枹栎(*Q. grandulif*)的平均苗高分别为 53.11 cm、46.13 cm、45.33 cm、42.13 cm、39.00 cm、33.38 cm 和 20.00 cm,平均基径依次为 6.69 mm、5.57 mm、4.50 mm、4.08 mm、3.78 mm、5.09 mm 和 3.40 mm,种间差异极显著($P=0.0001$)。

表2-4 弗吉尼亚栎等7种栎树容器苗根系发育程度的差异

项目	总根长/cm	总根表面积/cm²	细根长/cm	细根表面积/cm²	细根长比例/%	细根表面积比例/%	比根长/(cm/g)	根尖数	株干重/g	根梢比
纳塔栎	1208.75 a	157.39 a	1137.83 a	76.27 a	93.99 a	37.65 cd	299.64a	12421 a	9.29 b	0.772 c
沼生栎	1205.90 a	156.92 a	1123.12 a	75.24 a	93.32 a	41.04 bc	377.30a	11813 a	6.38 bc	1.831 a
舒玛栎	1037.28 a	167.11 a	954.16 a	63.80 a	91.47 a	32.84 de	12127b	10741 a	16.27 a	1.555 b
柳叶栎	609.21 b	86.85 b	559.41 b	35.79 b	91.74 a	36.71 cde	307.44 a	6960 b	3.82 c	1.288 b
水栎	481.06 b	78.55 b	440.82 b	29.13 b	91.19 a	46.96 ab	171.78 b	5858 bc	6.71 bc	0.776 c
炮栎	373.12 b	69.42 b	336.84 b	21.96 b	87.55 b	48.23 a	135.73b	4357 bc	5.07 c	2.325 a
弗栎	302.17 b	66.00 b	254.86 b	21.36 b	84.50 b	30.74 e	12258b	3625 c	5.98 bc	0.785 c
平均值	745.36	111.75	686.72	46.22	90.54	39.17	219.39	7968	7.65	1.256
F值	11.3890	8.7330	11.6730	10.2300	7.1930	9.0180	16.0360	12.1640	11.8970	14.9420
P值	0.0001	0.0001	0.0001	0.0001	0.0001	0.0001	0.0001	0.0001	0.0001	0.0001

根长、根系表面积,特别是细根(直径≤1.0 mm)长、细根表面积及其在总根系中的比例以及比根长和根尖数是反映植物根系对水分和养分吸收能力的重要参数。从表2-4中可以看出,7种栎树的根系发育程度存在极显著差异。总体而言,纳塔栎、沼生栎的各项指标居于最高水平,具有较发达的根系,而弗吉尼亚栎和白栎的根系发育最差。舒玛栎虽然在总根长及总根表面积和细根长及细根表面积的绝对值上高于水栎和柳叶栎,但是它的比根长和细根表面积比值较低,反映其粗根较发达而须根较少,这可能是在生产实践中出现的舒玛栎苗木移栽成活率较低的原因之一。弗吉尼亚栎裸根苗移栽成活率不高,也与它的根系发育较差有关。因此,对于弗吉尼亚栎、舒玛栎而言,实行容器苗造林是保障成活率的必要措施。

3. 苗木生长节律

(1) 5种栎树大田播种育苗的比较

2002年在富阳城郊进行大田播种育苗,5种栎树同时于2月中旬播种,5月底每种随机选取20株,每隔半个月或1个月观测一次苗高和基径,两个生长指标的累计生长量曲线如图2-11所示。5月底的生长量与树种特性(出苗早迟)和种子大小等因素有关,此

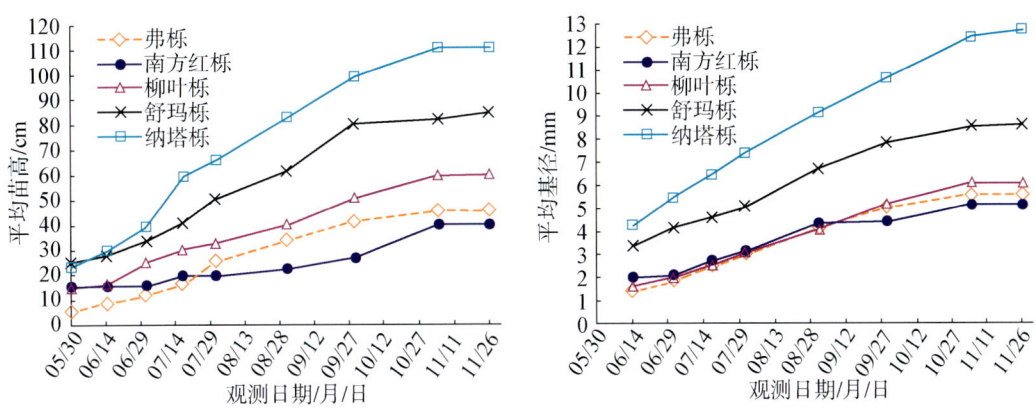

图 2-11　5 种栎树大田播种育苗苗高和基径的生长过程(2002)

时纳塔栎、舒玛栎幼苗生长最好,弗吉尼亚栎最差。从生长曲线的走势看,5 月底至 7 月中旬,纳塔栎、舒玛栎、柳叶栎和弗吉尼亚栎 4 个树种的苗高生长呈迅速上升趋势,尤其纳塔栎增速最快;7 月中旬至 8 月底,柳叶栎的高生长速度明显下降,而弗吉尼亚栎和舒玛栎则有所加速。南方红栎($Q. falcate$ Michx.)的生长规律与前 4 种完全不同,从 5 月底直至 9 月底,苗高一直处于缓慢增长状态,但 10 月有较大增长。10 月底之后各树种的高生长基本停止,但基径生长仍未停止。最终,一年生苗木总生长量的高低位次是:纳塔栎 > 舒玛栎 > 柳叶栎 > 弗吉尼亚栎 > 南方红栎。

图 2-12 显示了 5 种栎树的逐月净高生长量在总高生长量中所占百分比率的差异。从图中可以清楚地看出,弗吉尼亚栎和纳塔栎的生长高峰均出现在 7 月,该月的净高生长占比分别为 29.78% 和 24.12%,在 5 个树种中处于最高水平,这两个树种 8 月的生长占比也是最高,7 月、8 月两个月合计占比分别达 48.07% 和 39.52%。这或许可以说明,弗吉尼亚栎和纳塔栎对高温干旱气候环境有较强的适应能力。舒玛栎出现两个生长高峰:7 月(19.79%)和 9 月(22.22%)。柳叶栎的生长高峰出现在 9 月(17.49%)。南方红栎的生长高峰更迟,出现在 10 月(33.33%)。

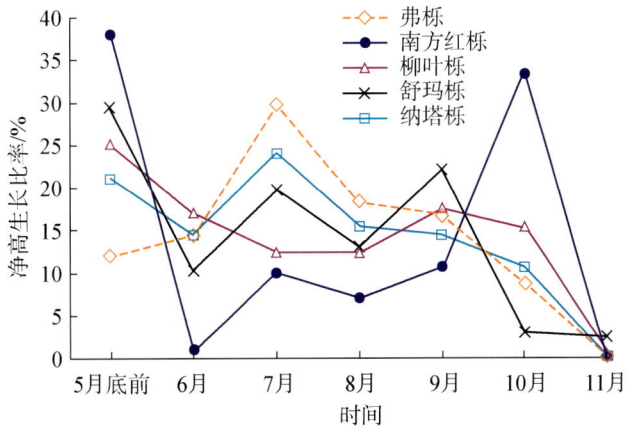

图 2-12　5 种栎树逐月净高生长比率

另外一个试验:2012年春选用7种栎树种子,先在大棚内进行小容器播种,5月底将高度10~25 cm的芽苗移入富阳芳地村大田设置树种试验林,10株单行小区播种,重复4次,株行距1 m×1.5 m。逐月观测一次苗木高生长量,每次定株观测40株。从图2-13可看出,5月底芽苗高度以纳塔栎、舒玛栎最高,麻栎(*Quercus acutissima* Carr.)次之,柳叶栎、弗吉尼亚栎、猩红栎和月桂叶栎(*Q. laurifolia* Michx.)最低。6~9月间,纳塔栎、柳叶栎、弗吉尼亚栎、麻栎四树种均处于快速生长期,10月生长缓慢直至停止。值得注意的是,在稀植情况下,柳叶栎的苗高生长后来居上,最后高度仅次于纳塔栎。月桂叶栎基础高度最低,生长速度较缓慢,尤其猩红栎生长最慢,最终高度不及16 cm。舒玛栎比较特殊,芽苗高度仅次于纳塔栎,但在这里生长速度较慢,可能是因为舒玛栎的根系发育较差,须根稀少,加之移栽受损,影响了生长。

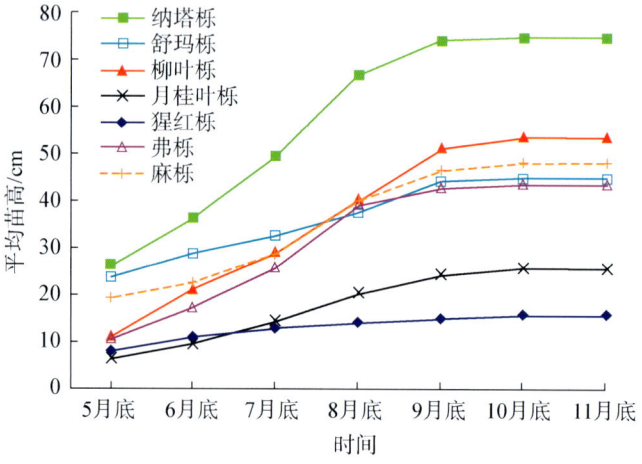

图2-13 弗吉尼亚栎等7种栎树芽苗移栽圃地当年苗高生长过程(2012)

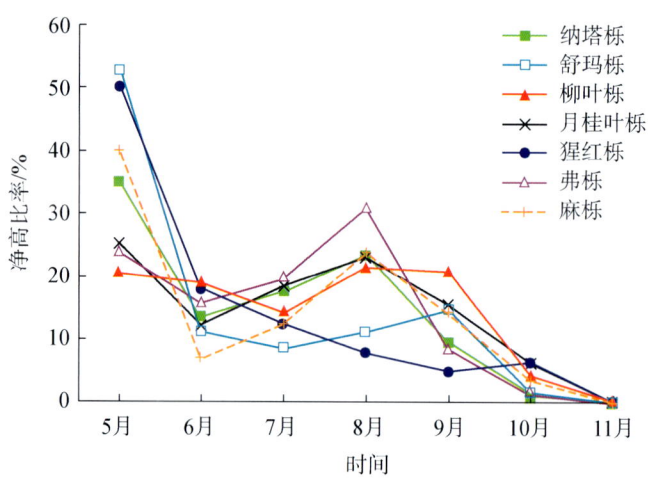

图2-14 弗吉尼亚栎等7种栎树苗高月净生长比率

图 2-14 显示了各树种逐月净高生长量的百分比率的差异。栎树芽苗 5 月底从大棚移入大田后，有个适应恢复的过程，因此 6 月的净生长量不高，7 月生长加速，8 月多个树种均出现生长高峰，弗吉尼亚栎的峰值最高（30.72%），其次是纳塔栎、月桂叶栎和麻栎（23%～24%），7 月、8 月合计占比仍然是弗吉尼亚栎最高，为 50.4%，纳塔栎、月桂叶栎均为 41%。柳叶栎的生长高峰出现在 8 月和 9 月（合计占比 42.2%）。这再次表明，相对于其他栎树，弗吉尼亚栎苗期生长对于 7 月、8 月间的高温干旱环境有较强的适应能力。舒玛栎可能因为根系受伤，生长高峰推迟到 9 月出现（14.72%）。

（2）不同环境对弗吉尼亚栎苗木高生长过程的影响

采用两种方法育苗：一是在大棚内采用小型塑料杯状容器（口径 8 cm，高 13 cm），1 月上旬播未经储藏的弗吉尼亚栎种子；二是在室外用中型（口径 18 cm、高 23 cm）塑料袋作为容器，3 月上旬播种经过低温砂藏的弗吉尼亚栎种子。出苗后各随机标定正常苗木 15 株，每半个月观测一次苗高生长量，观测结果如图 2-15 所示。

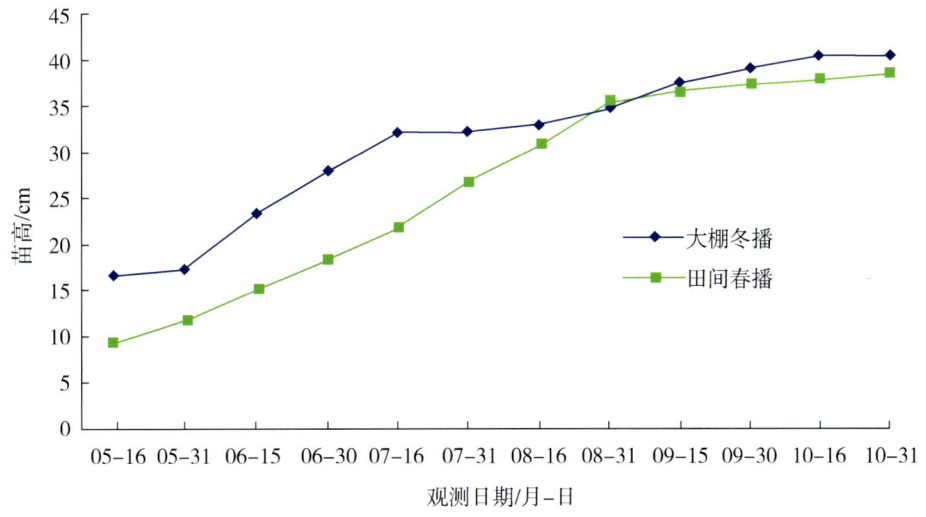

图 2-15 两种育苗方法对弗吉尼亚栎苗木高生长过程的影响

大棚容器育苗：1 月在大棚内播种之后，3 月间随着棚内室温、土温的逐渐回升，很快发芽出土，至 5 月中旬平均高度已接近 17 cm，从 5 月底至 7 月中旬呈快速直线增长，但 7 月中旬至 8 月中旬近乎停滞生长，这可能与这一期间大棚内气温过高（午间超过 40 ℃）和湿度较低（低于 30%）有关。但随着气温的下降，从 8 月下旬至 10 月中旬又有较大增长。其苗高生长（X_2）与时间（X_1）的关系基本符合 Logistic 模型：

$$X_2 = \frac{41.1780}{1+\exp(4.0713-0.007225X_1)}$$

表 2-5　棚内弗吉尼亚栎苗高生长过程的回归分析

方差来源	平方和	自由度	均方	F值	P值
回归	745.6736	2	372.8368	175.9725	0.0001
剩余	19.0685	9	2.1187		
总的	764.7421	11	69.5220		
$R=0.9875$			$R^2=0.9751$		

室外容器育苗：3月上旬播种后，由于种子发芽、生根、幼苗出土需要一定时间，至5月中旬，苗高仅近10 cm。此后，5~8月一直呈现直线快速上升趋势，8月底苗高赶上了大棚冬播的弗吉尼亚栎，但同时出现拐点，9~10月间苗高增长平缓，但不及大棚内弗吉尼亚栎生长速度。其苗高生长（X_2）与时间（X_1）的关系更加吻合 Logistic 模型，其 F 值和 R 值都高于棚内苗木：

$$X_2=\frac{40.7656}{1+\exp(5.4476-0.008210X_1)}$$

表 2-6　室外弗吉尼亚栎苗高生长过程的回归分析

方差来源	平方和	自由度	均方	F值	P值
回归	1283.2842	2	641.6421	248.5063	0.0001
剩余	23.2380	9	2.5820		
总的	1306.5222	11	118.7747		
$R=0.9911$			$R^2=0.9822$		

第二节
弗吉尼亚栎的物候特征与萌生能力

（一）物候特征

据多年观察，在浙江富阳地区的自然条件下，弗吉尼亚栎幼树通常在每年的3月中旬开始萌芽抽梢（春梢），枝条的主梢先行迅速伸长并逐步展叶，侧梢相继伸长、展叶。此后经过一个短暂的停顿期，5月中旬左右开始第二次抽梢生长。再经过一个停顿期后，6~7月间开始第三次抽梢生长，形成夏梢。8月，一些优势植株还有第四次的抽梢生长。10月底后，弗吉尼亚栎停止枝梢伸长和树高生长。

每年出现3~4个"长—停"轮回的枝梢生长，每次停顿就形成一个不太显眼的"节"，这是多数栎树的共同特性。但是不同栎树之间每个生长轮回出现的时间有很大差异，特别是在春季生长开始期和秋冬落叶期的早迟差别明显。据观察，几种栎树在富阳春季芽膨大伸长展叶期的先后顺序如下：水栎、麻栎、舒玛栎（3月上中旬）—弗吉尼亚栎、月桂叶栎、白栎、南方红栎（3月中旬）—柳叶栎、纳塔栎（3月中下旬）—北方红栎、猩红栎、沼生栎（3月末4月初）。在长三角和江南地区，弗吉尼亚栎冬季一般不落叶，保持常绿。但在每年的3~5月间有一个换叶期，在新叶萌发的同时，部分老叶枯黄凋落。向北到达江苏盐城及其以北地区，入冬之后，弗吉尼亚栎植株大多出现中上部叶片枯黄和脱落现象，这可能与低温和大风环境有关。

（二）萌生能力

弗吉尼亚栎幼树具有很强的萌生能力，一旦主干或主枝被折断，就会从折断处萌发出数根放射状的萌芽条。据试验，对胸径4~5 cm的幼树从树干2 m高处截干，当年在截口处长出30多根萌芽条；基径3 cm的幼树树干被人为压弯，当年能从树干的弯曲部位长出一连串徒长枝，条长超过1~1.5 m。另据对基径2~3 cm、高度1.2~1.5 m的弗吉尼亚栎树苗进行截干处理试验，截干高度分20 cm、50 cm和80 cm三种处理方式，每种处理方式随机选择样株30株。2月截干，8月调查结果表明，不同处理方式之间差异不显著,平均每株获得 5 cm 以上的平均萌条数 11~13 根,平均萌条长 30~40 cm(见图 2-16)。

图 2-16　截干或压干后弗吉尼亚栎植株的萌生状

为进一步了解不同栎树萌芽能力的差异,对一片四年生的试验林中的 8 种栎树于 2 月中旬进行部分植株的截干处理,截干高度 20 cm,5 月中旬调查伐桩萌芽和生长情况,结果表明不同栎树的伐桩萌芽表现有显著差异(见表 2-7),在 8 种栎树之中,弗吉尼亚栎的萌芽条数最多,反映其萌芽力最强,但其萌条生长速度最慢。柳叶栎的萌芽力较强,萌条生长速度较快。麻栎、舒玛栎的萌芽数量不高,但萌条生长最快。据观察,纳塔栎伐桩萌芽出现时间最迟,萌芽数量最少,萌条生长迟缓。

表 2-7　8 种栎树四年生幼树萌生能力的差异

树种	砍伐株数	伐桩平均基径 /mm	平均萌芽条数 /根	最大萌条长 /cm	5 株优势萌条平均长 /cm
弗栎	10	34.59	16.88	18.00	14.08
柳叶栎	10	47.01	12.80	56.70	46.70
舒玛栎	9	38.34	8.67	62.11	48.60
月桂叶栎	6	27.98	8.20	50.40	37.86
猩红栎	6	23.25	6.83	50.33	32.00
麻栎	12	45.90	5.83	70.58	49.86
水栎	8	33.64	5.50	31.63	23.56
纳塔栎	10	47.70	5.10	22.10	15.92
F 值			9.14	7.65	5.99
P 值			<0.0001	<0.0001	<0.0001

很强的萌生能力,为弗吉尼亚栎的萌芽更新、修枝整形和无性繁殖及开展无性系选育创造了有利条件。

第三节
弗吉尼亚栎分枝习性与形态分化

（一）分枝习性

分枝习性是一个树种所固有的综合特性，它包括分枝类型（单轴、合轴、二叉、假二叉等）、枝条着生状态（单生、对生、轮生等）、分枝密度、枝角、枝长、枝粗等，这些特性直接决定着树木的外形，影响到树木的生长和利用价值。虽然，其中部分数量性状容易受到栽植密度、立地条件等环境影响，但通过一定的试验设计，能够排除环境的干扰，揭示出不同树种分枝习性的遗传差异。

表2-8　10种栎树一年生苗木分枝数量和密度的差异

树种	苗高/cm	基径/mm	侧枝数/(n/株)	分枝密度/(n/m)
弗栎	81.4	5.48	14.98	18.40
北方红栎	76.4	7.38	0.42	0.50
南方红栎	47.4	4.98	0.71	1.35
舒玛栎	129.3	8.49	3.34	2.56
纳塔栎	141.1	10.98	9.77	6.92
柳叶栎	105.1	7.21	19.34	18.16
水栎	109.3	6.99	12.92	11.84
沼生栎	71.4	7.81	1.34	1.80
栓皮栎	101.8	7.16	1.11	1.12
麻栎	136.5	9.03	5.75	4.22
F值	14.76	14.95	36.36	20.65
P值	0.0001	0.0001	<0.0001	<0.0001

2014年在江苏东台通源种苗场开展了多种栎树的容器育苗试验,该试验采用同样中大规格的容器(高25 cm、直径20 cm)、同样的无土基质,每个树种小区播种100只容器(每容器1粒),随机区组设计,重复4次。通过喷灌、除草、施肥等精细管理,苗木生长状况极佳。年底对苗木的生长和分枝数量进行调查,每个树种随机调查48株,测定结果见表2-8。

结果表明,不同栎树之间,苗木生长量和分枝数量及密度都有极显著差异。纳塔栎、麻栎、舒玛栎苗木生长最为突出,南方红栎生长最差,弗吉尼亚栎苗木生长量位居中等偏下的水平。但弗吉尼亚栎和柳叶栎的侧枝最多和分枝密度最大,水栎的分枝也较多较密,而北方红栎、南方红栎、沼生栎和栓皮栎(*Q. variabilis* Bl.)的苗木分枝十分稀少。相对于生长性状,栎树苗木分枝数量和密度的种间差异更加悬殊。

表2-9 8种栎树四年生幼树枝叶特征的种间差异

树种	树高/cm	米径/mm	枝角/(°)	枝长/cm	枝粗/mm	相对枝粗/%	分枝密度/(个/m)	着叶密度/(枚/m)	单叶面积/cm²
弗栎	272.9	27.34	49	61.8	9.51	32.02	27.02	611.72	3.14
舒玛栎	456.7	45.72	61	111.8	10.26	23.19	9.25	68.22	37.92
纳塔栎	368.6	53.27	63	115.0	12.09	20.06	12.97	148.32	25.04
柳叶栎	403.2	41.55	56	102.6	10.53	3.38	16.03	338.55	6.97
水栎	331.3	31.67	59	100.6	11.11	27.12	22.91	274.08	6.71
月桂叶栎	285.6	23.53	66	89.2	8.94	21.99	17.96	325.20	5.39
猩红栎	216.0	16.70	58	66.2	9.07	34.92	8.34	60.59	36.61
麻栎	477.8	49.81	42	138.0	11.73	18.95	8.15	108.67	26.52
F值	52.53	37.36	10.08	9.80	3.72	12.47	42.31	16.06	26.39
P值	<0.0001	<0.0001	<0.0001	<0.0001	0.0019	<0.0001	<0.0001	<0.0001	<0.0001

注:1. 相对枝粗是标准枝基端直径与其着生处茎干直径的平方比;
    2. 分枝密度是树干当年段和去年段部位的一级侧枝数除以两年树干长度,系每米茎干长度中的一级侧枝数;
    3. 着叶密度为标准枝上叶片数除以标准枝长度,系每米枝长中的所有叶片数(含2级枝上的叶片);
    4. 单叶面积是从标准枝叶片中随机取30枚叶片测量的叶面积平均值,用叶面积仪测量。

另一个试验更能反映弗吉尼亚栎与其他几种栎树之间分枝习性的差异。在浙江富阳苗圃地设置了一片树种对比试验林,随机区组设计,10 株单行小区播种,重复 4 次,株行距 0.8 m×1.5 m。当树龄达到 4 个整年时对分枝性状及生长性状进行随机取样观测,每个树种每个重复观测 3 株共计 9 株,每株样树取当年新梢基部一级侧枝作为标准枝测定其枝角、枝长、枝基径、分枝密度和着叶密度等参数,结果列于表 2-9 中。

分析表明,同苗期试验结果相似,四年生树木分枝相关指标存在极显著的种间差异,在 8 种栎树之中,弗吉尼亚栎是分枝密度和着叶密度最大、单叶面积最小的树种。在林分密度较大的条件下,弗吉尼亚栎的枝角偏小,枝长、枝粗最小。舒玛栎和猩红栎是枝叶稀疏、单叶面积最大的两个树种,乡土树种麻栎的特点是枝角和分枝密度最小,而枝条最长且粗,其高生长优势明显。

在弗吉尼亚栎的常规大田育苗中,绝大多数苗木呈现出分枝众多、枝叶浓密、顶端优势不明显的状态,它们被称为"多枝型"苗木。但也有少数单株例外,它们主干明显,高生长突出,分枝稀少,这些植株被称为"高干型"苗木,其比例仅有 5% 左右。

据对三年生弗吉尼亚栎留床苗观察发现(多枝型和高干型植株各 5 株),高干型总生物量只有多枝型的 56%;其树干生物量占总生物量的 31% 以上,比多枝型高 10 个百分点;其枝条和叶片生物量所占比率为 43%,而多枝型的枝条和叶片生物量比率高达 55%。

(二) 树形分化及其生长差异

弗吉尼亚栎原分布于北美沿海地带,长期在多风环境下的自然选择,使得弗吉尼亚栎形成了固有的分枝和生长习性。引种实践表明,在稀疏栽植环境下,弗吉尼亚栎幼树大多没有明显的顶端生长优势,主干不明显,分枝低下而枝叶浓密,冠幅宽大。随着树龄的增长,逐渐出现 3~4 根较为粗大、枝角较小(20°~30°)的骨干枝,其中 1 根骨干枝代替主干向上生长,逐渐形成直立树形。弗吉尼亚栎的这种分枝方式,在植物学上称为合轴分枝(sympodial branching)类型,其特点是主茎的顶芽生长到一定时期,渐渐失去生长能力,继由顶芽下部的侧芽代替顶芽生长,迅速发展为新枝,并取代了主茎的位置。不久新枝的顶芽又停止生长,再由其旁边的腋芽所代替。

以上分枝习性的情况是弗吉尼亚栎种群的普遍现象。但也发现少数个体表现为单轴分枝(monopodial branching)习性,顶梢优势突出,形成通直的主干,侧枝则短小稀疏。另一种极端情况是呈多枝丛生状态,没有强有力的侧梢代替主梢生长,因而不能形成明显的主干。

1. 树形分化

分枝习性决定了树形分化,但树形也受到树龄和环境条件的影响。在幼林阶段,弗吉尼亚栎通常可以区分出三类树形,如图 2-17 所示。

单干宽冠型(A 型)

丛生型或多枝型(B 型)

高干窄冠型(C 型)

图 2-17 弗吉尼亚栎的树形

(1) 单干宽冠型

基部树干明显,干高 3~4 m,向上有 2~3 个势均力敌的主侧梢,侧枝呈放射状伸展,树冠较宽呈卵形或球形,生长势旺盛。这是人工林内和散生木中最常见的树形。

(2) 多枝型或丛生型

基干高度在 1 m 以下,没有明显的顶端优势,多个侧枝丛生,或多个分叉共生,树冠呈伞状,总体生长缓慢。这种类型在疏林内比例较高。但随着树龄的增长和林分郁闭度的加大,在侧枝生长受到压制的情况下,或在人为干预(例如修剪)以后,主干将会向上生长,渐渐形成 A 型树形。

弗吉尼亚栎枝条具有很强的柔韧性,一般不易折断。在散生栽培条件下,如果遇到大雪或雨水的重压,枝梢被压向地面,当重压消除之后,有些侧枝不能恢复原位,致使树冠向外扩展,渐渐形成伞状树形,其冠幅可达到树高的几倍以上,成为优美的庇荫树。

(3) 高干窄冠型

主干通直向上,干高 5~7 m,顶端优势旺盛,侧枝短而稀疏,树冠窄小,呈圆柱形,直径生长缓慢。这种类型比较稀少,一般不超过 5%。此类型可能是一种特殊的基因型,值得深入研究和利用。

据观察,在 1~2 年生苗期阶段,就能区分多枝型(B 型)和高干型(C 型)。在 5~10 年的幼林阶段可以区分出单干宽冠型(A 型)、多枝型(B 型)和高干窄冠型(C 型)。不同类型之间存在明显的生长差异。

2. 不同树形的生长差异

从防护林建设的角度出发,需要一定高度,单干宽冠型和高干窄冠型比较理想。为此,有必要对弗吉尼亚栎的分枝习性加以人为干预,以利于提高防护林的防护效益或木材生产效益。实践证明,通过密度调控和修剪整形,弗吉尼亚栎的干形和生长可以得到改善。

在浙江温岭和瑞安同时用二年生苗在立地条件相似的老海涂营造弗吉尼亚栎防护林,株行距分别为 2 m×2 m 和 3 m×3 m,栽种后管理措施相近,任其自由生长,造林 5 年后林分基本郁闭成林。调查发现,两个林分均出现单干型(顶端优势较强,枝下高 1.3 m 以上)和多枝型(分枝低下,枝下高 50~80 cm)的林木分化(见表 2-10)。但在密度较大的温岭弗吉尼亚栎林中,单干型林木的比例为 66.7%,在密度较小的瑞安弗吉尼亚栎林中仅为 26.7%。整个林分的平均树高和胸径生长量,温岭点比瑞安点分别提高 27.9% 和 24.9%。单干型林木的树高和胸径比多枝型分别增加 27.7% 和 60.8%。

表 2-10　七年生弗吉尼亚栎人工林中不同树形林木生长的比较

地点	树形	株数	平均树高 /m	平均胸径 /cm	平均高径比
温岭（2 m×2 m）	单干型	22	5.30±0.59 a	8.37±1.73 a	65.03±10.34 b
	多枝型	8	4.11±0.77 b	5.06±0.78 b	81.22± 7.85 a
瑞安（3 m×3 m）	单干型	11	4.12±0.35 a	7.35±0.77 a	56.69± 8.16 b
	多枝型	19	3.67±0.49 b	4.94±0.93 b	76.42±15.94 a
两点合并	单干型	33	4.88±0.77 a	8.01±1.53 a	62.07±10.31 b
	多枝型	27	3.82±0.62 b	4.98±0.87 b	78.07±13.73 a

注：同一地点不同树形同一指标后没有相同小写字母，表示差异显著（$P<0.05$）。

（三）树皮和叶形变异

1. 树皮类型及其生长差异

弗吉尼亚栎达到4～5年树龄之后，树皮特征显现，可以发现弗吉尼亚栎幼树树皮形态存在不同类型的变异（见图2-18）。多数树木具有纵向裂纹，称之为"纵裂型"，其中又可

图 2-18　弗吉尼亚栎的树皮类型

以区分为粗裂和细裂亚型。同时也有些个体的树皮光滑，或有细小的瘤状突起和明显的皮孔，称之为"光皮型"。纵裂型树皮一般较厚，光皮型较薄。纵裂型植株的直径生长量一般好于光皮型。

据对一片十年生、保留密度每亩90株的弗吉尼亚栎人工林的调查观测，结果表明，在42株随机抽取的样株中，纵裂型植株34株，占81%，光皮型植株8株，占19%。纵裂型与光皮型的树高生长量无显著差异，但纵裂型的胸径和冠幅生长量显著高于光皮型（见表2-11）。在该林分的8株光皮型植株中，有5株属于前文所述及的高干窄冠型树形，显然它们的冠幅和直径生长量最小，但其高径比最高，树体苗条，树形美观，值得进一步研究与利用。

表2-11　弗吉尼亚栎树皮—叶片类型的生长差异

类型	树高/m	胸径/cm	冠幅/m	株数
大叶纵裂型	6.57 a	12.01 a	4.13 a	13
非大叶纵裂型	6.49 a	11.46 ab	4.00 a	21
光皮型	6.92 a	10.38 bc	2.99 b	8
窄冠光皮型	6.72 a	9.46 c	2.42 b	5
均值	6.68	10.82	3.39	
F值	1.4520	5.2230	9.5520	
P值	0.2410	0.0037	0.0001	

注：不同树形同一指标后没有相同小写字母，表示差异显著（$P<0.05$）。

2. 叶形变异

在圃地和人工林内，单株之间叶形与大小的变化最引人注目，很容易区分出大叶型、细叶型和中间型（见图2-19）。这种变异不是个别枝条叶形的变异，而是整个植株的变异。

大叶型植株，叶长9~15 cm，宽3~4 cm，长宽比(2~3):1。细叶型还可分为柳叶形和短刺形，前者叶长8~10 cm，宽1~2 cm，长宽比(4~5):1；后者叶长4~5 cm，宽0.8~1.5 cm。细叶型和中间型比较常见，大叶型比例较少。在上述调查林分的42株树木中，我们同时识别出典型大叶型植株13株，其树皮类型均属纵裂型，占31%。在所有类型中，大叶纵裂型植株的胸径和冠幅生长量表现最佳（见表2-11）。

叶片的大小与形状受到遗传与外部环境的共同影响。据观察，如上所述的林分处于地势平坦、水分条件较好的立地条件,其大叶型比例较高,中间型为主,细叶型基本没有出现。但在路边、高地、风口的稀疏林木中,细叶型植株比例很高,大叶型植株稀少。

图2-19 弗吉尼亚栎的叶片类型
A、C为大叶型,B、D为细叶型,B为柳叶形,D为短刺形

第四节
弗吉尼亚栎的光合特性和养分吸收利用

（一）弗吉尼亚栎的光合特性

1. 弗吉尼亚栎十年生树木光合特征的日变化

2012年9月25日，以中国林业科学研究院亚热带林业研究所所部大院内生长良好的十年生弗吉尼亚栎单株为研究对象，选取冠层中部的3片功能叶测定其光合作用，采用Li-6400便携式光合作用系统（Li-COR，USA），测定叶片净光合速率（P_n）、气孔导度（Gs）等光合作用相关指标。

（1）环境因子日变化

由图2-20可以看出，自然条件下，叶片光合有效辐射（PAR）日变化呈单峰曲线，早晨光合有效辐射呈增加趋势，到11:00左右达到最大，此后，光合有效辐射缓慢下降；受光合有效辐射影响，温度日变化也呈单峰曲线，但温度最高值出现的时间与光合有效辐射不同，出现在14:00左右。

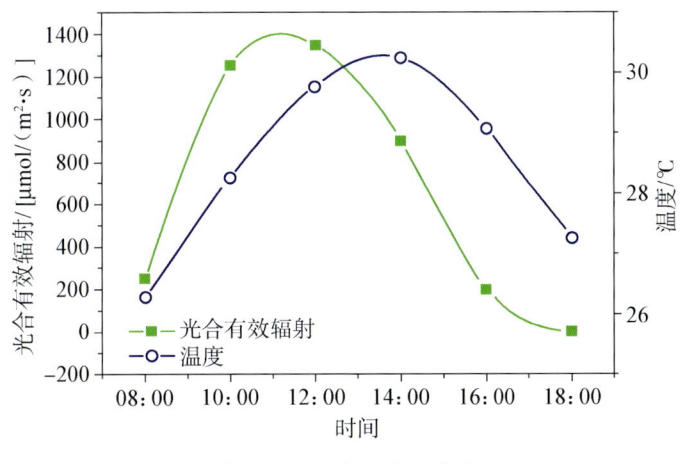

图2-20 环境因子日变化

(2) 净光合速率日变化

从图2-21可以看出,弗吉尼亚栎叶片净光合速率日变化呈现先升高后降低再升高、降低的双峰曲线,最大值出现在10:00(第一峰),净光合速率达12.73 μmol/(m^2·s),第二峰出现在14:00,但P_n值明显低于第一峰,只有7.0 μmol/(m^2·s)。

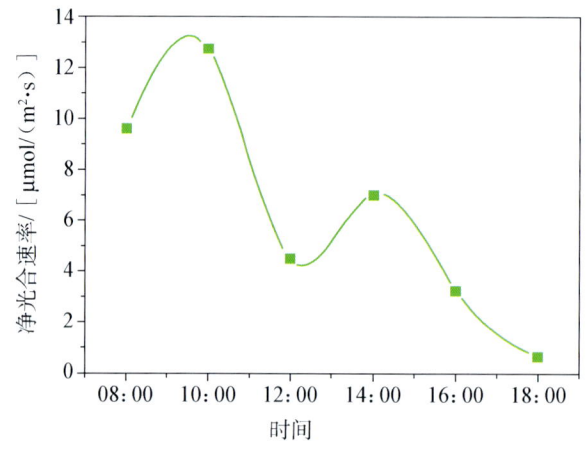

图2-21 弗吉尼亚栎净光合速率日变化

(3) 气孔导度、胞间CO_2浓度变化

图2-22显示,弗吉尼亚栎叶片气孔导度在10:00左右最高,随后气孔导度下降,到中午12:00达到最低,随后又出现小幅升高,到14:00时达到第二峰值,此后一直下降。由此可见,气孔导度日变化规律与净光合速率日变化规律相同,均为双峰曲线。而胞间CO_2浓度呈先下降后升高趋势。

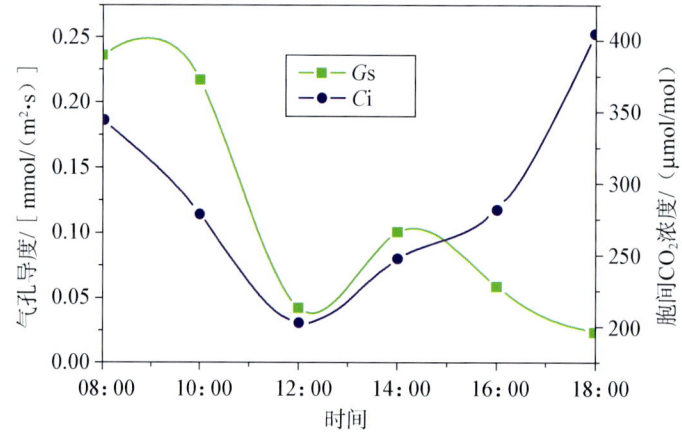

图2-22 气孔导度及胞间CO_2浓度日变化

(4) 蒸腾速率和水分利用效率变化

图2-23表明,弗吉尼亚栎叶片蒸腾速率日变化也呈双峰曲线,两次峰值出现的时间与气孔导度峰值出现的时间一致,说明蒸腾速率尽管受光合有效辐射和温度影响,但与气孔的开闭关系更加密切。水分利用效率日变化规律不明显,但上午的水分利用效率要高于下午。

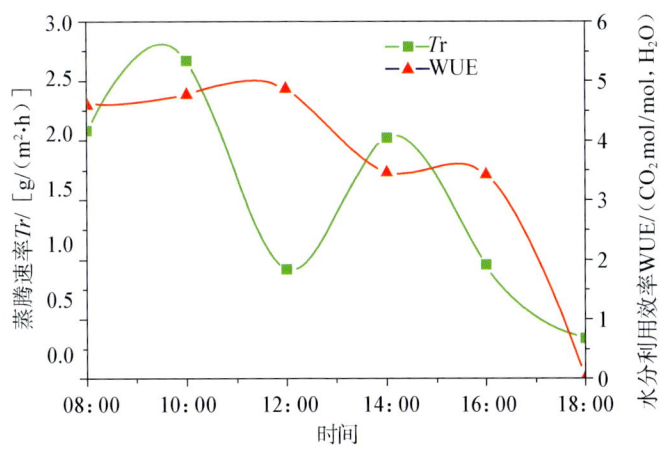

图 2-23 蒸腾速率和水分利用效率变化规律

(5) 弗吉尼亚栎净光合速率与环境因子间的通径分析

通径分析是研究变量间相互关系、自变量对因变量作用方式及程度的多元统计分析技术,由于该分析不仅可以得到自变量、因变量间的关系,同时还可以得到自变量对因变量的影响程度,近几年被广泛用于光合作用与环境因子间的关系研究,通径系数越大,则说明该因子对光合作用的影响程度越大。结果显示,弗吉尼亚栎净光合速率主要受气孔导度、胞间CO_2浓度、大气CO_2浓度和光合有效辐射的影响,其中气孔导度对净光合速率起着决定性作用(见表2-12)。

表2-12 弗吉尼亚栎净光合速率与各环境因子间的直接、间接通径系数

通径系数	气孔导度	胞间CO_2浓度	大气CO_2浓度	光合有效辐射
直接通径系数	0.9392	−0.0582	−0.2020	0.2135
间接通径系数	−0.0320	−0.2559	0.1537	0.3480

(6) 弗吉尼亚栎光响应曲线

采用叶子飘构建的光响应模型进行拟合,其模型表达式为:

$$P_n(I) = \alpha \frac{1-\beta I}{1+\gamma I} I - Rd$$

其中，P_n为净光合速率，I为光量子通量密度，α为光响应曲线的初始斜率，β为修正系数，γ为光响应曲线初始斜率与最大净光合速率之比，Rd为暗呼吸速率。拟合结果见图2-24。

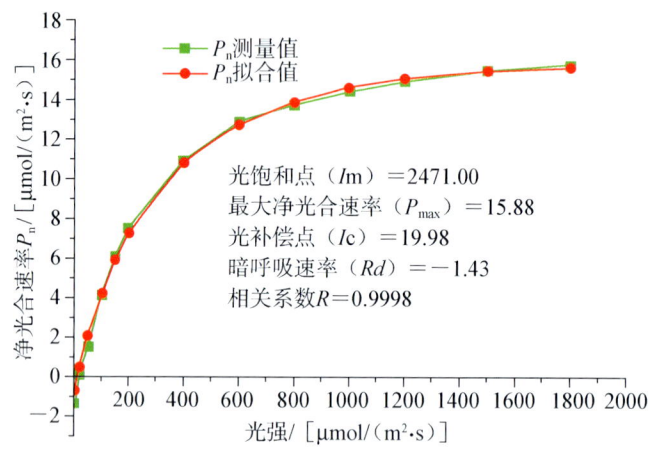

图2-24　弗吉尼亚栎光响应曲线

2. 弗吉尼亚栎与几种栎树容器苗光合参数的比较

以二年生容器苗为试材，于9月测定了不同树种标准植株的光合参数，结果见表2-13。

表2-13　几种栎树光合作用相关参数差异

	净光合速率/ [μmol/(m²·s)]	叶片气孔导度/ [mmol/(m²·s)]	胞间CO_2浓度/ (μmol/mol)	蒸腾速率/ [g/(m²·h)]
弗栎	11.464±1.230 a	0.150±0.014 a	274.53±5.31 a	3.067±0.155 a
麻栎	8.267±0.763 b	0.066±0.012 cde	187.82±57.65 b	1.689±0.300 cd
沼生栎	7.471±0.738 bc	0.092±0.013 b	262.80±18.61 a	2.267±0.255 b
纳塔栎	7.158±1.531 bc	0.052±0.021 de	162.37±54.21 b	1.337±0.499 d
水栎	7.179±0.735 bc	0.076±0.001 bc	253.44±14.29 a	1.697±0.038 cd
舒玛栎	6.540±0.272 c	0.047±0.008 e	178.08±33.95 b	1.229±0.182 d
柳叶栎	6.250±1.002 c	0.071±0.012 bcd	261.43±2.33 a	1.888±0.325 bc

由表2-13可知，弗吉尼亚栎的净光合速率要显著高于麻栎、沼生栎、纳塔栎、水栎、舒玛栎和柳叶栎等几种栎树植物，表明弗吉尼亚栎在此生长条件下具有较高的光能利用效率。7种栎树叶片气孔导度的变化趋势与净光合速率基本一致，弗吉尼亚栎有最高的气孔导度，舒玛栎数值最低。气孔是植物叶片与外界进行气体交换的主要通道。气孔开度对蒸

腾有着直接的影响,通常气孔导度与蒸腾作用成正比。本研究中,弗吉尼亚栎的蒸腾速率显著高于其他栎树,为3.067 g/(m^2·h);舒玛栎的蒸腾速率值最低,为1.229 g/(m^2·h)。

(二)弗吉尼亚栎对遮阴的响应

1. 研究方法

采用遮阴75%和遮阴50%两种处理方式,以完全自然光照为对照,研究二年生弗吉尼亚栎盆栽苗(每盆5株)在不同光照处理下的生长以及叶绿素荧光响应,处理时间为2012年7月5日至2012年10月13日。试验前后,测定苗木生长及叶绿素含量,试验期间,定期测量(共测定5次)叶绿素荧光参数的变化。

2. 研究结果

(1)生长量

与全光条件相比,在7~10月实施3个月的中等程度遮阴(50%)处理,对苗木的高生长有一定促进作用,而对径生长有一定抑制作用。如果实施强度遮阴(75%)处理,则对高生长、径生长均有抑制作用,尤其对径生长的不利影响更为显著。详见表2-14。

表2-14 夏季遮阴对弗吉尼亚栎苗木生长的影响

指标	处理	处理前	处理后	处理后与处理前之比值
苗高/cm	全光	59.25±7.53	62.00±7.97	1.0473±0.0496
	遮阴50%	57.75±10.08	61.50±7.61	1.0764±0.0925
	遮阴75%	60.58±12.32	61.79±12.07	1.0222±0.0288
基径/cm	全光	3.99±0.37	4.96±0.47	1.2441±0.0601
	遮阴50%	3.73±0.59	4.46±0.62	1.1990±0.0877
	遮阴75%	3.87±0.62	4.24±0.63	1.0979±0.0655
高径比	全光	14.83±1.06	12.53±1.33	0.8438±0.0606
	遮阴50%	15.51±1.91	13.91±1.62	0.9005±0.0819
	遮阴75%	15.64±2.05	14.57±1.81	0.9341±0.0607

（2）叶绿素

以肉眼观察，全光处理下的弗吉尼亚栎叶色淡绿，强度遮阴下的弗吉尼亚栎叶色深绿。叶绿素相对含量测定结果（图2-25）表明，全光处理与两种遮阴处理之间有明显差异。全光处理下，弗吉尼亚栎叶绿素相对含量在20~22之间波动，最终降低为20.45。半光处理下，叶绿素相对含量在24~26之间波动。遮阴处理下，叶绿素相对含量最终为27.26，明显高于初始值。以上说明全光处理对弗吉尼亚栎苗木的叶绿素有一定的破坏作用。

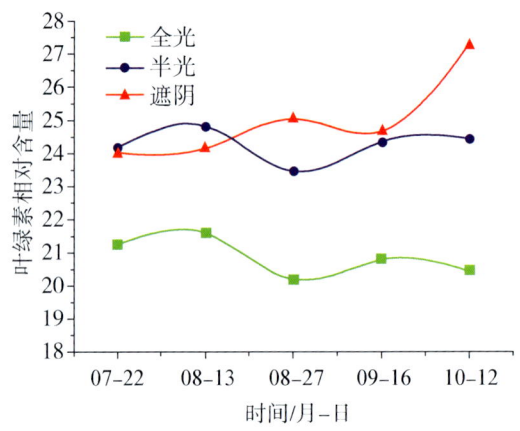

图2-25　不同光照处理下弗吉尼亚栎叶绿素相对含量的变化

（3）叶绿素荧光参数

PSⅡ即有效光化学量子产量，它反映开放的PSⅡ反应中心原初光能捕获效率。Yield值的变化趋势与Fv/Fm值一致，这同样表明，在全光处理下，弗吉尼亚栎在8月底和9月初受到了伤害，其PSⅡ反应中心原初光能捕获效率下降。同时在半光和遮阴处理下，8月底其Yield值也有显著的降低。弗吉尼亚栎各处理间实际荧光产量的变化趋势基本一致，均在10月12日达到最低值。遮阴处理下的F值要高于其他两个处理。

PSⅡ的最大量子产量作为光抑制和PSⅡ复合体受伤的指标，反映了植物潜在的最大光合能力。当植物受到胁迫时，Fv/Fm会显著下降。各处理下的Fv/Fm值随时间变化的趋势基本一致，均在8月27日降低至最低值，随后上升，这可能是8月底光照对植物产生了一定受害作用，特别是在全光处理下，Fv/Fm值仅为0.77，显著低于其他处理。Fv/Fm下降也可能是Fo的上升或Fm的下降。本试验中弗吉尼亚栎Fo有少量的升高，表明被叶绿素吸收的能量转化成电能（电子传递）的比例下降；Fm有下降的趋势，可能是叶绿素分子减少所致。半光和遮阴处理的Fv/Fm值一直稳定在0.80以上，表明弗吉尼亚栎并未受到伤害。

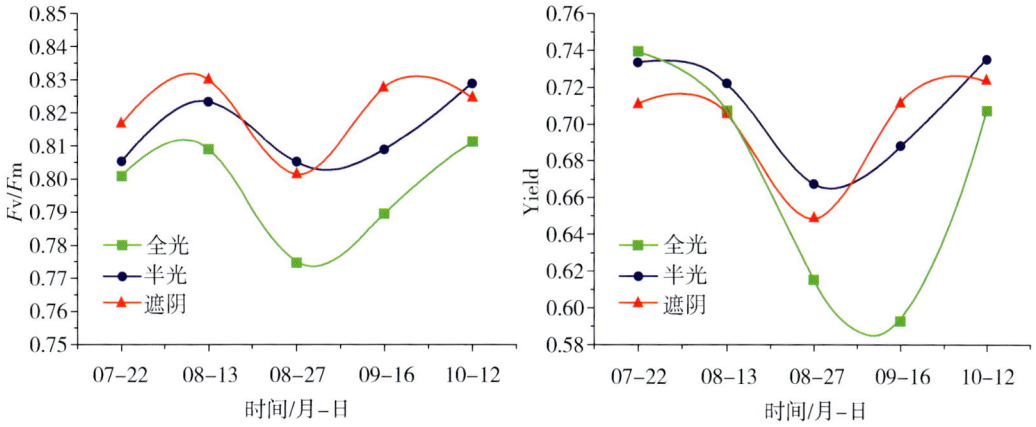

图2-26　不同光照处理下弗吉尼亚栎Fv/Fm值和有效光化学量子产量的变化

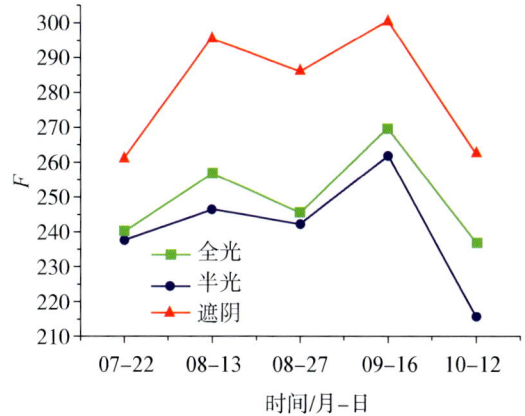

图2-27　不同光照处理下弗吉尼亚栎实际荧光产量的变化

（4）结论

弗吉尼亚栎苗木对夏季光照条件比较敏感，全光照强度对其有一定的伤害作用，表现在叶绿素相对含量下降，PSⅡ原初光能转化效率（Fv/Fm）和PSⅡ实际光能转化效率（Yeild）均有下降趋势，这些在一定程度上影响光合效率，从而使苗木的高生长受到明显抑制。因此，弗吉尼亚栎育苗实践中建议在夏季适当采取适度的遮阴措施。

（三）弗吉尼亚栎与几种栎树养分利用效率的比较

采用盆栽试验方法，以富含有机质的稻田土（水稻土）和贫瘠红壤黄心土（红壤）为基质播种弗吉尼亚栎、水栎、舒玛栎、柳叶栎、麻栎、纳塔栎6种栎树，在培养2个生长季之后，每种土壤每种栎树取6株标准株测定生物量和养分利用情况。

表2-15 不同栽培基质营养成分分析

栽培基质	有机质/%	速效氮/(mg/kg)	速效磷/(mg/kg)	速效钾/(mg/kg)	pH
红壤	0.825	7.755	19.30	122	5.98
水稻土	4.125	9.465	50.05	296	7.01

1. 地上部和地下部生物量

研究发现，土壤条件对6种栎树地上部的生长均产生了明显的影响。在水稻土栽培条件下，引种的弗吉尼亚栎地上部生物量明显低于水栎、纳塔栎、舒玛栎和柳叶栎，水栎地上部生物量最大；6种栎树在红土中的生长量均低于水稻土，红壤栽培条件下，纳塔栎地上部生物量最大。

然而，地下部与地上部生长量趋势不同，尽管红壤栽培条件下，所有供试栎树地下部生物量均有所下降，但下降幅度不大。无论是水稻土还是红壤，在供试栎树中舒玛栎地下部生物量最大，其次为麻栎、水栎、柳叶栎等。总体而言，几种栎树地下部生长差异不明显。

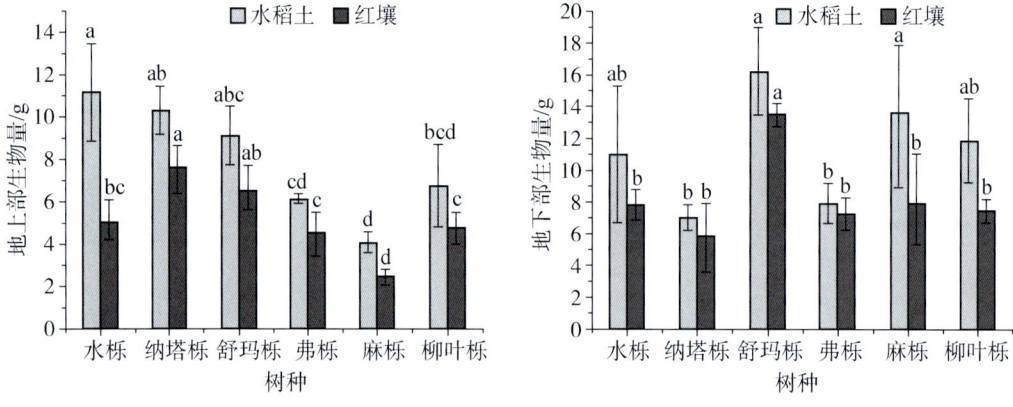

图2-28 不同土壤条件下6种栎树地上部和地下部生物量

注：同一栽培基质下，不同树种间字母相同，表示在5%显著水平上无显著差异；相异，表示差异显著。

2. 不同栎树对氮、磷的吸收和利用

研究表明（见表2-16），在红壤栽培条件下，6种栎树不同组织对氮、磷的吸收和积累均有所下降。在水稻土栽培条件下，6种栎树根部氮素以柳叶栎、麻栎积累量最大，明显高于其他几种栎树；茎氮素含量在4.56～7.38 g/kg之间，而叶片氮素含量最高，可达11.48～15.43 g/kg，其中弗吉尼亚栎叶片氮素积累量明显高于其他栎树。在红壤栽培条件

下,6种栎树根部氮素积累量差异不明显,茎氮素积累量在3.61~6.15 g/kg之间变化,而叶片氮素积累量仍然以弗吉尼亚栎最高。

表2-16 不同土壤栽培条件下栎树体内总氮含量

（单位:g/kg）

树种	根		茎		叶	
	水稻土	红壤	水稻土	红壤	水稻土	红壤
纳塔栎	8.45±1.12 b	5.09±0.58 a	5.93±0.89 b	3.90±0.42 b	13.63±0.00 b	12.56±0.99 ab
柳叶栎	11.69±0.87 a	6.20±1.56 a	7.38±0.66 a	4.78±0.84 ab	13.26±1.84 b	11.31±0.98 b
麻栎	10.46±1.07 a	5.82±1.61 a	6.93±0.58 ab	6.15±0.86 a	11.48±1.42 c	9.25±0.32 bc
水栎	6.53±0.70 c	3.71±0.99 a	4.56±0.55 d	3.61±0.85 b	14.83±0.46 ab	10.94±3.20 b
弗栎	5.07±0.55 c	5.52±2.61 a	4.87±0.18 cd	4.49±0.89 b	15.43±0.38 a	14.89±2.71 a
舒玛栎	8.61±0.91 b	5.06±1.83 a	5.92±0.42 b	4.94±0.89 ab	11.49±0.40 c	7.54±1.49 c

注：同一栽培条件下,不同树种间字母相同,表示在5%显著水平上无显著差异；相异,表示差异显著。

6种栎树对磷素的吸收和积累规律与氮素不同（见表2-17）,根、茎、叶不同组织对磷的吸收和积累差异不大,在水稻土栽培条件下,根、茎、叶不同组织磷素积累量在1.10~2.23 g/kg之间,而红壤栽培条件下,不同部位磷素含量在0.64~1.75 g/kg之间,不同树种之间对磷素的吸收和积累差异不明显。

表2-17 不同土壤栽培条件下栎树体内总磷含量

（单位:g/kg）

树种	根		茎		叶	
	水稻土	红壤	水稻土	红壤	水稻土	红壤
纳塔栎	2.12±0.34 ab	1.75±0.34 a	1.42±0.16 a	1.14±0.22 ab	2.16±0.00 a	1.07±0.12 a
柳叶栎	2.19±0.39 ab	1.56±0.25 ab	1.25±0.09 a	0.84±0.11 bc	1.47±0.07 bc	1.15±0.23 a
麻栎	1.93±0.06 ab	0.85±0.17 c	1.37±0.11 a	0.78±0.06 bc	1.41±0.51 bc	0.68±0.07 b
水栎	2.17±0.07 ab	1.62±0.15 a	1.10±0.18 a	0.64±0.10 c	1.18±0.12 c	0.93±0.30 ab
弗栎	1.79±0.09 b	1.21±0.03 bc	1.29±0.19 a	1.24±0.30 a	1.20±0.04 c	1.08±0.14 a
舒玛栎	2.23±0.23 a	0.95±0.10 c	1.19±0.41 a	1.06±0.27 ab	1.74±0.37 ab	0.71±0.14 b

注：同一栽培条件下,不同树种间字母相同,表示在5%显著水平上无显著差异；相异,表示差异显著。

不同栽培基质条件下,6种栎树对氮、磷的利用效率见图2-29。与水稻土栽培相比,红壤栽培条件下,6种栎树对氮、磷的利用效率明显增加($P<0.05$)。而在水稻土栽培条件下,6种栎树对磷的利用效率差异不明显。无论是水稻土还是红壤栽培条件,水栎对氮、磷的利用效率最高。

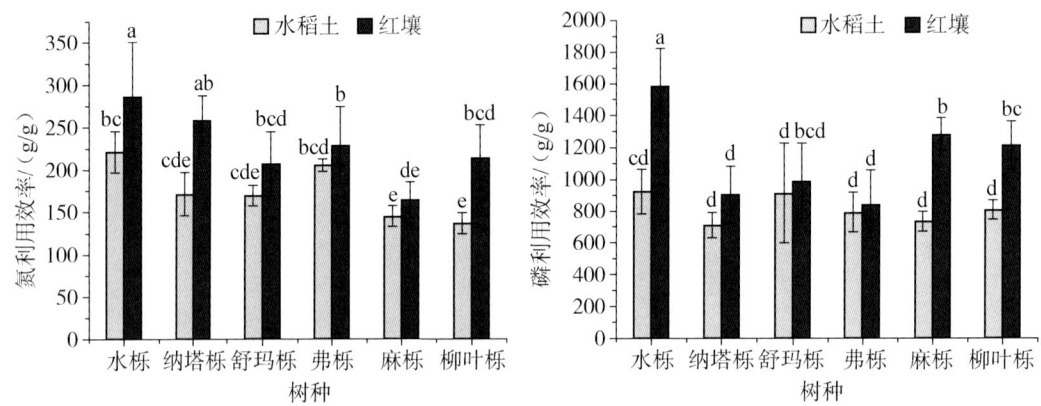

图2-29 6种栎树在不同栽培基质条件下的氮、磷利用效率

注:同一栽培基质下,不同树种间字母相同,表示在5%显著水平上无显著差异;相异,表示差异显著。

(四)弗吉尼亚栎等对养分供应水平的响应

1. 研究方法

试验材料为弗吉尼亚栎(FL)、水栎(SL)、柳叶栎(LYL)的5月龄幼苗。试验按不同植物材料与氮二因素裂区设计,以无N(N0,不添加氮素)、低N(N1/2,8 mmol/L)、标准N(N1,16 mmol/L)、高N(N2,32 mmol/L)各4个水平为主处理,材料为副处理,3次重复,共裂分为48个小区,每小区2个盆钵(每盆钵2株)。培养基质为河沙。将栎树容器苗洗净移至装有河沙的塑料盆钵(有孔),每盆钵2株,置于一个长方形的平底塑料盆中,每盆装8个盆钵。于7月27日开始处理,每15天浇一次营养液(每盆5 L)。营养液采用E.G.Bollard大量元素配方和Arnon微量元素配方,调节pH为5.6~6.0。于9月22日终止处理,10月31日收获,其间共施氮5次,每株总施氮量N0(0 g)、N1/2(0.175 g)、N1(0.35 g)、N2(0.7 g)。

2. 研究结果

①栎树苗木干重相对生长量在种间有显著差异,而在处理间无差异(见图2-30)。但随着氮浓度的增加,栎树的相对生长量有升高—降低的趋势,且在N1/2时最大。在4个氮水平下,弗吉尼亚栎的相对生长量均较大,其平均值为1.09,显著高于柳叶栎(0.27)和水栎(0.14),而后两者间无显著差异。

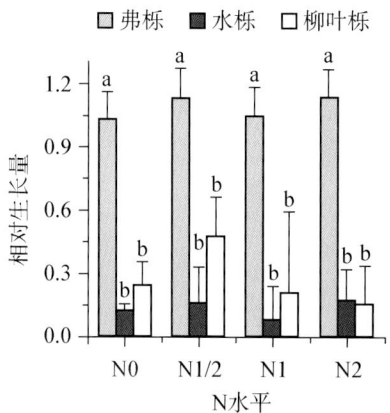

图2-30 不同氮水平下栎树干重相对生长量

注：同一氮水平下，不同树种间字母相同，表示在5%显著水平上无显著差异；相异，表示差异显著。

在4个氮水平下，弗吉尼亚栎的地上部和地下部实际干重均显著高于柳叶栎和水栎（见图2-31）。在N0处理下，弗吉尼亚栎的地下部干重显著高于其余3个氮水平，说明缺氮促进了弗吉尼亚栎的根系发育。除此之外，弗吉尼亚栎的地上部干重和柳叶栎、水栎的地上部及地下部干重在氮处理间均无显著差异。

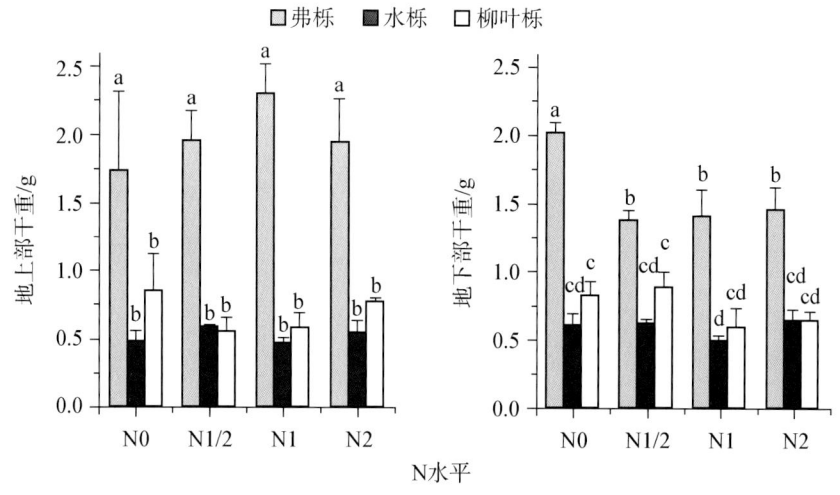

图2-31 不同氮水平下不同栎树地上部及地下部干重变化

注：同一氮水平下，不同树种间字母相同，表示在5%显著水平上无显著差异；相异，表示差异显著。

② 株高的相对生长率，弗吉尼亚栎以N1/2和N1处理最大，N0最小。水栎和柳叶栎在N0水平下株高的相对生长率也相对较小（见图2-32）。3种栎树在9～11月间N0水平下的叶绿素相对含量均低于其余3个氮水平（见图2-33）。说明氮素的缺乏抑制了栎树叶绿素的生成和株高的生长。

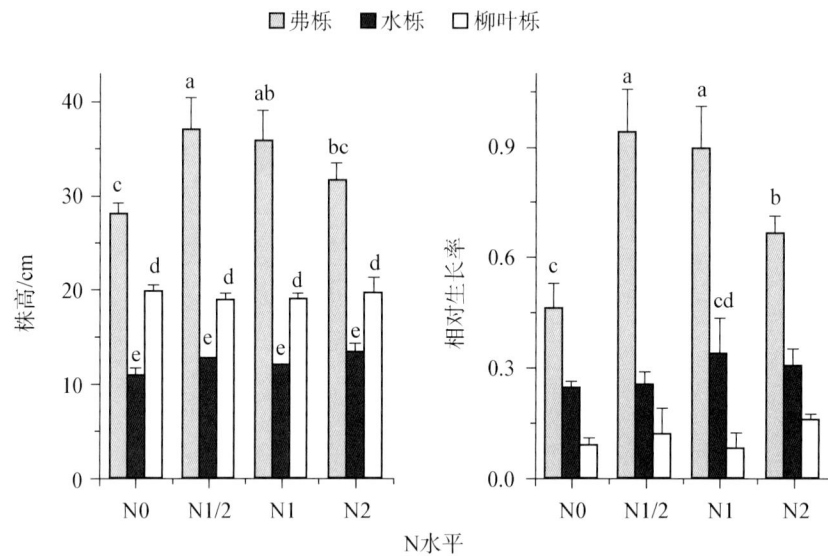

图2-32 不同氮水平下栎树株高和相对生产率变化

注：同一氮水平下，不同树种间字母相同，表示在5%显著水平上无显著差异；相异，表示差异显著。

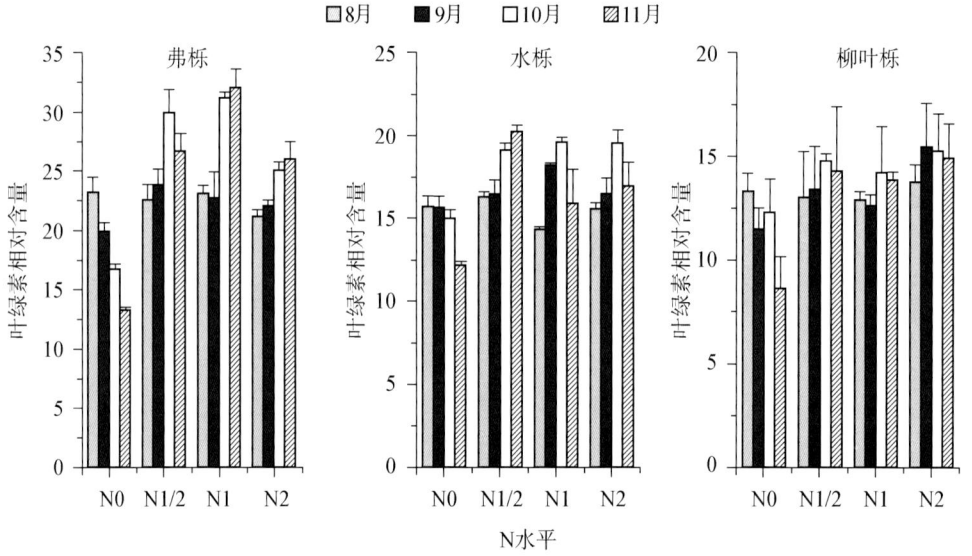

图2-33 不同时期不同栎树叶绿素相对含量的变化

③ 供氮水平直接影响到3种栎树植株的氮素吸收与积累（见表2-18）。苗木地上部和地下部的全氮含量均以N0水平最低（只有柳叶栎地上部氮含量例外），N1或N1/2或N2较高，因树种而异。就单株氮积累量而言，弗吉尼亚栎在N1水平下的积累量最大，且高于其他栎树所有氮水平下的积累量。弗吉尼亚栎和水栎在N0水平的氮积累量最小，但柳叶栎在N0水平的氮积累量较高，其原因何在，尚需探讨。

表2-18 不同氮水平下栎树地上部、地下部全氮含量及积累量

树种	氮水平	全氮含量/%		氮积累量/(mg/株)
		地上部	地下部	
弗栎	N0	0.35±0.09 e	0.18±0.05 c	9.26±2.71 cd
	N1/2	1.16±0.32 cde	0.56±0.28 abc	29.62±4.56 bcd
	N1	2.06±0.80 bcd	1.02±0.44 ab	63.29±30.99 a
	N2	1.01±0.86 de	0.86±0.24 abc	34.16±24.93 b
水栎	N0	1.05±0.91 de	0.25±0.15 c	6.03±2.38 d
	N1/2	3.65±1.58 ab	0.54±0.29 abc	25.07±11.33 bcd
	N1	2.73±0.58 abc	0.70±0.26 abc	16.83±6.08 bcd
	N2	3.42±0.55 ab	1.27±0.25 a	27.50±8.10 bcd
柳叶栎	N0	3.04±0.93 ab	0.38±0.10 bc	31.19±19.64 bc
	N1/2	4.26±1.40 a	0.65±0.27 abc	29.07±9.21 bcd
	N1	3.18±1.33 ab	1.29±1.23 a	26.79±11.31 bcd
	N2	2.03±1.00 bcd	1.12±0.44 ab	23.10±4.75 bcd

注：同一氮水平下，不同树种间字母相同，表示在5%显著水平上无显著差异；相异，表示差异显著。

本试验只是对3种栎树营养水平的初步研究，从株高、生物量、叶绿素相对含量、氮含量及积累量等多方面进行综合分析，似乎弗吉尼亚栎对缺氮环境的适应性较强，水栎和柳叶栎更适应氮素充足的环境，对此尚需进一步深入研究。

第五节
弗吉尼亚栎幼林生长表现

(一) 弗吉尼亚栎林分生长

林木生长受到树种遗传特性、发育阶段(林龄)、栽植材料、栽种密度、立地条件等多种因素的影响。弗吉尼亚栎是个寿命长达数百年的树种。目前弗吉尼亚栎引种造林时间不长,只能根据不同环境条件下7~10年栎幼林的生长调查数据进行初步评价。

据观察,弗吉尼亚栎在栎树之中生长速度属于中等水平。在播种后1~3年间,生长速度较慢,一般条件下年高生长量40~50 cm,基径年生长量0.5 cm左右。4~6年时速度加快,高生长量50~60 cm,径生长量0.6~0.7 cm。7~10年时,生长速度取决于栽植密度,在密度合适的情况下,径生长速度大增,每年可达1.0~1.2 cm,年高生长量60~70 cm。

从表2-19可以看出,弗吉尼亚栎在滨海盐土造林7~10年,保留密度90~260株/亩条件下,其林木年均树高生长量变幅为0.59~0.75 m,年均胸径生长量变幅为0.90~1.29 cm,散生稀植树木年均胸径生长量可达1.4 cm以上。保留密度对弗吉尼亚栎生长的影响相当明显。另外,在内陆水稻土条件下的生长速度与滨海盐土条件下的无明显差异,表现出较强的耐盐特性。

表2-19 主要引种点的弗吉尼亚栎生长表现

地点	立地类型	初植密度/(株/亩)	保留密度/(株/亩)	观测时树龄	观测株数	平均胸径/cm	平均树高/m	年均径生长量/cm	年均高生长量/cm	冠幅/m
浙江富阳	水稻土	–	散生	1+9	36	13.21±3.43	5.04±0.57	1.47	0.56	4.0~5.0
浙江上虞	滨海盐土片林	666	231 郁闭	2+6	75	6.51±1.03	4.60±0.38	0.93	0.51	1.5~2.5
	滨海盐土片林	666	258 郁闭	2+6	83	6.37±0.96	4.53±0.37	0.91	0.65	1.5~2.5
	滨海盐土片林	666	95 郁闭	2+8	42	11.57±1.36	6.72±0.59	1.29	0.75	3.0~4.0

续表

地点	立地类型	初植密度/(株/亩)	保留密度/(株/亩)	观测时树龄	观测株数	平均胸径/cm	平均树高/m	年均径生长量/cm	年均高生长量/cm	冠幅/m
浙江慈溪	滨海盐土片林	444	188 郁闭	1+9	127	9.13±2.42	6.30±0.95	1.01	0.70	2.0~2.5
浙江温岭	滨海盐土林带	166	160 郁闭	2+5.5	30	7.27±2.16	4.90±0.86	1.12	0.75	2.0~3.0
浙江瑞安	滨海盐土林带	89	89 郁闭	2+5.5	30	5.82±1.46	3.83±0.49	0.90	0.59	3.0~3.5
浙江海盐	滨海盐土林带	444	420 郁闭	4+3	92	4.65±0.45	3.61±0.40	0.78	0.60	1.0~1.5
浙江海盐	滨海盐土片林	89	89 近郁闭	3+4	114	5.63±0.96	3.62±0.34	0.94	0.60	2.0~3.0
浙江海盐	滨海盐土片林	89	89 郁闭	3+4	84	6.79±1.18	4.14±0.40	1.13	0.69	2.5~4.0
上海松江	水稻土片林	222	60 近郁闭	1+8	43	10.14±2.42	5.65±0.84	1.27	0.71	4.0~5.5
江苏吴江	水稻土片林	167	160 郁闭	2+7	122	7.42±1.43	5.38±0.47	0.93	0.67	2.0~3.0
江苏东台	水稻土片林	大苗移栽	130	4+5	50	8.10±1.83	5.78±0.71	1.01	0.73	3.0~4.0
江苏盐城	水稻土片林	444	250 郁闭	1+5	50	3.93±1.05	3.53±0.51	0.79	0.71	2.0~2.5
江苏盐城	渠道边林带	株距5 m	—	2+5	优树11株	8.62±1.15	4.74±0.42	1.44	0.79	3.0~5.0

注：表内的观测时树龄包含苗龄+林龄，年均径生长量=径总生长量/(树龄−1)，年均高生长量=高总生长量/(树龄−1)。

（二）栽种密度对弗吉尼亚栎林木生长的影响

栽种密度对弗吉尼亚栎生长的影响十分明显。据对立地相似、树龄相同的成对林分进行观测，弗吉尼亚栎生长与密度的关系呈现两种不同情况。在第1组（见表2-20）情况下，同时用三年生大苗栽种，栽植密度不同（110株/亩和296株/亩），栽种4年后，前者的平均树高和胸径生长量分别比后者增加15.5%和46.0%，冠幅增加1倍以上，显然后者的密度过大影响了弗吉尼亚栎的生长。

表2-20 栽种密度对弗吉尼亚栎生长的影响

组别	地点	土壤类型	树龄	造林密度/(株/亩)	保留密度/(株/亩)	平均树高/m	平均胸径/cm	高径比	冠幅/m
1	海盐1	轻盐土	7	110	107	4.17	6.79	60.61	2.5～4.0
	海盐2	轻盐土	7	296	290	3.61	4.65	76.98	1.0～1.5
2	松江	水稻土	9	222	60	5.65	10.14	57.57	4.0～5.0
	吴江	水稻土	9	167	160	5.38	7.42	70.10	2.0～2.5
3	瑞安	轻盐土	7.5	74	70	3.83	5.82	69.19	3.0～3.5
	温岭	轻盐土	7.5	167	160	4.90	7.27	70.43	2.0～3.0

在第2组情况下,同时用二年生苗造林,土壤和树龄相同,栽种7年后(树龄9年),松江点的保留密度小(每亩保留60株),其平均树高和胸径分别比吴江点(保留密度每亩160株)提高5.0%和36.7%,冠幅也增加1倍。以上两组情况说明,在林分郁闭后,密度过大会影响弗吉尼亚栎的树冠发育,从而导致生长量的下降。

在第3组情况下,同时用二年生苗木造林,瑞安点的株行距为3 m×3 m,温岭点为2 m×2 m,由于弗吉尼亚栎的自然整枝能力较差,瑞安点的稀植导致苗木的分枝低下和丛生型植株的增加,从而降低了林木的高生长和径生长,其平均树高和胸径分别比温岭点下降了21.8%和19.9%。

由此可见,弗吉尼亚栎的固有特性决定了弗吉尼亚栎造林的密度控制至关重要。弗吉尼亚栎宜采取"先密后疏"的造林策略。初植密度适当加大(宜采用株行距2 m×2 m),以利于提早郁闭和促进高生长,到一定时间,需要适当疏挖,使林木有足够的冠幅和叶面积,保障林木的持续生长。

（三）相似立地条件下弗吉尼亚栎与其他栎树的比较

1. 林木生长

2003年在上海松江黄浦江边营造5种北美栎树的引种试验林,小区面积约1.5亩,重复2～3次。株行距1.5 m×2 m。造林成活率,弗吉尼亚栎最低为50%～60%,柳叶栎为75%～80%,其余3种栎树在94%左右。造林第三年年底除弗吉尼亚栎以外,其余4树种均基本郁闭成林。第6～8年间进行过几次疏挖,2012年年底进行观测(树龄9～10年),此时保留密度每亩60～80株。

对松江点的生长数据分析表明,5种栎树的生长速度和高径比存在显著差异。弗吉尼亚栎的生长速度显著低于4个红栎组树种,在4种红栎组树种之间高生长的差异没有达到显著水平,但柳叶栎和舒玛栎的径生长速度相对较慢。高径比是反映林木干形变化的一个指标,据每树种实测不同径级25～30株林木树高和胸径的计算结果,舒玛栎和柳叶栎的干形修长,纳塔栎和水栎树干比较粗壮,弗吉尼亚栎树干矮而粗大(见表2-21)。

表2-21　松江点5种北美栎树造林9～10年的生长量比较

树种	平均胸径/cm	平均树高/m	年均径生长/cm	年均高生长/m	高径比
水栎	16.86 a	12.10 a	1.6855 a	1.2095 a	70.19 b
纳塔栎	15.28 ab	11.96 a	1.6975 a	1.3280 a	69.68 b
舒玛栎	11.97 bc	11.56 a	1.3295 ab	1.2840 a	79.75 a
柳叶栎	12.85 abc	11.20 a	1.2850 ab	1.1195 a	76.93 ab
弗栎	9.98 c	5.75 b	1.1085 b	0.6390 b	54.10 c

注:表内同列数据后的字母相同,表示数据在5%显著水平上无显著差异;相异,表示差异显著。

2. 单株地上生物量与分配结构

生物量本应以生物质干重为依据进行计量,这里暂以鲜重代替。对弗吉尼亚栎等5个树种共取14株平均木进行伐倒称重和树干解析。表2-22显示,全株重量、树干重量以及枝叶重量所占比例的种间差异显著。全株重量水栎最大,弗吉尼亚栎最小。水栎和纳塔栎的树干重量是弗吉尼亚栎的近4倍和3倍。弗吉尼亚栎为常绿树,枝叶浓密,枝叶重量占地上重量的比例最高,达57%以上;其次,水栎的枝叶重量比例较高,占42%;其余3种的比例较低。直观上,水栎枝粗叶密,舒玛栎侧枝稀疏,柳叶栎枝条纤细而紧密。

表2-22　5种栎树平均木的湿量及其分配

树种	单株地上重/kg	树干重/kg	枝叶重量比/%
水栎	284.92 a	164.39 a	42.13 b
纳塔栎	174.64 b	127.95 b	26.75 c
柳叶栎	138.96 bc	106.58 bc	23.61 c
舒玛栎	124.01 c	94.94 c	23.02 c
弗栎	103.09 c	43.75 d	57.49 a

注:表内同列数据后的字母相同,表示数据在5%显著水平上无显著差异;相异,表示差异显著。

树干重量在不同部位的分配也有明显的差异。弗吉尼亚栎树干重量的90%左右集中于0～3 m的树干段，但水栎、纳塔栎、舒玛栎和柳叶栎的树干0～3 m段的重量分别只占全树干总重的51.6%～56.7%。进一步利用分段树干的资料分析重量与高度的关系，采用多种一元非线性回归模型进行模拟分析。结果表明，同直径和分段材积与高度的关系一样，Peal-reed模型仍然效果最佳（见表2-23），其回归方差分析的显著性水平P值多为0.0001，决定系数多在99%以上。

Peal-reed模型表达式：

$$y=\frac{K}{1+ae^{-(bx+cx^2+dx^3)}}$$

表2-23　干段重量（湿）与树高部位关系的模拟结果

树种	方差分析		Peal-reed 模型参数					决定系数 R^2
	F值	P值	K	a	b	c	d	
水栎	302.1651	0.0001	45.3550	0.202557	−0.708575	0.084050	0.005551	0.9926
纳塔栎	222.8292	0.0001	1428974.3908	32055.8846	−0.519500	0.084552	−0.006306	0.9900
柳叶栎	186.7307	0.0001	107.6164	1.9810	−0.538348	0.076056	−0.004916	0.9881
舒玛栎	291.9667	0.0001	485354.8747	12638.8408	−0.620381	0.106210	−0.007436	0.9932
弗栎	1173.9079	0.0219	20.4864	1.9725	1.9740	−0.808985	0.063047	0.9998

3. 干材特征

（1）单株生长量及干形指数

从表2-24看到，单株材积以水栎最大，其次为纳塔栎，柳叶栎、舒玛栎较小，弗吉尼亚

表2-24　5种栎树标准木的生长量及干形指数

树种	树高/m	胸径/cm	材积/m³	形率	形数
水栎	13.72 a	17.93 a	0.1578655 a	0.5843 a	0.2525 b
纳塔栎	13.63 a	16.37 ab	0.1289953 a	0.5548 a	0.2273 b
舒玛栎	12.29 a	13.67 c	0.0940316 b	0.6781 a	0.2168 b
柳叶栎	12.20 a	15.17 bc	0.1013141 b	0.5720 a	0.2648 b
弗栎	5.97 b	14.35 bc	0.0422108 c	0.5448 a	0.3873 a

注：单株材积为分段实测累加而得，形率为胸高直径与中央直径的比值，形数是树干实际材积与以干底面积和树高的圆柱体体积之比值。表内同列数据后的字母相同，表示数据在5%显著水平上无显著差异；相异，表示差异显著。

栎最小,表明水栎和纳塔栎的木材生产潜力很大。5种栎树干材的形率无显著差异,但从数据高低可以看出舒玛栎树干的尖削度较小,弗吉尼亚栎树干的尖削度较大。弗吉尼亚栎的形数显著高于其余4种栎树。

(2)树干直径、干段材积与树干高度的关系

研究树干直径和分段材积与树干高度的关系及变化规律,在干形分析和木材利用上有重要意义。结果表明,无论是树干直径还是分段材积与树干高度的关系,也都是Peal-reed模型的拟合效果最佳。详见表2-25和表2-26。

表2-25 树干直径与树高部位关系的模拟结果

树种	方差分析		Peal-reed 模型参数					决定系数
	F值	P值	K	a	b	c	d	R^2
水栎	425.8546	0.0001	846875.2954	35397.5986	−0.220525	0.035898	−0.003030	0.9942
纳塔栎	253.8705	0.0001	891358.5432	38017.2877	−0.281270	0.041807	−0.002934	0.9893
柳叶栎	307.4123	0.0001	459585.3798	22228.7203	−0.242627	0.038039	−0.002703	0.9911
舒玛栎	140.1934	0.0001	865215.3225	41241.5424	−0.331256	0.059309	−0.004239	0.9825
弗栎	334.6676	0.0003	395.3797	25.0384	0.078494	−0.111142	0.001605	0.9978

表2-26 干段材积与树高部位关系的模拟结果

树种	方差分析		Peal-reed 模型参数					决定系数
	F值	P值	K	a	b	c	d	R^2
水栎	1188.0027	0.0001	109.8384	1964.0531	−0.513733	0.087247	−0.006943	0.9981
纳塔栎	309.1214	0.0001	110.9702	1989.1222	−0.633222	0.099053	−0.006933	0.9928
柳叶栎	381.3756	0.0001	79.2139	1806.1958	−0.567548	0.087231	−0.005781	0.9941
舒玛栎	269.6180	0.0001	99.4343	1849.6033	−0.912637	0.178412	−0.012702	0.9926
弗栎	1273.7885	0.0210	11.6528	831.8780	0.490022	−0.266272	0.009829	0.9998

第六节
弗吉尼亚栎的开花结实

开花结实是树木生命史中最重要的发育阶段，能否正常开花结实也是树木引种成功与否的重要标志。开花结实起始年龄和结实量的多少，关系到树木的自然更新，更关系到进一步遗传改良策略与育种效率。因此，对引进树种的开花结实生物学及其相关领域开展深入研究，具有重要的应用价值和理论意义。

（一）弗吉尼亚栎开花结实年龄

树木的开花结实起始年龄主要取决于树种的遗传特性。栎树树种的开花结实年龄早迟差异很大，一般15～20年才能结实。但Sharik（1983）报道过栗栎（*Q. prinus* L.）萌芽起源的树林在第3个生长季首次产生了有生命力的橡子。我们观察到国产白栎（*Q. fabri* Hance）第3～4年开始结实。引种弗吉尼亚栎也是开花结实较早的树种，在播种之后第6年就发现少量植株结实，第8～9年大量结实。目前，在浙江上虞、海盐、温岭和上海松江、江苏吴江与东台的8～10年生弗吉尼亚栎人工林都已普遍结实，每年采种用于推广。结实比例因林分密度而异，在8～9年生疏林（每亩80～90株）中结实株率在95%以上，但在密林中结实株只有10%～20%，且多分布于林缘。

（二）弗吉尼亚栎的开花

弗吉尼亚栎的花雌雄同株，雌雄花的出现和开放过程伴随着春梢生长而进行。在长三角地区，每年3月中下旬，从去年生枝的顶芽和侧芽萌发抽梢展叶，4月上中旬从新梢的叶腋间显露具几毫米长短柄的雌花，单生或双生，个别簇生（后期发育成多果型果序）；同时，从去年生枝上的叶腋或短枝顶部（有时在新梢基部）分化出簇生而下垂的雄花序，系无被的柔荑花序，2～3朵雄花一组着生于花序轴，花序轴逐渐伸长可达10 cm以上（见图2-34）。在4月中下旬至5月初，遇到晴朗天气，雌花、雄花陆续开放（见图2-35），柱头分泌黏液，雄花序散粉（见图2-36），靠风力传粉。花期如遇多雨天气，将影响传粉受精，导致败育。孤立木开花众多,但结果稀少,缺乏花粉源是根本原因。

图2-34 弗吉尼亚栎雌花、雄花序着生位置

图2-35 正在开放的弗吉尼亚栎雄花与雌花　　图2-36 弗吉尼亚栎一个雄花苞内含4个花药

（三）弗吉尼亚栎果实着生特性

据观察,5~6月间就可以见到弗吉尼亚栎的幼果形成,幼果着生于当年生枝条中下段部位(即春梢部位)的叶腋,枝条中段以上乃至顶端(夏梢部位)见不到幼果。有时在去年生枝条上萌发的春梢很短,容易造成幼果直接着生于去年生枝上的错觉。

据对浙江上虞基地10个样株的观察,弗吉尼亚栎的果实着生类型分为三类:单生(一个果序柄上着生一个果实)、双生(一个果序柄上着生两个果实)和多生(一个果序柄上着生3~5个果实)。此外,还发现个别母树(例如LX12)的果实呈簇生状,即一个总柄上有3~4个分支柄,各有1~3个果实,这样一个总柄上共生6~9个果实。不过,多生或簇生果序会有部分幼果中途停止发育(败育)。在双果型果序中,出现其中一个果实败育的情况也十分常见。

表2-27列出了8月、9月、10月对10个样株的3次抽样观察(每次每株50~200个果序)结果,可见不同着生类型比例和败育率在不同母树之间存在显著差别。例如A264、A396、

LX12、LD12母树的多果型比例较高，而LD20、LX10、LD17的单果型比例较高；A264、LX10和A179三株母树幼果的败育率较高(高于17%)，而B01、A396、LD20等母树的败育率较低(低于3.5%)。造成果实(种子)败育的原因可能与遗传和未能受精、干旱或营养供应不足等环境因素有关，对此尚需进一步研究。

表2-27　10株母树果实着生类型比例及幼果败育率的差异

母树号	多果型/%	双果型/%	单果型/%	幼果败育率/%
A264	14.75 a	25.60 c	52.77 abc	23.28 a
A396	12.32 ab	43.58 ab	43.86 c	2.46 bc
LX12	11.50 ab	45.04 ab	43.41 c	7.68 b
LD12	11.48 ab	44.66 ab	43.58 c	5.57 b
LX10	9.77 ab	26.26 c	63.75 ab	18.72 a
A179	7.33 b	39.12 ab	53.32 abc	17.26 a
A250	0.35 c	47.41 a	52.59 abc	7.24 b
LD17	0.24 c	33.37 bc	62.20 ab	6.06 b
B01	0.15 c	52.07 a	47.50 bc	0.09 c
LD20	0.11 c	32.37 bc	68.12 a	3.28 b
平均	6.80	38.95	53.11	9.16
F 值	27.9720	5.0050	3.0000	10.8530
P 值	0.0001	0.0018	0.0226	0.0001

注：表中为百分率数据经反正弦变换后的分析结果。数据后的字母相同，表示数据在5%显著水平上无显著差异；相异，表示差异显著。

图2-37　弗吉尼亚栎果实着生类型的变异

在同一时间,不同母树的果实大小、果序柄长度和粗度也存在显著差异。以8月底的观测为例(见表2-28),不同着生类型的果序柄长度、粗度及果实大小有差异。一般趋势是,随着果实数量的增加,果序柄增长、增粗趋势明显,而多果型的果径比单果型和双果型的果径明显减小,这与营养的输送与分配有关。不同母树之间果序柄长度、粗度和果径大小也存在明显差异,例如母树A264的果序柄细而长,果径较小,而LD20的果序柄粗而短,果径最大。

表2-28　10株母树幼果形态参数的株间差异

母树号		A179	A250	A264	A396	B01	LX10	LX12	LD12	LD17	LD20
果径 /mm	单果	7.51± 0.74	8.11± 0.64	5.87± 0.51	8.13± 0.49	5.12± 0.27	6.61± 0.68	6.17± 0.56	6.80± 0.44	9.80± 0.51	10.74± 0.67
	双果	7.60± 1.15	7.96± 0.66	5.69± 0.46	8.21± 0.51	5.04± 0.27	6.45± 0.79	6.37± 0.45	7.21± 0.48	9.35± 0.94	10.02± 1.29
	多果	7.03± 1.06	—	5.49± 0.52	7.50± 0.50	—	6.09± 1.11	5.87± 0.50	6.43± 0.61	—	—
	总的	7.44± 1.04	8.01± 0.65	5.76± 0.50	7.83± 0.60	5.07± 0.27	6.37± 0.89	6.13± 0.54	6.76± 0.64	9.50± 0.85	10.27± 1.16
果序柄长 /mm	单果	11.22± 1.65	10.22± 1.41	13.04± 3.54	9.68± 1.98	8.53± 1.34	9.78± 1.86	10.17± 2.46	9.12± 1.14	1251± 1.89	9.43± 1.32
	双果	13.65± 2.32	10.15± 1.87	17.31± 4.25	11.59± 1.55	9.79± 1.31	13.5± 2.78	12.23± 2.01	11.15± 1.36	14.33± 5.68	9.71± 1.03
	多果	21.12± 0.89	—	21.29± 9.47	15.29± 2.69	—	17.43± 4.80	15.53± 2.67	12.07± 1.33	—	—
	总的	13.44± 3.66	10.19± 1.63	16.09± 4.80	12.15± 3.15	9.16± 1.46	13.19± 4.36	12.44± 3.17	10.78± 1.77	13.42± 4.28	9.57± 1.18
果序柄粗 /mm	单果	1.62± 0.16	1.45± 0.22	1.21± 0.13	1.66± 0.31	1.34± 0.34	1.52± 0.16	1.22± 0.16	2.35± 0.25	1.78± 0.19	2.57± 0.33
	双果	1.97± 0.19	1.54± 0.25	1.31± 0.24	1.94± 0.23	1.58± 0.13	1.59± 0.20	1.46± 0.20	2.56± 0.30	2.08± 0.17	2.79± 0.41
	多果	1.99± 0.17	—	1.35± 0.22	1.99± 0.24	—	1.60± 0.24	1.41± 0.09	2.52± 0.31	—	—
	总的	1.81± 0.25	1.49± 0.24	1.27± 0.19	1.86± 0.30	1.46± 0.18	1.57± 0.20	1.36± 0.19	2.48± 0.30	1.93± 0.24	2.68± 0.38

注:观测时间为8月底。

（四）弗吉尼亚栎种实生长发育动态

1. 幼果生长动态

弗吉尼亚栎果实的生长发育是伴随着果实大小（含果径、果柄长度与粗度、种子大小）的变化、水分含量的下降和养分物质转化积累的复杂变化过程。弗吉尼亚栎的幼果在5～7月间膨大速度相当缓慢。2013年从7月底开始，随机选定10株弗吉尼亚栎母树（因母树个体生长发育差异性，其中的5株母树起始测量日期为8月底），每隔10～15天从树冠中部随机采集2～3根枝条，摘下幼果测量果径（带壳斗）、种子鲜重（去除壳斗）和果序柄长度与粗度。图2-38表明了果径的变化趋势：8月生长缓慢，9月初至10月中旬生长迅速，10月下旬减速趋于稳定。种子重量的变化与果径相比，变化节奏有所滞后，即8月缓慢增长，9月速度有所加快，10月迅速增长，直至11月上旬之后才趋于稳定。

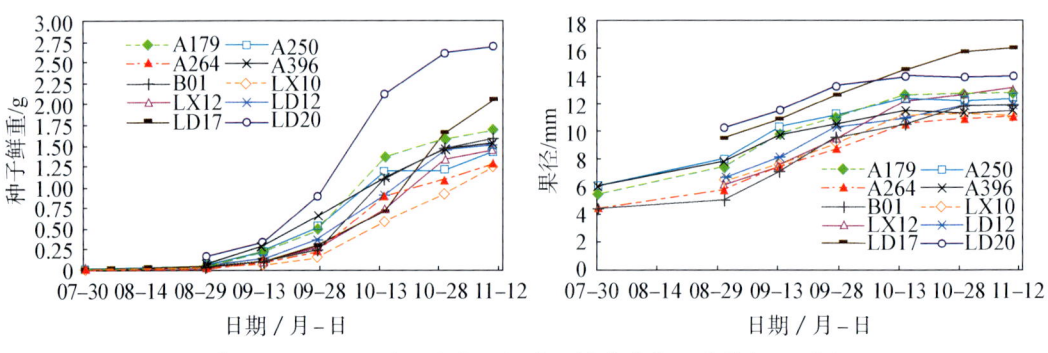

图2-38 不同母树幼果直径和种子鲜重的变化趋势（2013年）

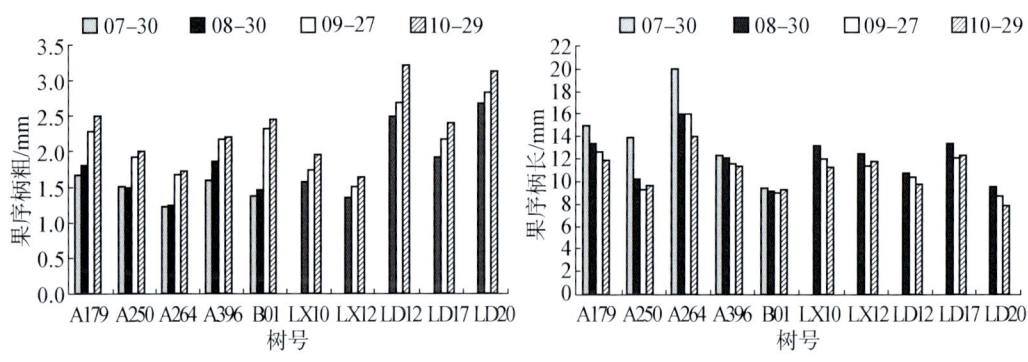

图2-39 不同母树果序柄长度和粗度的差异与变化（2013年）

图2-39显示，7月底至10月底随着果实的生长，果序柄的长度有下降趋势，而粗度有增加趋势。果柄长度的减短可能与壳斗的生长加厚有关，果柄的增粗可能是对果实生长发育过程中水分、养分转运加速的一种适应。以上这些指标的变化，在不同母树之间都存在一定的个体差异。例如LD20和LD17的果径生长量以及LD20的种子重量一直高于其他

母树,LD20种子重量的增长速度一直快于其他母树,而LD17种子重量的增长速度初期较慢,但后期急速增长。

2. 种子养分动态

在弗吉尼亚栎基地随机标定6株母树,2014年从8月底至10月底,每隔2周从母树上采集部分果实样品,剥出种子计数并称取鲜重、烘干称重,计算含水率。同时采集部分种子样品,剥出种仁,按照标准方法分析淀粉、可溶性糖、蛋白质、脂肪和单宁含量。淀粉、可溶性糖按照蒽酮比色法测定,蛋白质按GB 5009.5—2010标准、脂肪按GB/T 5009.6—2003标准、单宁按NY/T 1600—2008标准方法分析,测定结果见图2-40和图2-41。

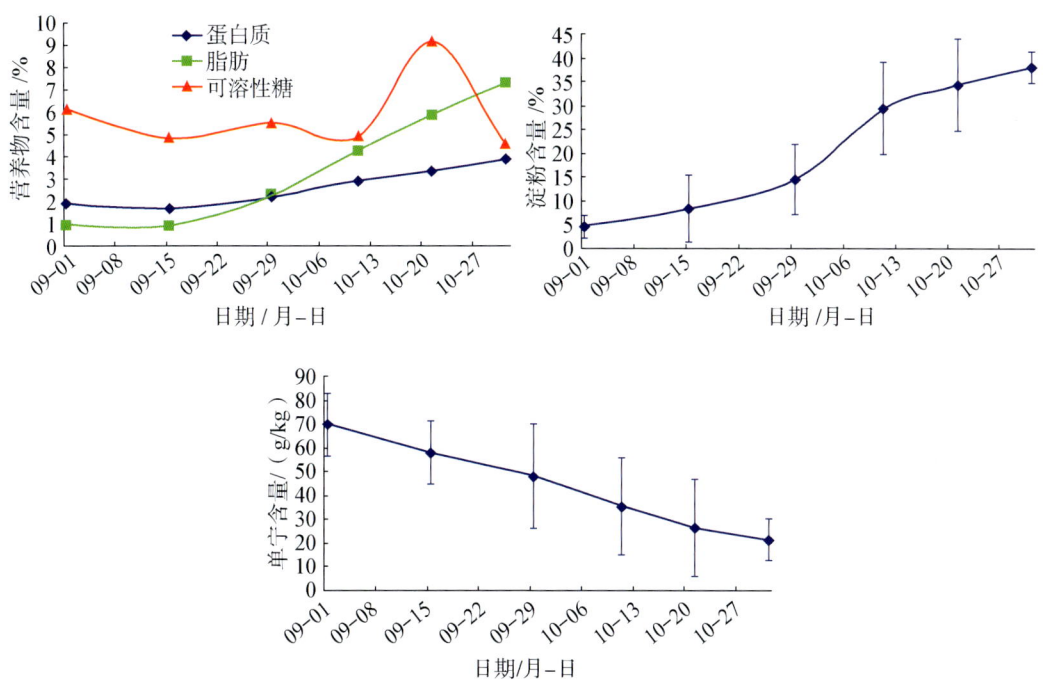

图2-40 弗吉尼亚栎种子成熟过程中养分含量动态变化趋势

从图2-40可看出,伴随着9~10月间果实直径和种子重量的迅速增长,种子内含营养物质在逐渐积累,其含量逐渐上升趋势明显。尤其是淀粉含量和脂肪含量上升幅度较大,两者的变化趋势相似,从9月初的5%和1%左右,经9月上中旬的缓慢上升,9月20日之后急速增长,10月底分别达到35%~40%和7%。蛋白质含量也在上升,但增长幅度不大,从9月初的2%增长到10月底的4%左右。可溶性糖含量呈波浪式变化,9月初至10月中旬徘徊在5%~6%之间,10月20日后上升至9%以上,10月底跌落至5%以下。作为次生代谢产物的单宁与前几种营养物质的变化不同,呈现从高到低的相反趋势,9月初种子单宁含量高达70%左右,两个月间直线下降,10月底降至20%左右。

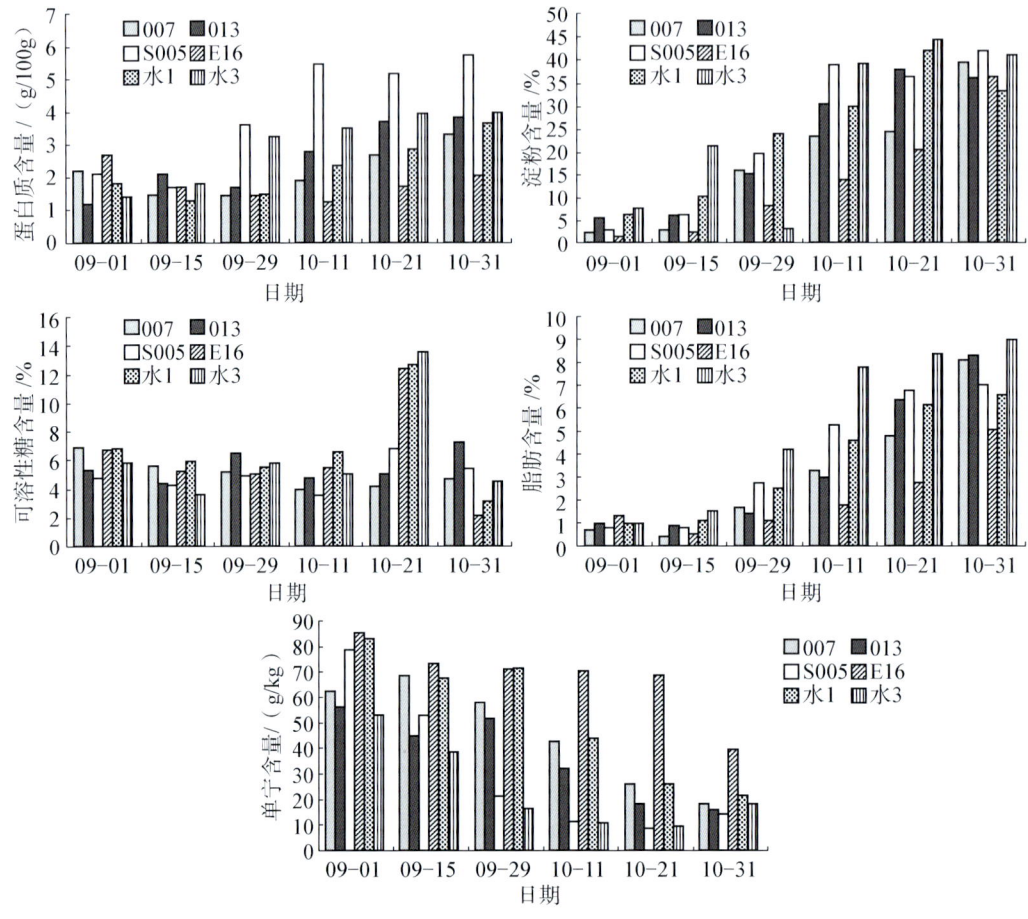

图2-41 弗吉尼亚栎种子成熟过程中养分含量的株间差异及动态变化

图2-41显示,在不同发育阶段,不同养分含量及其变化动态均存在明显的株间差异。而且,除了可溶性糖含量不稳定之外,不同母树在不同时间节点的淀粉、脂肪、蛋白质和单宁含量的高低表现出一定的先后相关性。总体看来,在6株测试母树之中,淀粉含量最高的是S005和水3,蛋白质含量最高的是S005,脂肪含量最高的是水3,单宁含量最高的是E16、最低的是S005。

(五)弗吉尼亚栎成熟种子形态特征

1. 株间差异

弗吉尼亚栎成熟种子一般为卵形,底部钝圆,顶有细尖。种子基部1/3～1/2着生于碗状壳斗种内,呈浅褐色,外露的上部为黑褐色。但是,种子性状与大小在不同母树之间差异巨大。以2011年对浙江上虞和上海松江基地35株弗吉尼亚栎母树进行考种结果为例,

表2-29 弗吉尼亚栎35株母树种子大小和形状的差异(2011年)

项目	种子百粒重/g	种子长度/mm	种子宽度/mm	种子长宽比
总平均	174.79±3.30	17.75±0.99	12.77±0.7	1.394±0.063
最大值（母树号）	257.71±1.87(A201)	24.04±1.11(B21)	15.38±0.56(A201)	1.728±0.113（B21）
最小值（母树号）	61.30±3.99(F61)	13.71±1.36(F61)	10.06±0.65(F61)	1.224±0.054（A252）
F值	472.6330	108.9100	96.3820	75.1580
P值	0.0001	0.0001	0.0001	0.0001

图2-42 弗吉尼亚栎母树间种子大小、形状与成熟度的差异

不同单株种子的大小和形状存在极显著差异（见表2-29、图2-42）。总的平均百粒重为174.8 g，但株间差异悬殊，A201号和B21号母树种子百粒重超过255 g，而F61号母树仅为61.3 g，高低相差3倍以上。种子的平均长度为17.75 mm，株间变幅为13.71～24.04 mm；种子平均宽度为12.77 mm，株间变幅为10.06～15.38 mm；种子形状指数（长宽比）平均为1.394，变幅为1.224～1.728（卵形至长卵形）。

表2-30是24株母树连续2年种子性状测试结果,表明百粒重、种子宽度、长度和形状指数(长宽比)均存在极显著的株间差异,但年度差异不显著,反映其年度稳定性较高。从表内F值和P值的相对高低看出,形状指数比百粒重的株间方差更大,误差方差更小,差异显著水平最高,而年度间的差异相反,说明形状指数比百粒重更加稳定。弗吉尼亚栎种子形状通常呈卵形、宽卵形或窄卵形,形状指数一般变动于1.2~1.9之间,328号母树种子形状指数高达1.927,呈长橄榄形,而330号和264号母树种子形状指数仅为1.19和1.23,近乎球形。经多年观察,这些母树的种子形态特征十分稳定,很容易辨认。

表2-30　24株母树2年种子性状平均值的差异

母树号	百粒重/g	母树号	种子宽度/mm	母树号	种子长度/mm	母树号	形状指数
252	266.52	252	15.93	25	20.43	328	1.927
227	256.10	355	14.24	227	20.36	25	1.688
355	242.36	227	14.19	328	20.23	434	1.646
410	203.82	201	13.83	355	20.08	119	1.625
106	200.24	410	13.47	172	19.84	43	1.593
172	189.93	106	13.17	106	19.49	264	1.586
201	189.14	20	12.99	43	19.26	60	1.579
33	182.87	171	12.85	434	19.11	172	1.578
25	181.70	68	12.64	60	18.99	396	1.566
353	179.95	172	12.62	171	18.99	353	1.513
171	177.27	33	12.60	252	18.99	78	1.507
68	173.53	353	12.41	396	18.86	33	1.492
43	168.98	207	12.28	33	18.77	171	1.490
60	168.45	312	12.14	353	18.74	106	1.484
396	166.70	25	12.11	119	18.65	227	1.436
20	164.25	43	12.10	410	18.48	330	1.432
434	156.04	60	12.06	264	18.40	355	1.410
78	154.54	396	12.06	78	18.07	312	1.408
207	153.21	78	12.02	201	18.03	68	1.399
312	147.06	264	11.65	68	17.66	410	1.374

续表

母树号	百粒重/g	母树号	种子宽度/mm	母树号	种子长度/mm	母树号	形状指数
119	145.63	434	11.64	20	17.15	20	1.323
328	143.54	119	11.49	312	17.06	201	1.309
264	141.51	328	10.52	207	14.66	252	1.232
330	90.90	330	9.89	330	14.10	207	1.193
平均值	176.84	平均值	12.54	平均值	18.52	平均值	1.491
母树间							
F 值	4.3980	F 值	4.7660	F 值	5.2820	F 值	14.5620
P 值	0.0004	P 值	0.0002	P 值	0.0001	P 值	0.0001
年度间							
F 值	0.5760	F 值	0.0560	F 值	0.0020	F 值	0.0220
P 值	0.4555	P 值	0.8150	P 值	0.9693	P 值	0.8834

2. 年度稳定性

从表2-31的年度相关分析得知,种子百粒重、宽度、长度和形状指数4个种子性状在年度之间的相关均达到极显著水平,尤其种子形状指数的相关系数高达0.87。这说明种子大小性状尤其形状指数是比较稳定的性状,它们往往受到较强的遗传控制。

表2-31 母树种子性状间相关和年度间相关

项目	种子宽度(2014年)	种子长度(2014年)	形状指数(2014年)	百粒重(2013年)	种子宽度(2013年)	种子长度(2013年)	形状指数(2013年)
百粒重(2014年)	0.9163**	0.4655*	−0.3477	0.6407**	0.6357**	0.3667	−0.3069
种子宽度(2014年)		0.2443	−0.6014**	0.6277**	0.6992**	0.2092	−0.5383*
种子长度(2014年)			0.6237**	0.3090	0.1026	0.6919**	0.5430
形状指数(2014年)				−0.2445	−0.4595*	0.3979	0.8717**
百粒重(2013年)					0.9172**	0.7329**	−0.3036
种子宽度(2013年)						0.5010*	−0.5847*
种子长度(2013年)							0.3818
相关系数临界值	$\alpha=0.05$ 时,$r=0.4044$;$\alpha=0.01$ 时,$r=0.5151$						

注:"*"和"**"分别表示差异显著性达到 0.05 和 0.01 水平。

（六）弗吉尼亚栎种子成熟期

Bonner研究(1993)认为，栎树果实成熟最好的标志是：果皮颜色，橡实容易从壳斗分离，壳斗痕颜色和子叶颜色。据观察，弗吉尼亚栎母树种子成熟时种皮逐渐由绿色转为黑褐色，再过数日逐渐自然脱落，因此，种子脱落或种皮颜色的变化可作为衡量种子成熟的直观指标。

1. 种皮颜色的变化

2013年在浙江上虞弗吉尼亚栎基地，随机标定树龄为8～10年生的11株母树定期采种观察种皮颜色由绿色变为黑褐色种子的比例（每次每株采集树冠中部3～4枝条，种子数80～120粒）的变化和株间差异。从表2-32中看出，在11株母树之中，LD41种子成熟期最早，在10月底几乎完全成熟，采集时已经开始脱落。A396和LD20成熟期较早，LX10、A264较晚，而LX12、LD17成熟期最晚，大约在11月下旬完全成熟。此外，在相邻的地块中观察发现更加晚熟的母树。12月10日在大多数母树种子已经成熟脱落的情况下，D4-1、C3-7和D4-2三株母树的黑褐色种子比例分别为81.9%、68.9%和34.5%。

表2-32　14株弗吉尼亚栎母树种皮黑褐色种子比例的变化

（单位：%）

母树	观察日期						
	10-14	10-29	11-10	11-20	11-30	12-10	12-20
A179	0	18.9	95.4	100	100	–	–
A250	0	23.1	83.5	100	100	–	–
A264	0	0	41.9	96.3	100	–	–
A396	0	56.9	100	100	100	–	–
B01	0	24.1	93.3	100	100	–	–
LX10	0	0	37.4	91.7	100	–	–
LX12	0	0	22.1	70.6	94.5	100	–
LD12	0	0	75.0	100	100	–	–
LD17	0	0	25.2	81.2	100	–	–
LD20	0	66.1	91.7	100	100	–	–
LD41	0	92.9	100	100	–	–	–
C3-7						68.9	88.1
D4-1						81.9	96.5
D4-2						34.5	62.2

2. 林分种子脱落期的变异

在2012年、2013年和2014年间，从林中随机标定生长正常的母树35~42株进行定株定期观测种子产量和脱落期的变化。其中，3年内共同的观测株26株。每年从10月10日起，每隔(10±1)d(上、中、下旬)采收各观察株自然脱落种子称重1次，直至种子脱落完毕，最后统计种子总产量。以每个月的一个旬期(10 d或11 d)为一个时段，分析种子脱落过程(开始期、高峰期、停止期和全程)、种子产量的群体和个体差异及年度稳定性。

栎树种子成熟时，种子脐部与壳斗逐渐分离而脱落。由于种子成熟度的株间差异和树冠不同部位的差异，导致林分的种子脱落需经历一个漫长的过程。从表2-33可见，从开始脱落到脱落完毕的全过程长达3个月左右(80~100 d)。3年之间，种子脱落开始期、高峰期和停止期的先后与脱落全程的长短有所不同。2012年种子脱落开始于10月中旬，高峰期处于11月上旬，结束于12月下旬；2013年的种子脱落总体上推迟，开始期在10月下旬，高峰期在11月中旬，结束期晚至翌年1月中旬；2014年开始脱落期出现最早，在10月上旬，高峰期则迟至11月下旬，结束期在翌年1月上旬。综观3年结果，弗吉尼亚栎林分种子脱落的集中时期在11月上旬至12月上旬的40 d内。这期间，3年的落籽重量分别占当年种子总产量的82.57%、69.8%和72.93%。因此，生产性种子采集应该选择这个时期分批进行。

表2-33 林分样株种子脱落过程

年份	指标	10月上旬	10月中旬	10月下旬	11月上旬	11月中旬	11月下旬	12月上旬	12月中旬	12月下旬	1月上旬	1月中旬
2012年	株数	0	2	22	28	33	33	33	25	16	0	0
	重量/kg	0	0.40	10.73	20.58	18.23	18.44	9.91	2.35	0.71	0	0
	比例/%	0	0.49	13.19	25.30	22.42	22.67	12.18	2.89	0.87	0	0
2013年	株数	0	0	9	21	33	40	42	42	34	18	7
	重量/kg	0	0	0.85	3.89	14.26	11.75	10.47	8.37	5.59	2.25	0.41
	比例/%	0	0	1.47	6.73	24.66	20.31	18.10	14.48	9.66	3.89	0.71
2014年	株数	2	12	21	31	35	35	33	28	21	5	0
	重量/kg	0.23	6.20	12.01	15.04	19.65	27.23	12.62	6.20	2.56	0.47	0
	比例/%	0.23	6.07	11.75	14.72	19.22	26.64	12.35	6.06	2.50	0.45	0

种子脱落期的年度变化与不同年度的气候差异有关。例如，2013年7~8月间浙江省遭遇数十年一遇的高温干旱，可能是影响当年弗吉尼亚栎种子发育并推迟成熟与脱落的重要因素。在种子成熟和脱落期间，如遇到暴雨大风天气，能加速种子脱落进程。

图2-43显示3个年度弗吉尼亚栎林分种子脱落量的时序变化趋势,它们十分吻合Logistic模型:

2012年:$y=\dfrac{100.3627}{1+\exp(5.3028-1.1702x)}$,$P=0.0001$,$R^2=0.9974$

2013年:$y=\dfrac{99.7659}{1+\exp(5.8647-0.9867x)}$,$P=0.0001$,$R^2=0.9956$

2014年:$y=\dfrac{101.1788}{1+\exp(4.5829-0.9547x)}$,$P=0.0001$,$R^2=0.9982$

3条曲线的位置和陡度的差异反映出3年脱落进程先后与速度的差异。2012年种子脱落起步较迟,上升速度迅速,脱落结束较早;2013年种子脱落起步较迟,中后期速度较缓,脱落结束最迟;2014年种子脱落起步最早,初期速度缓慢,中后期速度与2012年相似,脱落停止期介于前两年之间。

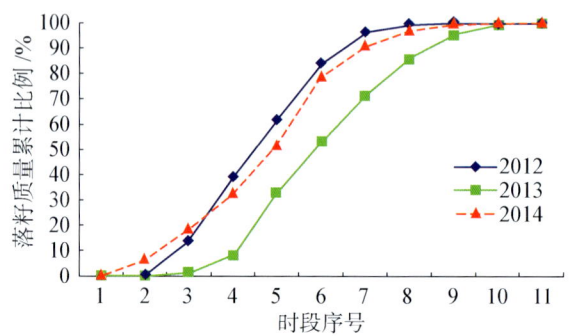

图2-43 弗吉尼亚栎林分落地种子重量的累计分布曲线

鉴于弗吉尼亚栎种子脱落时间较长,加之落地种子很容易发芽生根,因此,为保障用种数量和质量,应加强监察,选择时机分期分批采集。例如,可在种子集中脱落的11月10日至12月10日期间分3~4次实施采收。

3. 母树株间种子成熟期的差异及其稳定性

掌握特定母树的种子成熟期与脱落期及其变化规律,对于种子生产具有实用意义。为了比较准确地揭示母树种子脱落过程的变化规律,这里从26株共同母树中挑选出平均年产量较高的16株母树,以时段(旬期10 d)序号数为计算单位进行分析,数值愈小,表示时间愈早,数值相差1,即表示相差一个旬期(10 d或11 d)。从表2-34可以看出,种子脱落的开始期、高峰期和停止期均存在极显著的株间差异和年度差异。不同母树脱落开始期变幅为2.00~4.67,即从10月中旬至11月下旬初期;高峰期为2.67~7.00,即从10月下旬初至12月上旬;停止期为8.33~11.00,即从11月上中旬至翌年1月中旬。从F值和P值看,年度差异高于株间差异,这说明种子脱落期先后受年度因素(气候)的影响更大。但净脱落全程在母树间和年度间均未出现显著差异,3年内种子净脱落全程的株间变幅为 50～80 d,平均为60～74 d。

表2-34　16株母树3年种子脱落期平均值的差异

树号	开始期	树号	高峰期	树号	停止期	树号	脱落全程
78	4.67	78	7.00	33	11.00	20	7.33
33	4.33	264	7.00	43	11.00	60	7.33
43	4.33	68	6.67	60	11.00	119	7.00
106	4.33	33	6.67	78	11.00	172	7.00
312	4.00	43	6.67	106	10.67	328	6.67
328	4.00	60	6.33	328	10.67	43	6.67
68	3.67	119	6.33	312	10.33	68	6.67
264	3.67	312	6.33	68	10.33	33	6.67
60	3.67	328	6.33	20	10.33	78	6.33
227	3.33	171	5.33	119	10.33	106	6.33
119	3.33	227	5.33	264	10.00	227	6.33
171	3.33	106	5.00	172	9.67	264	6.33
201	3.33	172	5.00	227	9.67	312	6.33
20	3.00	20	5.00	201	9.33	355	6.33
172	2.67	201	4.33	171	9.33	201	6.00
355	2.00	355	2.67	355	8.33	171	6.00
平均值	3.60	平均值	5.75	平均值	10.19	平均值	6.58
母树间							
F值	4.1080	F值	5.8850	F值	4.3450	F值	1.1950
P值	0.0005	P值	0.0001	P值	0.0003	P值	0.3274
年度间							
F值	28.0280	F值	13.1510	F值	26.8120	F值	1.3640
P值	0.0001	P值	0.0001	P值	0.0001	P值	0.2711

355号母树是最典型的早熟母树,3年平均在10月中旬开始种子脱落,10月下旬出现脱落高峰期,12月中下旬脱落完毕。78号母树是最典型的晚熟母树,3年平均在11月上中旬开始脱落,12月上旬出现高峰,翌年1月中旬截止(见表2-34和图2-44)。

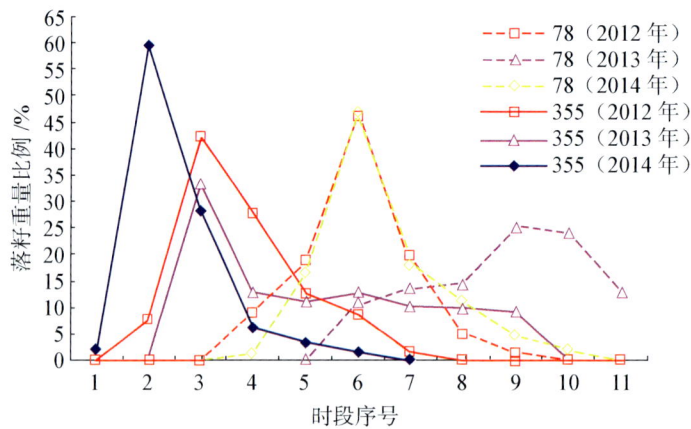

图2-44　早熟母树355号与晚熟母树78号的种子脱落期

表2-35列出了种子脱落期的年度相关分析结果,除了脱落全程指标在年度间的相关不显著之外,种子脱落开始期、高峰期和停止期在年度间的相关系数大多达到显著或极显著水平,即不同母树的种子脱落期的先后存在着较高的年度稳定性。尽管年度因素对脱落期的影响较大,但对于不同母树的影响是相近的。

表2-35　种子脱落期的年度相关

脱落过程	年份	2013年	2014年
开始期	2012年	0.5164*	0.5496*
	2013年		0.5602*
高峰期	2012年	0.6468**	0.6145*
	2013年		0.6174*
停止期	2012年	0.4217	0.6677**
	2013年		0.5888*
脱落全程	2012年	0.2319	0.2582
	2013年		−0.1796
相关系数临界值	$\alpha=0.05$ 时,$r=0.4973$;$\alpha=0.01$ 时,$r=0.6226$		

注:"*"和"**"分别表示差异显著性达到 0.05 和 0.01 水平。

（七）弗吉尼亚栎种子产量

1. 林分种子产量的年度差异

代表上述林分群体的35～42株母树连续3年的种子产量观测结果列于表2-36。2012年树龄9年时，样株中有2株未见结实，结实株率为94.29%，后两年均为100%结实。平均单株种子产量的年度间差异明显。2014年平均单株产量（2.92 kg）最高，是2013年的2.12倍。3年种子产量的共同特点是每年的株间差异悬殊，变异系数高达66%～91%。

表2-36　林分样株3年种子产量统计

观测年份	观测株数	结实株率/%	种子总重/kg	平均单产/kg	株间极差/kg	标准差/kg	变异系数/%
2012	35	94.29	81.35	2.32	0～8.51	2.00	86.21
2013	42	100	57.84	1.38	0.03～5.61	1.25	90.58
2014	35	100	102.21	2.92	0.40～6.58	1.93	66.10

2. 种子产量的株间变异与年度稳定性

26株母树连续3年的种子产量数据如图2-45所示。

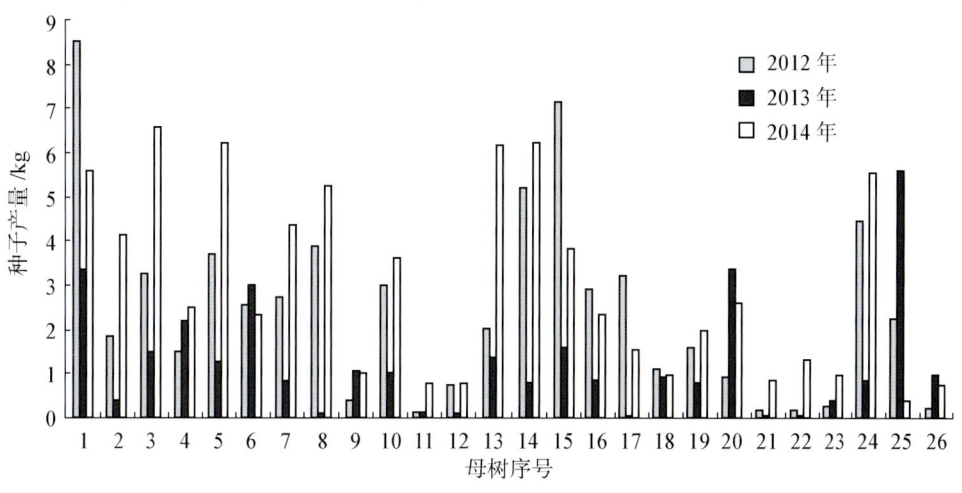

图2-45　26株母树连续3年种子产量的变化趋势

注：图中母树序号1～26所对应的实际母树号为20号、25号、33号、43号、60号、68号、78号、85号、106号、119号、155号、156号、171号、172号、201号、227号、247号、264号、312号、328号、341号、343号、353号、355号、396号、434号。

从图2-45中首先可以看到，种子产量的株间差异巨大，2012年、2013年和2014年平均单株产量分别为2.46 kg、1.25 kg和3.02 kg，单株产量的极差分别为0.17~8.51 kg、0.03~5.61 kg和0.40~6.58 kg，最高与最低产量之间分别相差49倍、169倍和16倍；其次，同株母树种子产量的年度差异也很明显，多数母树的年度产量高低相差几倍，有的相差十几倍（12号、25号）甚至数十倍（8号、17号、21号、22号）。表2-37是26株母树3年种子产量的联合方差分析结果，表明种子产量的株间差异和年度差异均达到极显著水平。种子产量的株间差异是母树的遗传因子与环境因子共同作用的结果。相同母树种子产量的年度差异主要是气候因素的作用。

表2-37　26株共同母树3年种子产量变异的联合分析

变异来源	平方和	自由度	均方	F值	P值
年度间	42.5991	2	21.2995	9.3320	0.0004
母树间	155.2073	25	6.2083	2.7200	0.0013
误　差	114.1192	50	2.2824		
总变异	311.9255	77			

据分析，26株母树种子产量的年度相关：在2012年与2014年间的相关系数高达0.68，但2012年与2013年间和2013年与2014年间的相关仅为0.27和0.03，因此，总体看来，单株种子产量的年度稳定性不高。但是，不同单株之间种子产量的年度稳定性有差别。这从不同母树3年产量的变异系数的变幅之大可以得到反映，26株母树的3年平均单株种子产量为2.245 kg，株间变幅为0.35~5.81 kg，而种子产量的平均年度变异系数为67.92%，其株间变幅为9.78%~138.76%。年度变异系数愈低的母树，其种子产量的稳定性愈高。因此，选择相对高产稳产母树的空间是存在的。

以平均种子产量和平均变异系数划线，可将26株母树分为4个组（见图2-46）。图中处于右下方的一组属于相对较稳定的中高产母树，它们是20号、60号、68号、78号、119号、201号、328号7株母树。其中20号母树平均产量最高，且较稳定；68号母树产量较高，最为稳定。位于左下方的6株母树属于相对较稳定的中低产母树。值得注意的是，位于左上方的343号、341号、156号、155号等低产母树（3年平均产量低于0.6 kg）的年度变异系数很高，这与其某年产量基数极低有关。实际上，它们均可被视为"相对稳定低产型"母树。

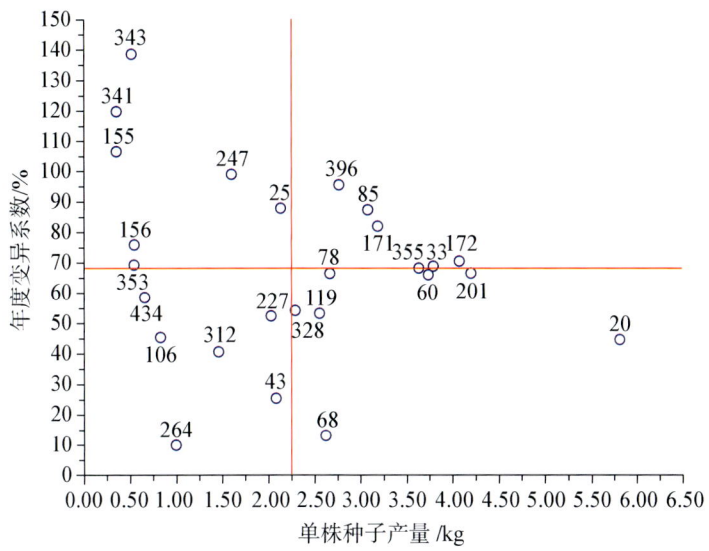

图2-46 26株母树3年平均单株种子产量及年度变异系数的散点图

3. 单株种子产量与其母树生长之间的关系

造成株间种子产量差异的原因众多。一是结实能力的遗传差异,例如在该研究林分中,绝大多数母树的树皮为纵裂型,生长旺盛,冠幅3~5 m。但也有少数母树的树皮为光滑型,其树干修长,直径生长缓慢,树冠紧凑窄小,冠幅2~2.5 m,结实量年年偏低。不同基因型结实能力的差异可能起着主导作用。二是植株所处的环境差异,如位置不同、密度不匀所造成的光照、水分、营养等微环境的差异,对此尚需深入研究。

这里就上述26株母树种子产量与其生长间的关系加以分析,详见表2-38。26株母树2012年和2013年的平均胸径分别为10.27±1.23 cm和11.57±1.36 cm,2012年平均树

表2-38 26株母树种子产量与生长性状之间的简单相关

项目	2012年树高	2013年胸径	2013年冠幅	2012年种子产量	2013年种子产量	两年平均种子产量
2012年胸径	0.1179	0.9706**	0.8044**	0.2748	0.2801	0.3424
2012年树高		0.0406	−0.0688	0.1010	−0.0018	0.0911
2013年胸径			0.7844**	0.2169	0.3293	0.3220
2013年冠幅				0.5197**	0.4900**	0.6200**
2012年种子产量					0.2679	0.8931**
2013年种子产量						0.6714**
相关系数临界值	$\alpha=0.05$ 时,$r=0.3739$;$\alpha=0.01$ 时,$r=0.4785$					

注:"**"表示差异达极显著水平($P<0.01$)。

高 6.02±0.49 m,2013 年平均冠幅 3.84±0.88 m。分析表明,两个年度的种子产量与冠幅之间均存在极显著正相关,而两年平均种子产量与冠幅的相关系数值更高($r=0.62^{**}$)。胸径与种子产量间存在一定正相关,但未达显著水平。树高对种子产量的影响可以忽略不计。

(八)弗吉尼亚栎种子的营养价值

栎属树种在全世界范围内分布很广,除了它们的巨大生态价值、环境保护价值以及优质木材的经济价值之外,其每年生产的橡子储量极其庞大,橡子的开发利用得到广大学者和企业愈来愈多的关注。鉴于弗吉尼亚栎具有结实早、种子产量高、采集方便的特点,有必要开展弗吉尼亚栎种子营养分析研究,为其开发利用提供科学依据。

2013 年采集弗吉尼亚栎 7 株母树的成熟种子,并以麻栎、栓皮栎(*Q. variabilis* Bl.)、白栎和锥栗[*Castanea henryi*(Skam)Rehd.]的种子为对照,脱壳后将鲜样送国家林业局亚热带林木培育重点实验室按标准方法进行分析。从表 2-39 可以看出,弗吉尼亚栎种子的淀粉含量与麻栎、栓皮栎等国产栎树相似,但弗吉尼亚栎种子的脂肪含量(3.51%)和蛋白

表 2-39 2013 年栎树种子养分测定一览表

项目		淀粉 /%	蛋白质 /%	脂肪 /%	单宁/(mg/kg)	灰分 /%
弗栎种内株间变异	F077	50.69	3.65	4.15	12.60×10^3	1.27
	F207	49.55	5.33	3.70	11.35×10^3	1.52
	F328	41.48	4.14	7.70	9.19×10^3	1.44
	F362	30.69	7.56	1.20	7.55×10^3	1.54
	F396	47.80	3.78	2.15	16.15×10^3	1.36
	LX12	52.56	3.47	2.60	13.85×10^3	1.53
	LD17	44.47	3.89	3.05	12.05×10^3	1.36
栎类种间变异	弗栎(平均)	45.32	4.55	3.51	11.82×10^3	1.43
	麻栎	42.90	3.96	2.10	24.35×10^3	1.07
	白栎	39.04	3.38	0.40	42.65×10^3	1.12
	栓皮栎	46.32	2.35	0.75	44.60×10^3	1.11
	锥栗	30.63	4.64	0.45	2.32×10^3	1.27

质含量(4.55%)显著高于其他栎树,其蛋白质含量接近锥栗,而单宁含量(平均11.82×10^3 mg/kg)显著低于国产栎树。

值得注意的是,弗吉尼亚栎种内有机养分存在巨大的株间差异。仅从7个单株(家系)的分析数据,淀粉含量变幅为30.69%～52.56%,脂肪含量变幅为1.2%～7.7%,蛋白质含量变幅为3.47%～7.56%,单宁含量变动于7.55×10^3～16.16×10^3 mg/kg。

2014年又采集了弗吉尼亚栎15株母树的成熟种子与麻栎、白栎、石栎[*Lithocarpus glaber*(Thunb.)Nakai]和苦槠[*Castanopsis sclerophylla*(Lindl.)Schott]的成熟种子进行营养分析(见表2-40),结果再次表明,弗吉尼亚栎种子的平均脂肪含量(6.44%)和蛋白质含量(3.80%)均显著高于麻栎、白栎等和苦槠、石栎等近缘种,而单宁含量则低于其他树种。同样,在弗吉尼亚栎种内不同母树之间,淀粉、可溶性糖、脂肪、蛋白质等养分含量和单宁含量的差异巨大,因而存在较大的改良与选择空间。

表2-40　2014年栎树种子养分测定一览表

项目		淀粉/%	可溶性糖/%	蛋白质/%	脂肪/%	单宁/(mg/kg)
弗栎种内株间变异	F25	44.60	6.50	3.54	7.5	1.72×10^4
	F33	37.70	5.21	3.53	5.8	2.10×10^4
	F43	52.70	6.86	3.69	5.8	1.66×10^4
	F60	40.39	4.89	3.80	6.5	1.55×10^4
	F122	36.49	7.31	4.68	4.9	1.25×10^4
	F172	37.10	5.23	3.40	6.1	1.54×10^4
	F201	36.93	4.50	5.04	4.2	1.23×10^4
	F207	41.15	6.31	4.03	7.2	1.51×10^4
	F227	45.39	4.91	3.32	5.5	1.63×10^4
	F239	41.29	9.10	3.32	7.9	1.41×10^4
	F252	40.88	4.09	4.55	4.8	1.44×10^4
	F271	40.41	5.06	3.27	7.9	1.46×10^4
	F328	47.57	4.88	3.20	7.6	1.43×10^4
	F355	42.51	5.21	3.53	6.9	1.23×10^4
	FW6	44.60	9.23	4.14	8.0	1.64×10^4

续表

项目		淀粉/%	可溶性糖/%	蛋白质/%	脂肪/%	单宁/(mg/kg)
栎类种间变异	弗栎（平均）	41.98	5.95	3.80	6.44	1.52×10^4
	麻栎	44.90	6.99	3.16	2.0	4.01×10^4
	白栎	47.00	6.23	2.56	2.0	4.53×10^4
	石栎	47.34	9.53	3.01	1.1	2.48×10^4
	苦槠	55.24	4.72	1.73	0.5	1.94×10^4

综上所述，鉴于弗吉尼亚栎结实早且结实量大，株间种子产量与种子营养差异悬殊，因此在食品、动物饲料甚至在生物能源方面，具有广阔的开发前景。

第七节 简要总结

通过前面一系列观察、测定和试验研究，对弗吉尼亚栎这个外来树种在重点引种地长江三角洲地区的适应性表现和基本生物学特性已经有了比较清楚的了解，总结起来，有如下几点初步结论：

弗吉尼亚栎的种子无休眠期，遇到 20 ℃以上温度和充足的湿度就能发芽生长。种子发芽后形成棒状主根是弗吉尼亚栎有别于其他栎树的独有特点。在常规圃地直播育苗条件下，弗吉尼亚栎苗木的主根发达，而少有须根。在无土疏松基质的容器育苗条件下，能够形成发达的根系。但与其他栎树相比，弗吉尼亚栎苗木的根系发育程度相对较差。苗木生长速度初期较为缓慢，后期加速明显，7月、8月间基本不受高温干旱的影响而减速。

弗吉尼亚栎枝叶茂密，顶端优势不及一些速生栎树，而萌生能力极强；弗吉尼亚栎的树形、皮形和叶片形态的分化极其丰富，形成了不同的形态类型。例如，树形的单干宽冠型、高干窄冠型、多枝丛生型，树皮的粗裂型、细裂型和光皮型，叶形的大叶型、细叶型和中间型等，这些形态类型的生长有差异，同时与环境因子有关联，是弗吉尼亚栎进一步开展遗传改良的物质基础。

弗吉尼亚栎成年树木的净光合速率、气孔导度和蒸腾速率的日变化均呈现双峰曲线变化趋势。与其他栎树相比，弗吉尼亚栎具有相对较高的净光合效率、气孔导度和较高的蒸腾速率。弗吉尼亚栎苗木对夏季光照条件比较敏感，强度全光照对其有一定的伤害作用，建议适度遮阴。在相同的营养贫瘠红壤或营养丰富的稻田土中，与其他栎树相比，弗吉尼亚栎叶片具有较高的积累氮素的能力，弗吉尼亚栎对氮素亏缺环境的耐性较强。

在栎树之中，弗吉尼亚栎生长速度属于中等水平。苗期阶段生长速度较慢，4~6年生时速度加快，7~10年以后，生长速度取决于栽植密度，在密度合适情况下，径生长速度大增，每年可达 1.0~1.2 cm，年高生长 60~70 cm，散生稀植树木年均胸径生长可达 1.4 cm 以上。另外，在内陆水稻土条件下的生长速度与滨海盐土条件下的无明显差异，表现出较强的耐盐特性。

弗吉尼亚栎是个结实年龄早、种子产量丰盛的树种。一般，6～7年生树龄的树木开始结实，9～10年普遍大量结实。在每亩80株左右的人工林中，平均单株种子产量2.26 kg（单株种子产量1.38～2.92 kg），即亩产种子量180 kg（亩产种子量110～230 kg），有一定的大小年之分。种子产量的株间差异巨大，但不同母树种子产量的年度稳定性程度有差异，可以识别相对稳定的高产和低产母树。

弗吉尼亚栎的开花期一般在4月中下旬，5月下旬可以看到小小的幼果，但5～7月间果实膨大速度缓慢，直至8月速度加快，9～10月间是果实的大小、重量和内含物含量快速变化的时期，11月大多数树木种子逐步成熟并自然脱落。弗吉尼亚栎林分的种子自然脱落过程长达3个月左右（10月上旬至翌年1月上旬）。其中，11月上旬至12月上旬是弗吉尼亚栎种子集中脱落的时段。弗吉尼亚栎种子的成熟脱落期先后和种子形态特征的个体变异极其丰富，而且具有较高的年度稳定性，因此可以识别和选择早熟型、晚熟型或种子形状特异的母树。

栎树种子淀粉含量普遍较高，而弗吉尼亚栎种子与其他栎树或近缘种相比，具有较高的脂肪、蛋白质含量和较低的单宁含量，而且内含物含量存在较大的株间差异，弗吉尼亚栎结实早、产量高，因此，弗吉尼亚栎种子开发前景广阔。

参考文献

[1] 陈益泰,孙海菁,王树凤,等.5种北美栎树在我国长三角地区的引种表现[J].林业科学研究,2013,26(3):344-351.

[2] 陈益泰,王树凤,陈雨春,等.弗吉尼亚栎种子产量、脱落过程与种子形态特征的变异及稳定性[J].林业科学研究,2015,28(4):524-530.

[3] 黄利斌,窦全琴,汤槿,等.栎树的生物学特性与栽培研究综述[J].江苏林业科技,2014,41(6):43-50.

[4] Ali A D. Influence of fertilization practices on live oak wound closure[J]. HortScience,2006,42(3):799-801.

[5] Ball J. Live oak: The Ultimate Southerner[J]. American Forests,2003,109:45-47.

[6] Bartens J,Grissino-Mayer H D,Day S D,et al. Evaluating the potential for dendrochronological analysis of live oak (*Quercus virginiana* Mill.)from the urban and rural environment—An explorative study[J]. Dendrochronologia,2012,30:15-21.

[7] Bonner F T. Collection and care of acorns Oak regeneration: Serious problems and practical recommendations[C]. US Department of Forest Service, Southeastern Forest Experiment Station,1993:290-297.

[8] Brockmen C F. Trees of North America,a guide to field identification[M]. New York: St. Martin's Press,2001.

[9] Bryan D L,Arnold M A,Volder A,et al. Planting depth and soil amendments affect growth of *Quercus virginiana* Mill.[J]. Urban Forestry & Urban Greening,2011,10:127-132.

[10] Burns R M,Honkala B H. Silvics of North America Vo1. 2: hardwoods. Agriculture Handbook No. 654[M]. Washington,DC: USDA Forest Service, 1990.

[11] Messina M G,Duncan J E. Irrigation effects on growth and water use of *Quercus virginiana* (Mill.) on a Texas lignite surface-mined site[J]. Agricultural Water Management,1993,24:265-280.

［12］Ziegenhagen B,Kausch W. Productivity of young shaded oaks （*Quercus robur* L.）as corresponding to shoot morphology and leaf anatomy［J］. Forest Ecology and Management,1995,72：97-108.

第三章

弗吉尼亚栎的抗逆性及其生理基础

随着全球气候变化的大趋势和经济建设的高速发展,自然灾害、地力衰退和环境污染等问题愈加突出。引进一个外来树种,不但要对其在引种地的正常环境条件下的适应性表现进行研究,还必须研究它对各种逆境因子的抵抗或忍耐能力,即抗逆性。对植物产生伤害的各种环境因子很多,如物理类的旱涝、风雪、寒害、热害和光辐射等;化学类的盐碱、重金属、毒素、营养亏缺和有害气体等;生物类的竞争、化感、病虫害、动物等。这里根据弗吉尼亚栎引种的主要目的,选择最常见的干旱、水涝、盐碱、重金属污染等几个主要逆境因子加以重点研究。

第一节
弗吉尼亚栎对干旱胁迫的响应

我国亚热带地区雨量充沛,但降雨量的分配很不均匀,季节性干旱现象比较普遍。例如,2013年夏季就出现数十年一遇的特大高温干旱,对农林业造成重大损失。因此,有必要研究引进树种对干旱胁迫的响应。

以不同浓度(10%和20%)聚乙二醇(PEG6000)模拟干旱胁迫处理弗吉尼亚栎幼苗,研究不同程度干旱胁迫对弗吉尼亚栎叶片相对含水量、水势以及质膜透性、游离脯氨酸含量和叶绿素含量及组成比例等生理指标的变化和叶绿素荧光特性。结果表明,在低浓度和高浓度PEG胁迫下,弗吉尼亚栎幼苗叶片能够保持稳定的相对含水量、质膜透性和叶绿素含量及叶绿素a/b比值;随着PEG浓度的增加,叶片水势明显下降,游离脯氨酸含量急剧上升。同时,PEG胁迫还造成叶绿素光化学淬灭系数(qP)、相对电子传递速率($rETR$)和光化学反应速率(P_{rate})显著下降,非光化学淬灭系数(NPQ)、热耗散速率(D_{rate})和光合功能相对限制值($LPFD$)显著上升,而初始荧光(Fo)、最大荧光(Fm)、PSⅡ最大光能转化效率(Fv/Fm)、PSⅡ的潜在活性(Fv/Fo)和PSⅡ实际光能转化效率($Yield$)保持相对稳定。推测弗吉尼亚栎在干旱胁迫下能够通过叶片水势的下降促进吸水从而保持稳定的叶片相对含水率和稳定的叶绿素含量及组成比例,细胞内积累游离脯氨酸以维持质膜的相对稳定;同时,良好的热耗散机制也使得叶片光合结构在较高浓度的PEG胁迫下仍能维持较好的活性,使Fv/Fm、Fv/Fo以及PSⅡ的实际光能转化效率变化不大,而$rETR$和P_{rate}的下降则可能主要是由于干旱胁迫下气孔部分关闭和光合结构的功能下调造成,这也是弗吉尼亚栎对干旱胁迫的一种适应性反应。

(一)叶片水势和相对含水量

逆境条件下植物叶片相对含水量反映叶片的保水能力,反映了土壤缺水时植物体内的水分亏缺,而叶片水势可以在一定程度上反映植物水分状况。从图3-1可以看出,随着干旱胁迫的加剧,弗吉尼亚栎叶片水势呈下降趋势,而叶片相对含水量则出现低浓度胁迫时升高、高浓度胁迫时下降的趋势。说明在低浓度干旱胁迫下,水势的降低在一定程度上促进了植物对水分的吸收,导致相对含水量有所升高;而高浓度胁迫下,尽管叶片水势显著下降,造成了较大的水势梯度,但由于土壤中可利用水分的减少,到达叶片的水分也下降,导致叶片相对含水量有所下降,但与对照没有明显差异,说明弗吉尼亚栎叶片具有良好的保水能力,在干旱胁迫下叶片能够保持相对稳定的水分状态,而不致出现严重的水分亏缺。在轻、中度干旱胁迫时,植物可以通过调节体内水分的流动以缓解土壤水分缺乏对植物造成的影响,随着干旱胁迫的加剧,叶片会形成较大的水势梯度,以促进植物从土壤中吸收水分,因此叶片水势的降低是植物应对干旱胁迫的适应性反应。本项研究发现,弗吉尼亚栎在PEG胁迫下,叶片水势下降,而相对含水量变化不大,说明弗吉尼亚栎叶片具有较好的保水能力。

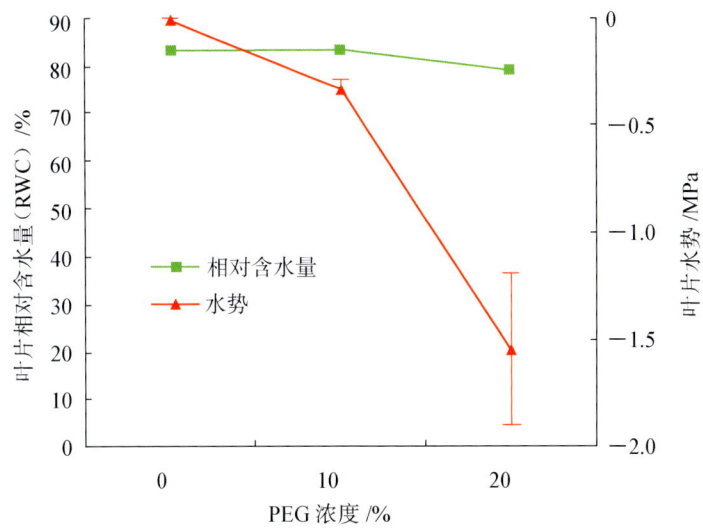

图3-1　PEG胁迫对弗吉尼亚栎叶片水势和相对含水量的影响

(二) 叶绿素

从图3-2可以看出,PEG胁迫下弗吉尼亚栎叶绿素总量和叶绿素a/b比值的变化具有相同的变化趋势,在低浓度PEG胁迫下,两者均有所增加,而高浓度PEG胁迫下有轻微下降,但与对照相比差异不显著。研究表明,叶绿素含量与叶片的水分状态密切相关,水分胁迫可以导致栎树不同品种叶片保水能力发生变化,从而导致叶绿素含量的变化,随着叶片保水能力的下降,叶绿素含量下降(胡学华等,2007)。本项研究也发现,弗吉尼亚栎叶绿素含量和叶绿素a/b比值的变化与叶片相对含水量的变化密切相关。

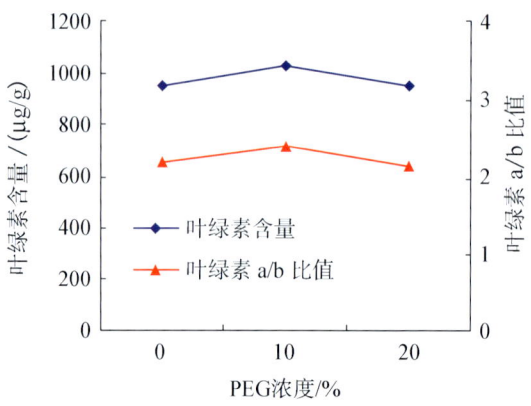

图 3-2　PEG 胁迫对弗吉尼亚栎叶片叶绿素含量和叶绿素 a/b 比值的影响

(三) 相对电导率和丙二醛含量

干旱胁迫可以导致质膜透性增加,电解质外渗,造成质膜内外渗透压的不平衡;同时膜脂过氧化作用增强,积累丙二醛,从而打破正常的生理过程。图 3-3 显示,随着 PEG 浓度的升高,弗吉尼亚栎叶片相对电导率和丙二醛含量逐渐增加,两者存在明显的正相关。但无论是低浓度还是高浓度干旱胁迫,与对照相比,相对电导率和丙二醛含量的增加均未达到显著水平,说明弗吉尼亚栎叶片质膜具有一定的抗干旱损伤能力。

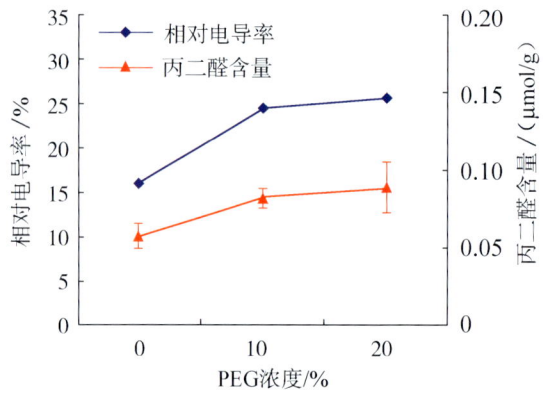

图 3-3　PEG 胁迫对弗吉尼亚栎叶片相对电导率和丙二醛含量的影响

(四) 脯氨酸含量

游离脯氨酸是细胞内重要的渗透调节物质,在正常情况下,脯氨酸含量只有几个微克,而在逆境下可增加十到上百倍。逆境条件下脯氨酸含量的增加是植物对胁迫的一种适应性变化。

图 3-4 显示，在 PEG 胁迫下，弗吉尼亚栎叶片游离脯氨酸含量显著增加，并随 PEG 浓度的增加呈上升趋势，当 PEG 浓度达 20%时，游离脯氨酸含量急剧增加，高出对照 20 多倍。弗吉尼亚栎在高浓度 PEG 胁迫下，游离脯氨酸含量高达 300，是对照的 20 多倍，说明弗吉尼亚栎在干旱胁迫下细胞内积累了大量脯氨酸，以维持细胞正常膨压，缓解干旱导致的渗透胁迫。而相对电导率和丙二醛含量的测定结果也表明，弗吉尼亚栎在 PEG 胁迫下质膜损伤较小，推测与细胞内积累大量脯氨酸有一定关系。

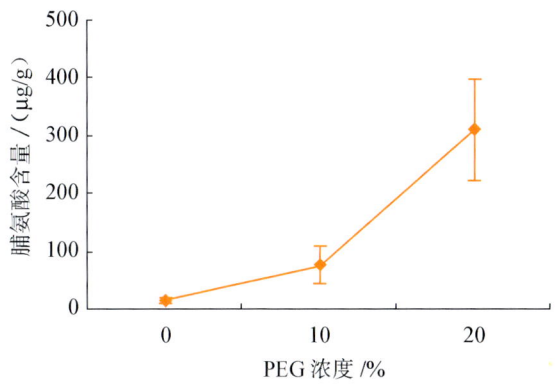

图 3-4　PEG 胁迫对弗吉尼亚栎叶片脯氨酸含量的影响

（五）叶绿素荧光

PEG 处理下弗吉尼亚栎叶绿素荧光参数的变化如图 3-5 所示。

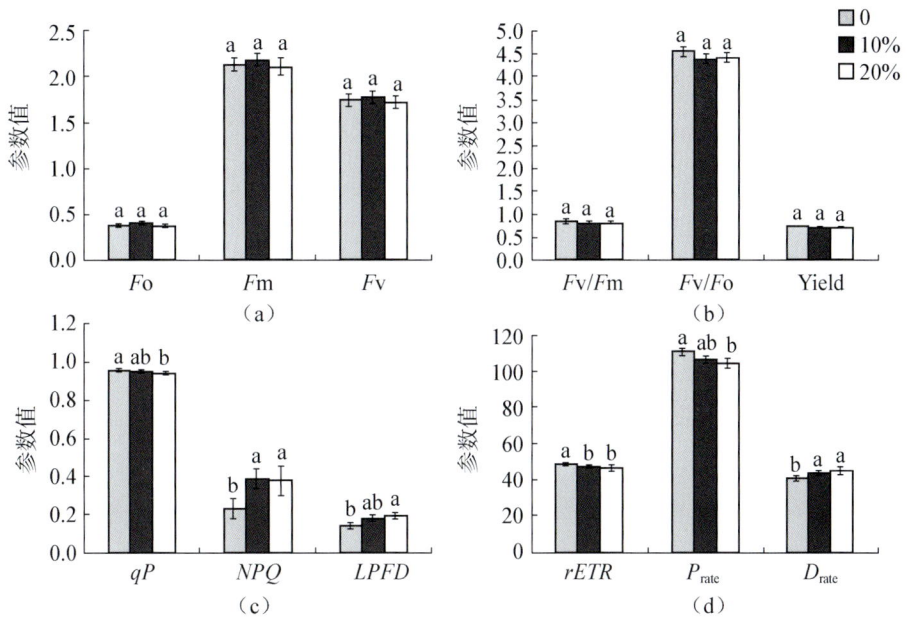

图 3-5　PEG 处理下弗吉尼亚栎叶绿素荧光参数的变化

1. Fo、Fm 和 Fv

初始荧光 Fo 是 PSⅡ反应中心全部开放即原初电子受体 Q 全部氧化时的荧光水平,PSⅡ天线色素的热耗散常导致 Fo 降低,而 PSⅡ反应中心的破坏或可逆失活则可引起 Fo 的增加。最大荧光 Fm 是 PSⅡ反应中完全关闭时的荧光产量,可变荧光 Fv 则反映 PSⅡ原初电子受体 Q 的还原情况,与 PSⅡ的原初反应过程有关,代表着 PSⅡ光化学活性的大小。当植物受到重度胁迫时,叶绿体类囊体膜结构改变,使初始荧光 Fo 上升。由图 3-5(a)可知,弗吉尼亚栎幼苗叶片 Fo 在 PEG 胁迫下升高,但变化不明显;而 Fm 和 Fv 在低浓度(10%)PEG 胁迫下升高,高浓度(20%)PEG 胁迫下降低,与对照相比变化也不明显。说明 10% 和 20% 的 PEG 胁迫并未影响弗吉尼亚栎叶绿体类囊体膜的结构,光合机构仍能正常工作。

2. Fv/Fm 和 Fv/Fo

Fv/Fm 和 Fv/Fo 分别代表 PSⅡ原初光能转化效率和 PSⅡ的潜在活性,当植物处于非逆境条件下时,Fv/Fm 一般为 0.75~0.85,且不受物种的影响,但在逆境或受伤害时会明显降低,Yield 表示的是 PSⅡ的实际光能转化效率,与 PSⅡ的活性呈正相关。本项研究发现,10% 和 20% 的 PEG 处理 28 d 后,叶片 Fv/Fm、Fv/Fo 和 Yield 虽有所下降,但受到的影响不明显,说明 PEG 胁迫下 PSⅡ反应中心可能受到的破坏较小,使得 PSⅡ的实际光能转化效率也损失较少,见图 3-5(b)。

3. qP、NPQ、rETR 和 LPFD

光化学淬灭系数 qP 表示 PSⅡ天线色素吸收的光能用于光化学反应的份额,一定程度上反映了 PSⅡ反应中心的开放程度;$rETR$ 是反映实际光强条件下的表观电子传递速率,也反映了 PSⅡ的活性,与植物的光合速率有很强的线性关系;非光化学淬灭系数 NPQ 反映的是 PSⅡ天线色素吸收的光能以热的形式耗散掉的部分,热耗散是植物保护 PSⅡ的重要机制;$LPFD$ 则表示逆境条件对光合功能抑制的程度。研究[见图 3-5(c)和(d)]表明,随着 PEG 浓度的加大,弗吉尼亚栎叶片 qP 和 $rETR$ 明显下降,热耗散 NPQ 和 $LPFD$ 明显增加,表明随着 PEG 浓度的增加,PSⅡ开放的反应中心数目越来越少,导致光合电子传递速率明显下降,造成对光合功能抑制效应逐渐增加;但 10% 和 20% PEG 处理下的 qP 和 NPQ 并无明显变化,说明在较高浓度 PEG 胁迫下,弗吉尼亚栎叶片仍能维持良好的热耗散机制,仅使 PSⅡ反应中心的活性部分下降。

4. Prate 和 Drate

P_{rate} 和 D_{rate} 分别代表叶片光化学反应速率和热耗散速率。图 3-5(d)显示,随着 PEG

浓度的增加,弗吉尼亚栎叶片 P_{rate} 逐渐下降,热耗散速率 D_{rate} 显著增加,而低浓度胁迫下光化学反应速率与对照相比差异不显著,原因可能是弗吉尼亚栎在低浓度胁迫下通过加快热耗散速率,在一定程度上保护了 PSⅡ反应中心的活性,与 qP 和 NPQ 的变化相一致。

光合作用作为植物体内的关键代谢过程,其效率的高低对植物的生长、产量和抗性都具有十分重要的影响,因而可作为判断植物生长状况和抗逆性强弱的指标(刘祖祺,1993)。叶绿素荧光与光合作用各反应过程密切相关,环境因子对光合作用的影响可通过荧光参数反映出来,叶绿素荧光诱导动力学检测技术是以植物体内叶绿素为天然探针,包含丰富光合信息,可以快速、灵敏、无损伤探测水分胁迫对植物光合作用的影响。本试验中,在 PEG 胁迫下,Fo、Fm、Fv/Fm 和 Fv/Fo 均保持相对稳定,尽管 qP 有明显下降,但降幅保持在 1.1%~1.8%,因此 Yield 下降不明显;$rETR$ 的降幅高于 qP,达 3.0%~4.1%;而作为热耗散保护机制的 NPQ 则增加了 62%~65%。以上表明在 10%和 20%的 PEG 胁迫下,弗吉尼亚栎光化学反应速率的下降可能是由于气孔部分关闭和光合功能下调等保护性调节机制引起的,同时也说明,在光合作用过程中,NPQ 和 $rETR$ 在干旱胁迫下的敏感性要高于 qP、Yield 以及 Fv/Fm 和 Fv/Fo 等指标。

第二节
弗吉尼亚栎等对水涝胁迫的响应

洪涝是南方平原地区最常见的自然灾害之一。本试验以弗吉尼亚栎、纳塔栎、舒玛栎、水栎、麻栎、青冈栎6个栎类树种一年生土培容器苗为材料,通过人工模拟淹水胁迫进行试验,设淹水、对照两个处理,采用随机区组实验设计,重复3次,每重复8株。试验盆直径16 cm、高25 cm,每盆4 kg风干土,每盆2株。淹水处理保持水面高于茎干基部5 cm左右,对照每隔1周浇1次水。于2009年7月30日开始淹水,淹水时间为70 d,分别在淹水后7 d、14 d、21 d、28 d、35 d、70 d采样进行生理指标的测定。淹水前各栎类苗高、地径基本情况详见表3-1。

表3-1 不同栎类树种淹水前生长概况

	弗吉尼亚栎	麻栎	纳塔栎	青冈栎	水栎	舒玛栎
苗高/cm	77.8±5.5	71.9±4.3	55.9±7.0	39.8±3.8	52.8±6.2	52.8±7.7
地径/cm	5.39±0.21	6.06±0.55	6.75±0.84	3.70±0.33	4.62±0.83	5.13±0.37

注:"±"前面数值为平均值,后面数值为标准差。

(一)形态学响应

淹水胁迫对植物形态特征的影响主要体现在叶片、茎基部和根系的伤害上,对叶片的伤害表现为叶片变小、数量减少、黄化、枯萎、脱落。茎基部和根部的典型反应一般包括茎部的膨大和通气组织的发生,在淹水茎部产生皮孔的膨大和不定根,在原来的根上再长出新根和膝状根、气生根等。在淹水胁迫下,植物在形态结构上会发生适应性变化,随着淹水时间的变化,不同树种也表现出不同的变化。

1. 淹水胁迫下栎树叶片受害症状

经实地观察发现,淹水处理30 d时,青冈栎几乎所有植株都出现叶片干枯现象及少量落叶;麻栎有20%左右植株出现叶片卷曲现象;纳塔栎、舒玛栎部分植株出现叶片轻微变形,但总体上长势良好,较对照差别不大;弗吉尼亚栎仅有极少数叶片出现变形;而水栎几乎没有受到淹水伤害,与对照差异不大。在淹水的后期,青冈栎有大量落叶,植株濒临死亡;麻栎叶片出现不少黄化现象,部分叶尖干枯;弗吉尼亚栎、水栎仅有个别植株出现叶片卷曲或叶尖焦萎现象;舒玛栎虽有部分叶片出现黄化,但也有不少新叶长出,整体生长势较对照差别不明显。

在淹水胁迫后,不同栎类的耐淹水能力直观地反映在叶片的受害程度上,从调查的情况来看(见表 3-2),不同栎类幼苗叶片受淹水胁迫的影响,虽然都有所损伤,但受害程度却有很大的不同。淹水 35 d 时,水栎受影响最小,弗吉尼亚栎、纳塔栎、舒玛栎受到较小程度的损伤,受害指数均未超过 0.1,说明叶片只有少量卷曲或少量黄化等轻微伤害;青冈栎受害最为严重,受害率达到 100%,说明调查的每株青冈栎幼苗都有不同程度的伤害。在淹水 70 d 后,水栎和弗吉尼亚栎的受害指数依旧保持在 0.1 以下,受害率也在 25% 左右,而青冈栎受害指数达到 0.865,此时,植株叶片大量脱落,濒临死亡。叶片的受害程度由低到高排列依次为水栎、弗吉尼亚栎、舒玛栎、纳塔栎、麻栎、青冈栎。

表 3-2 淹水处理对不同栎类幼苗叶片受害状况的影响

树种	指标			
	35 d		70 d	
	受害指数 D	受害率 /%	受害指数 D	受害率 /%
弗栎	0.021	8.3	0.073	25
麻栎	0.094	35.7	0.229	79.2
纳塔栎	0.042	16.7	0.115	45.8
青冈栎	0.708	100	0.865	100
水栎	0.000	0	0.052	20.8
舒玛栎	0.052	20.8	0.104	41.7

注:$D=\sum(盐害级别 \times 受害株数)/(总株数 \times 盐害最高级值) \times 100\%$。

2. 苗干基部及根系的变化

通过对淹水茎基部的观察,6 种栎类幼苗茎基部都有较明显的变化,陆续在淹水 10~20 d 出现皮孔膨大,但都未出现不定根。舒玛栎、弗吉尼亚栎在淹水第 10 天就出现了明显的变化,淹水茎基部明显变粗,皮孔膨大,在 20 d 时弗吉尼亚栎皮孔继续膨大,呈现白色类似愈伤组织的突起。其他树种在淹水的 20 d 左右才出现皮孔膨大、茎基部较粗的现象,但麻栎和水栎气孔突起较多,茎基部粗糙不平,青冈栎仅有少量突起,纳塔栎的皮孔膨大现象不明显。

随着淹水时间的延长,到淹水结束时,6种栎类淹水幼苗的根系表面较对照都有明显的变黑现象,青冈栎的细根已经腐烂,大量根系死亡,表现出不耐涝性。弗吉尼亚栎、水栎、舒玛栎虽然根系表面呈现黑色,但未出现腐烂现象,纳塔栎、麻栎有少量根系腐烂。

林木细根(直径≤2 mm)是吸收养分和水分的主要器官,细根在森林生态系统初级生产力分配中占有较大比例,并在养分循环中起着重要作用。许多研究表明,虽然细根仅占森林总生物量的3%~30%,但它具有巨大的吸收表面积,且生理活性强,是树木水分和养分吸收的主要器官。同时细根生长和周转迅速,对树木碳分配和养分循环起着十分重要的作用。其生长量可占森林初级生产力的50%~75%。

淹水胁迫下6个栎类树种细根发育情况有明显的差异。总体来看,6种栎类细根长度、表面积呈现不同的变化趋势(见图3-6、图3-7),其中纳塔栎、舒玛栎细根长度、表面积较对照有所增加,弗吉尼亚栎、麻栎、青冈栎较对照有所下降,水栎受淹水胁迫后根长变化不明显,表面积有所增加。根系总表面积的增加可以有效扩大根系吸收面积,促进根系更好地吸收营养物质,缓解涝害。

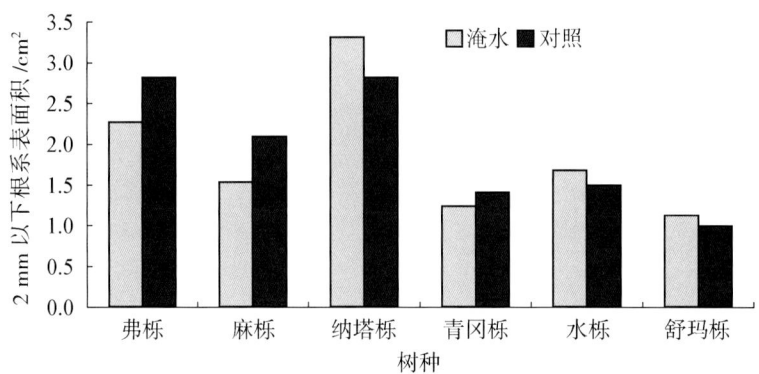

图3-6 淹水对不同栎类细根根系表面积的影响

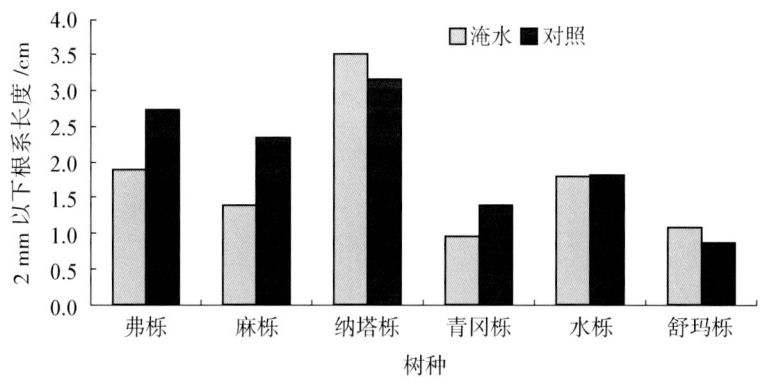

图3-7 淹水对不同栎类细根长度的影响

为了更清楚地了解淹水后细根的生长状况,将直径≤2 mm 的根系再进一步细分,即直径≤0.5 mm 和 0.5 mm＜直径≤2 mm 两个径级。表3-3 显示,6 个栎类树种95%以上的长度由细根构成。在淹水胁迫下,大部分供试栎树小于 0.5 mm 根系所占比例较对照下降,其中青冈栎下降幅度最为明显,比对照下降12.4%;而 0.5～2 mm 的根系比例较对照有所增加。舒玛栎则不同,其小于 0.5 mm 的根系在淹水胁迫下所占比例有所增加,而 0.5～2 mm 的根系所占比例较对照下降,这可能与其根系不同的响应机制有关。

表 3-3　淹水胁迫下不同栎类不同径级的根长比例和表面积比例

(单位:%)

树种	处理	直径≤0.5 mm		0.5 mm＜直径≤2 mm		直径＞2 mm	
		根长比例	表面积比例	根长比例	表面积比例	根长比例	表面积比例
弗栎	淹水	72.41	48.97	25.49	31.57	2.10	19.45
	对照	78.64	44.77	20.36	41.25	1.00	13.99
麻栎	淹水	74.10	50.61	23.82	28.56	2.08	20.84
	对照	80.18	44.37	18.67	37.19	1.16	18.44
纳塔栎	淹水	80.74	41.15	17.73	35.54	1.53	23.30
	对照	82.74	39.00	15.91	39.06	1.35	21.95
青冈栎	淹水	67.23	60.17	31.04	23.60	1.72	16.23
	对照	76.72	46.20	20.96	32.01	2.32	21.79
水栎	淹水	80.79	42.90	17.68	36.21	1.53	20.89
	对照	84.33	36.12	14.24	41.56	1.43	22.32
舒玛栎	淹水	75.37	46.22	22.52	31.82	2.11	21.96
	对照	71.57	48.26	25.70	26.74	2.73	25.00

(二) 生长响应

1. 苗高、地径

通过在逆境胁迫下直接研究树木生长指标的受害程度,进而对林木抗逆能力做出判断,是应用最广泛的、最直接的鉴定方法,可以取得较好的效果。林木高生长的快慢能够比较灵敏地反映立地条件的优劣,一般情况下逆境胁迫强,林木高生长的速度就会减慢,甚至停止生长,但树种不同,高生长存在差异。

由图3-8可知,在淹水胁迫下,不同栎类苗高生长存在一定的差异,淹水处理下麻栎苗高净生长率最大,但较对照相比生长量有所下降;弗吉尼亚栎、舒玛栎、水栎在淹水处理下高生长量较对照差异不大,甚至优于对照;而青冈栎在淹水处理下高生长受到了明显的抑制作用,其净生长率仅为对照的24.6%。方差分析表明(见表3-4),栎类树种之间苗高净生长率差异达到了极显著水平,而与处理之间差异不显著。

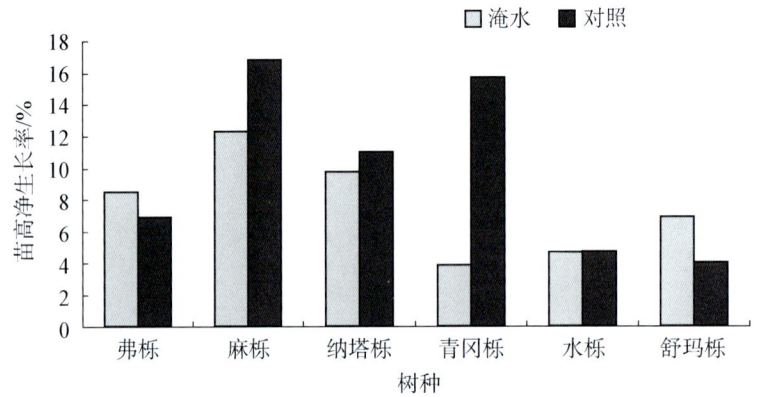

图3-8 淹水处理对不同栎类苗高净生长率的影响

表3-4 淹水处理下6种栎类苗高、地径净生长率方差分析

	变异来源	平方和	自由度	均方	F值	P值
苗高净生长率	处理	16.6202	1	16.6202	1.858	0.1855
	树种	263.4208	5	52.6842	5.889	0.0011
	误差	214.7242	24	8.9468		
	总变异	532.7238	35			
地径净生长率	处理	0.1785	1	0.1785	9.014	0.0062
	树种	0.4583	5	0.0917	4.63	0.0042
	误差	0.4752	24	0.0198		
	总变异	1.4741	35			

研究表明,地径可靠地反映了苗木的质量,与造林成活率及生长量成正相关,即苗木地径越大苗木质量越好。在所有形态指标中,地径是反映苗木质量最好的指标之一,地径与苗木根系和抗逆性关系紧密。

淹水胁迫下,同一树种不同处理之间及同一处理不同树种之间地径生长量差异都达到极显著水平(见表3-4)。由图3-9可知,各树种及各处理之间地径生长存在一定的差异,淹水胁迫下促进了舒玛栎、水栎、弗吉尼亚栎、纳塔栎地径的生长,其中水栎较对照高出2倍。而青冈栎受淹水胁迫的影响地径生长缓慢,生长量接近0,这可能是长期淹水条件下,青冈栎生理性缺水,导致韧皮部及皮层萎缩。

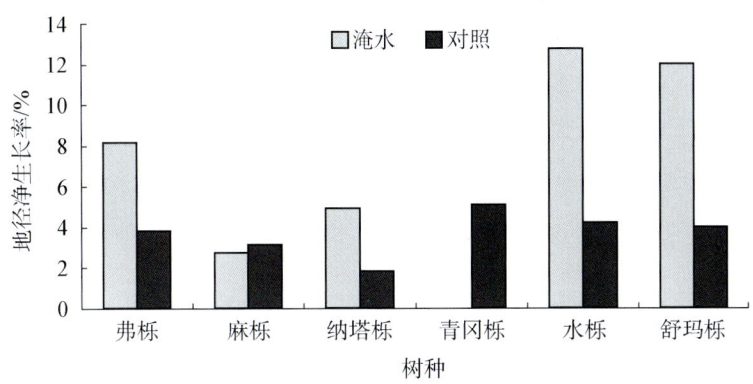

图 3-9　淹水处理对不同栎类地径生长率的影响

2. 苗木生物量

生物量的大小及其组成客观地反映了外界环境条件对林木树种的影响程度及林木对环境的适应能力,多数抗性研究将生物量的变化作为林木抗性强弱的最终衡量指标。

由图 3-10 可知,除青冈栎外,淹水处理促进了其他树种苗木生物量的积累。但从根系生物量来看(见图 3-11),各树种在淹水处理下的反应差异显著。除纳塔栎、舒玛栎根系生物量较对照有所增加外,其他栎类根系生物量较对照都有不同程度的下降。其中,弗吉尼亚栎、麻栎、青冈栎、水栎分别较对照根系生物量下降 0.9%、6.0%、27.6%、8.1%。淹水处理严重抑制了青冈栎的根系发育,从而影响其总生物量的积累,从生物量角度看青冈栎为 6 个栎类树种中最不耐水涝的树种。方差分析表明,处理间及树种间生物量差异均达到极显著水平($P < 0.01$)。

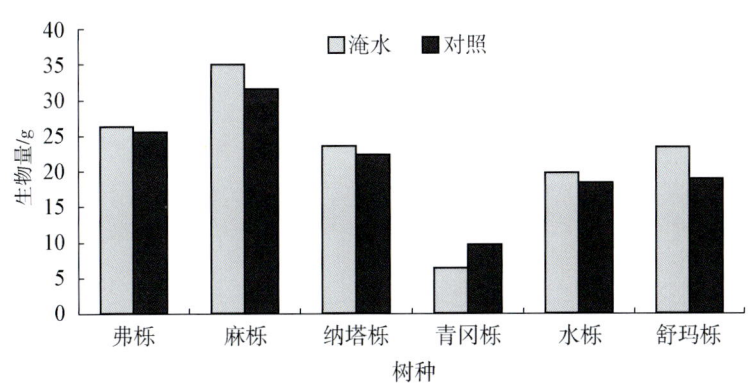

图 3-10　淹水处理对 6 种栎类生物量的影响

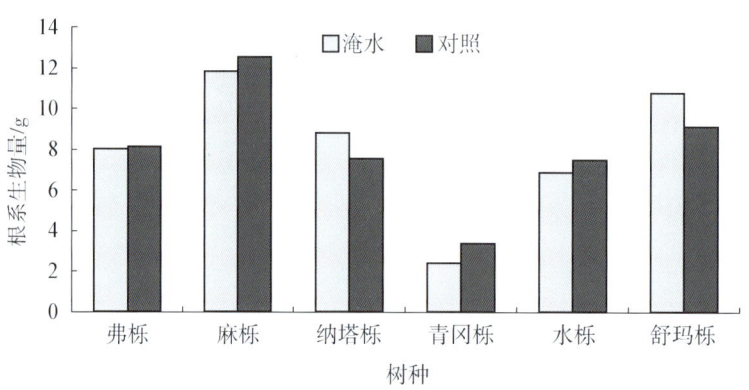

图 3-11 淹水处理对 6 种栎类根系生物量的影响

淹水处理下,除纳塔栎和青冈栎外,其他树种根冠比、根质比普遍有下降的趋势(见表 3-5),其中麻栎、水栎根冠比和根质比显著低于对照,根冠比较对照分别减少 18%、18%,根质比分别较对照减少 12%、14%;而纳塔栎、青冈栎根冠比较对照增加 18%。淹水处理下,弗吉尼亚栎、舒玛栎叶质比显著高于对照,青冈栎的叶质比较对照下降了 12%。6 个栎类树种茎质比的变化差别较大,其中淹水胁迫下水栎茎质比较对照上升了 17%,而纳塔栎茎质比下降了 8%,叶重分数与叶质比呈现一致的变化趋势。

表 3-5 淹水胁迫下对不同栎类的生物量分配的影响

树种	处理	根冠比	根质比	叶质比	茎质比	叶重分数
弗栎	淹水	0.46±0.16	0.31±0.07	0.20±0.04	0.50±0.04	0.28±0.03
	对照	0.47±0.08	0.32±0.04	0.17±0.03	0.51±0.02	0.25±0.03
麻栎	淹水	0.54±0.12	0.35±0.05	0.18±0.04	0.47±0.05	0.28±0.05
	对照	0.65±0.08	0.39±0.03	0.18±0.04	0.43±0.05	0.29±0.07
纳塔栎	淹水	0.62±0.18	0.38±0.07	0.15±0.04	0.47±0.05	0.24±0.05
	对照	0.53±0.10	0.34±0.04	0.14±0.04	0.52±0.04	0.21±0.05
青冈栎	淹水	0.63±0.23	0.38±0.07	0.29±0.09	0.33±0.05	0.45±0.11
	对照	0.53±0.14	0.34±0.06	0.33±0.05	0.33±0.02	0.50±0.05
水栎	淹水	0.57±0.25	0.35±0.09	0.22±0.05	0.43±0.08	0.34±0.07
	对照	0.69±0.12	0.41±0.04	0.22±0.05	0.37±0.03	0.37±0.07
舒玛栎	淹水	0.87±0.19	0.46±0.06	0.14±0.04	0.40±0.04	0.25±0.06
	对照	1.02±0.33	0.49±0.08	0.11±0.04	0.39±0.06	0.22±0.05

（三）生理生化响应

1. 叶绿素含量

大量研究表明,在逆境条件下,植物体内的叶绿素会受到不同程度的破坏,降低其在体内的含量,导致叶绿体活性降解及光合电子传递、光合磷酸化和光合碳还原有关酶的活性降低等(张守仁,1999)。有研究发现:在低温处理植物时,正常光照下会发生光抑制作用,表现为PSⅡ失活,叶绿素a/b比值升高,并伴随着PSⅡ反应中心D_1蛋白破坏和叶黄素循环的变化,表明叶绿素b比叶绿素a更容易受到逆境胁迫的伤害。

由图3-12可知,随着淹水时间的延长,总体来说,6种栎类的叶绿素含量在持续淹水60 d内,较对照都有所下降;但在淹水结束时,即淹水70 d时,纳塔栎、舒玛栎、青冈栎叶绿素含量又明显高于对照,原因可能是长期淹水胁迫造成叶片生理性缺水,从而导致细胞叶绿素相对含量的升高。研究发现,弗吉尼亚栎、纳塔栎、水栎在淹水后第7天叶绿素含量较对照就有明显的下降,之后随着淹水时间的延长逐步缩小与对照之间的差距,而麻栎、

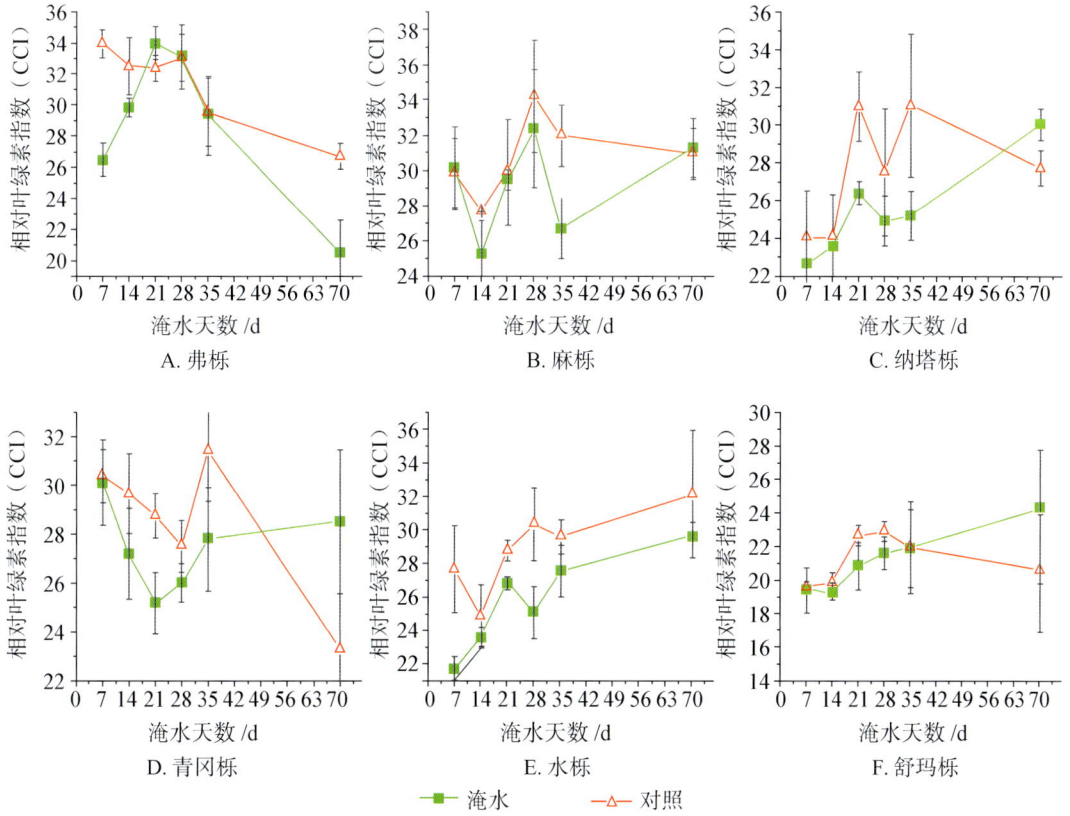

图3-12 水涝胁迫下不同栎类相对叶绿素的变化

青冈栎、舒玛栎则在淹水 14 d 之后才相继发生明显的下降趋势,并随着淹水时间的延长,分别在 35 d、35 d、21 d 时较对照的下降值达到最大。可以认为弗吉尼亚栎、纳塔栎、水栎对水涝胁迫的响应较早,可能与自身对水涝的适应能力有关,原因有待于进一步的研究。

2. 可溶性糖

由图 3-13 可以看出,随着淹水时间的延长,6 个栎类树种可溶性糖含量较对照呈现先降低后升高的趋势,在淹水第 7 天都比对照有所下降,之后可溶性糖含量升高。其中青冈栎、麻栎、纳塔栎、舒玛栎在 21 d 时可溶性糖含量较对照的增加值达到最大,分别增加了 81.3%、43.7%、39.7%、53.6%,之后青冈栎增加值虽有所下降,但依旧保持在较高的水平,较对照增加 40%以上,而麻栎、纳塔栎、舒玛栎在 21 d 后可溶性糖含量逐渐降低,较对照的增加值都在 20%以下。弗吉尼亚栎叶片的可溶性糖含量在淹水胁迫结束时明显高于对照,而在淹水期间与对照的差异不明显。水栎的可溶性糖含量较对照的变化较小,淹水处理过程中平均较对照升高 0.5%。

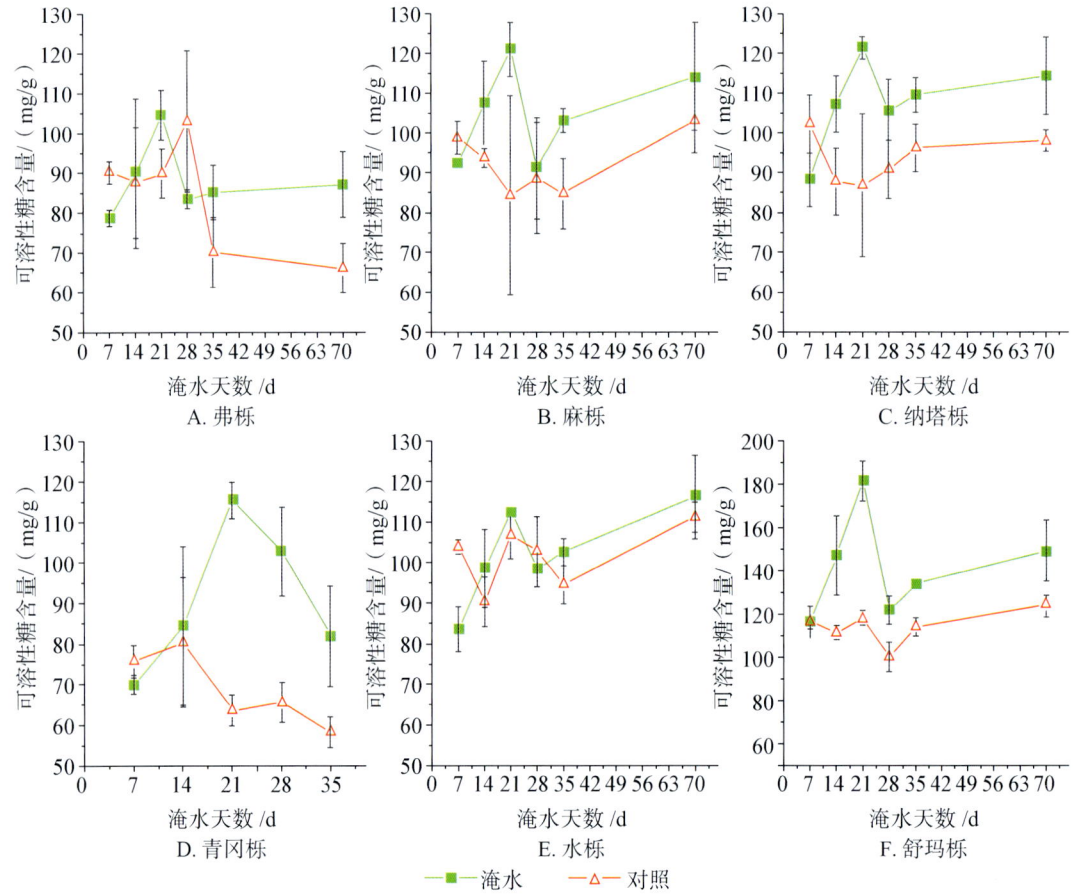

图 3-13 水涝胁迫下不同栎类可溶性糖含量的变化

3. 丙二醛（MDA）

MDA 是膜脂过氧化的最终产物，是膜系统受伤害的重要标志之一。MDA 会严重损伤生物膜，其含量反映了细胞膜质过氧化水平，膜质过氧化反应可由酶促诱发，但更重要的是由 ROS 特别是 OH 启动，经连锁反应生成。MDA 可与蛋白质结合引起蛋白质分子内和分子间的交联，使膜系统变性，进而影响细胞膜透性。MDA 的含量可以作为评价植物在逆境条件下或在衰老过程中发生膜质过氧化作用强弱的指标，组织自动氧化速率可以代表组织中总的清除自由基能力的大小，自动氧化速率越大，MDA 的积累越多，表明组织的保护能力越弱（李柏林，1989）。

不同栎类树种在淹水胁迫过程中，其体内的 MDA 含量也发生着变化（见图 3-14）。总体上看 6 种栎类呈现两种变化趋势，弗吉尼亚栎、水栎、舒玛栎在前期淹水过程中，MDA 含量已达到最高值，随后随着淹水时间的延长与对照趋于一致，弗吉尼亚栎、水栎、舒玛栎分别在第 7 天、第 14 天、第 28 天 MDA 含量达到最大值。麻栎、纳塔栎、青冈栎一直到试验结束才达到最大值，达到最大值时，分别较对照提高了 34.2%、30.0%、83.8%。

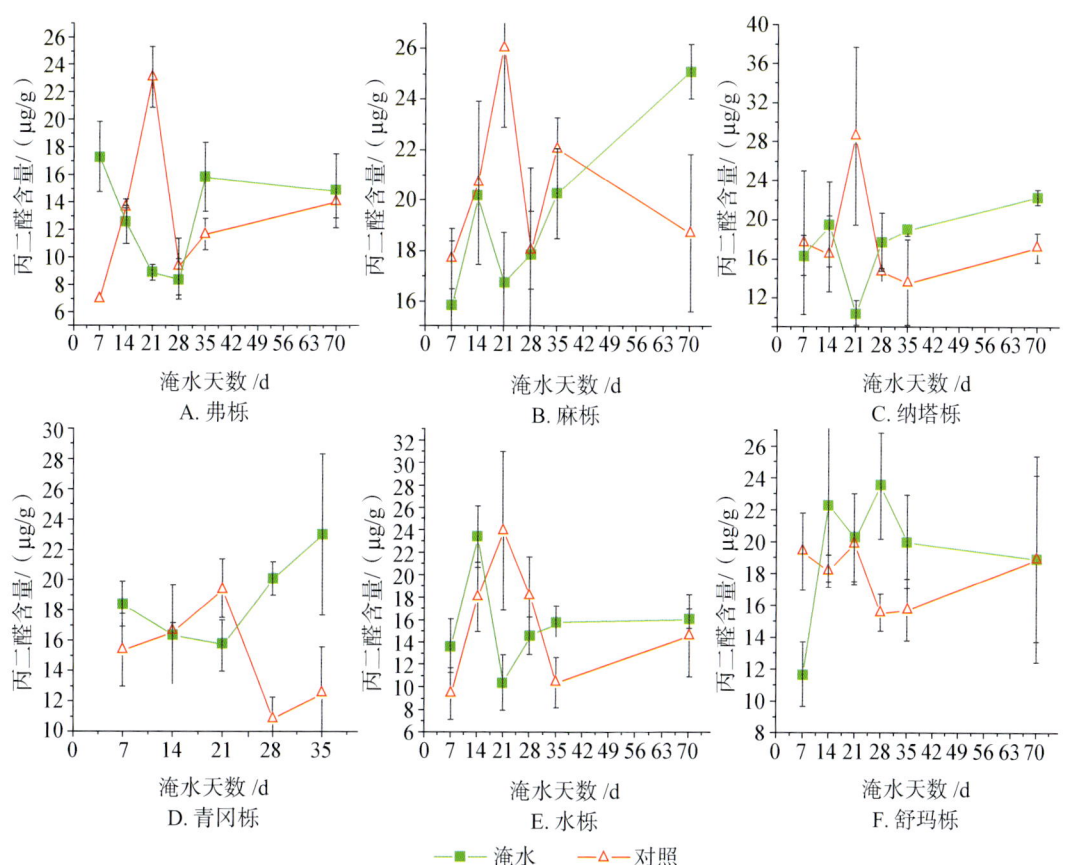

图 3-14 水涝胁迫下不同栎类丙二醛含量的变化

4. 可溶性蛋白

蛋白质是光合系统及光合电子传递链的重要成员,叶片中许多蛋白质是光合作用卡尔文循环不可缺少的酶,同时它也是植物体生命过程中重要的结构物质和功能物质,叶绿体中蛋白质参与了类囊体膜的构建和色素蛋白复合体的组成,维持膜结构的功能,维护色素的稳定。故叶片中可溶性蛋白含量的变化可以作为其受逆境伤害的研究指标。

由图 3-15 可知,6 种栎类叶片可溶性蛋白含量的变化不完全一致。随着淹水时间的延长,除青冈栎变化没有明显规律外,大多树种都呈现先升高后降低的趋势,并在第 21 天时可溶性蛋白含量与对照的下降值达到最大,之后与对照趋于一致。其中麻栎、纳塔栎、水栎在前 14 天,可溶性蛋白含量较对照有明显的升高,分别较对照升高 127.4%、22.1%、71.6%。由此可知,在淹水前期,以新蛋白质的合成为主,来抗衡逆境,可见淹水前期是植株抵御水淹胁迫的关键时期,新蛋白质的增加量越多,越有利于抵御水淹胁迫。

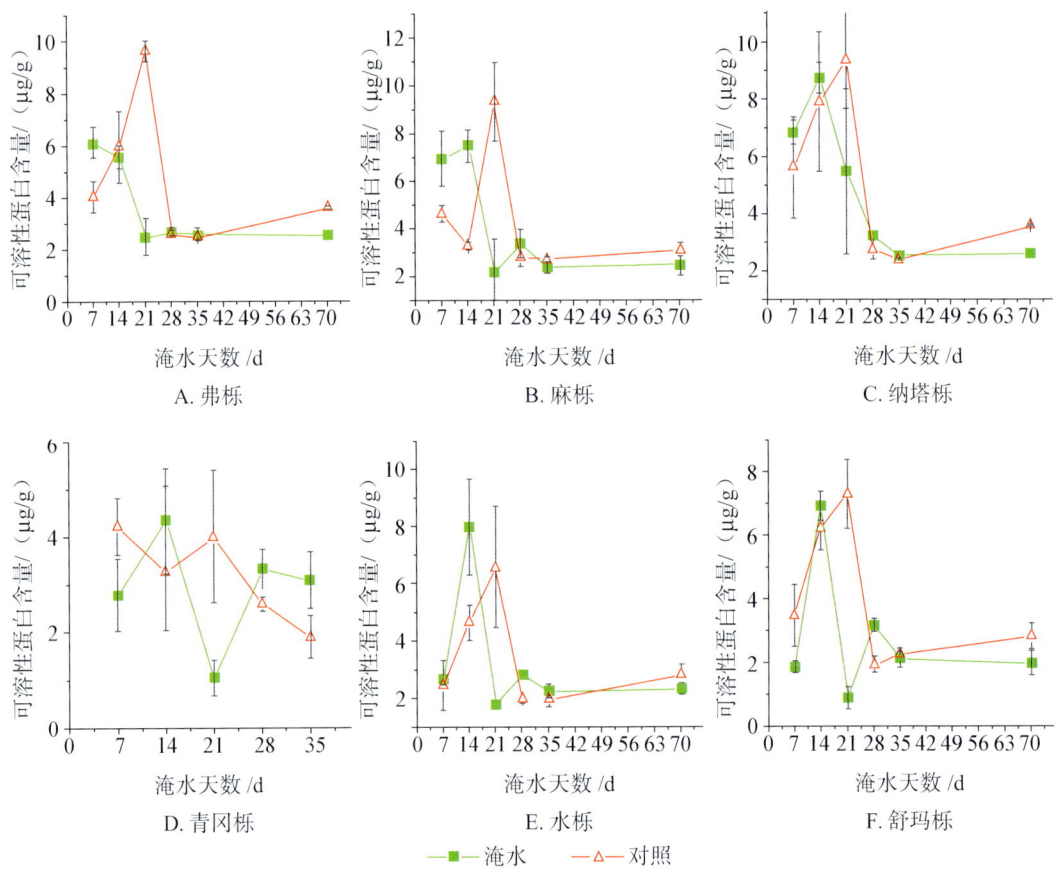

图 3-15 水涝胁迫下不同栎类可溶性蛋白含量的变化

5. 脯氨酸

大量研究表明,在涝渍、干旱、盐渍等环境胁迫下,脯氨酸会大量积累,其含量甚至提高百倍以上。脯氨酸具有偶极性,对生物大分子多聚体的空间结构有保护作用,它可以改善细胞膜和其他分子物质的水环境,增强结构的稳定性,不会渗入到蛋白质分子疏水相中引起蛋白质的变性,因此脯氨酸在稳定蛋白质特性方面有较为重要的作用。

由图 3-16 可知,随着淹水时间的延长,6 种栎类叶片脯氨酸含量呈现不同的变化趋势。青冈栎、麻栎、舒玛栎在淹水过程中脯氨酸含量较对照有所上升,其中青冈栎在第 28 天达到最大增加值(较对照增加 238%),麻栎第 21 天达到最大增加值(较对照增加 44%),舒玛栎在第 28 天达到最大增加值(较对照增加 125%)。纳塔栎随淹水时间的延长呈现先升高后降低再升高的趋势。弗吉尼亚栎、水栎的脯氨酸含量较对照总体上有下降的趋势。

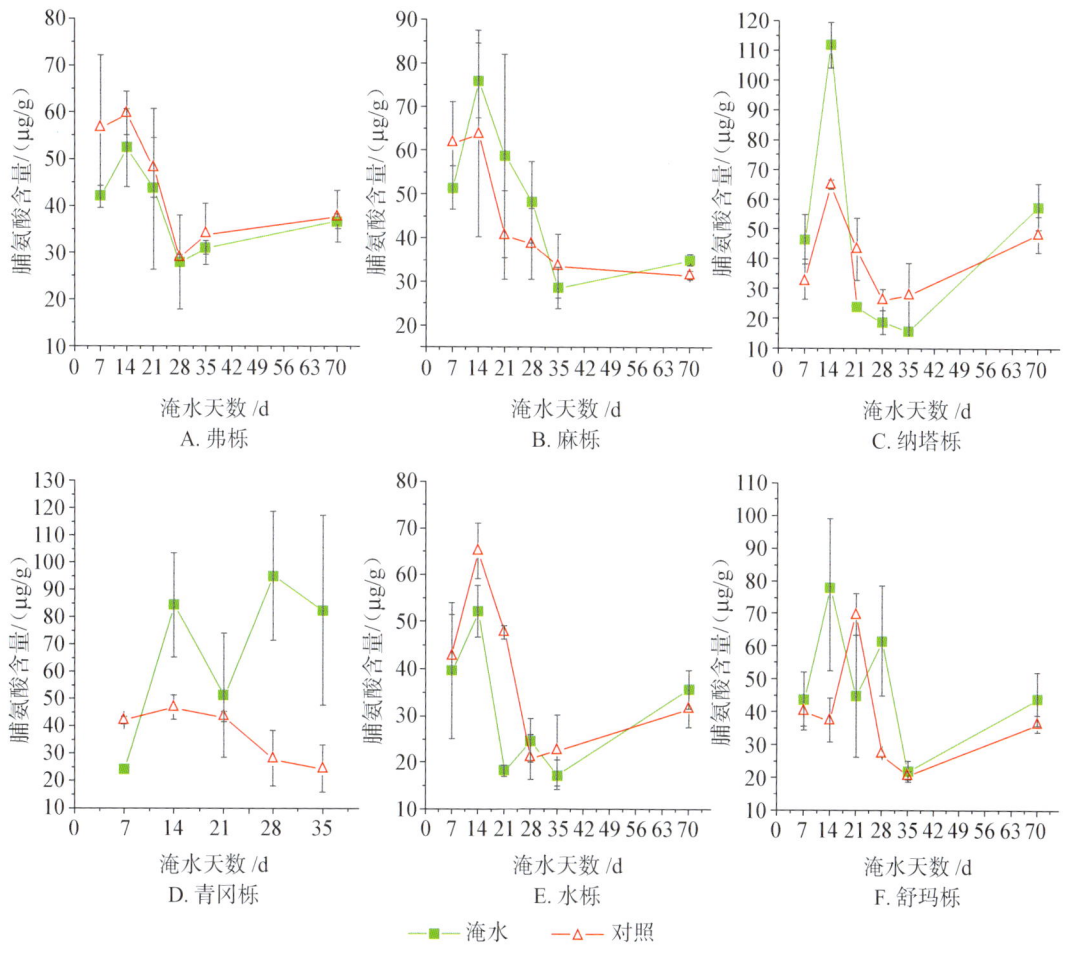

图 3-16 淹水胁迫下不同栎类脯氨酸含量的变化

6. 营养元素

叶片中的养分含量状况是土壤养分供给能力的直接反映者,叶片中总氮、总磷指标在评价植株耐涝能力中越来越受到重视。由表3-6可知,在淹水前期,各栎类树种叶片中总氮、总磷含量较对照差异不显著,随着淹水时间的延长,在淹水的后期,不同栎类叶片中总氮、总磷含量差异显著。方差分析表明,淹水后期,麻栎、舒玛栎总氮含量较对照存在极显著差异,纳塔栎总氮含量较对照存在显著差异,纳塔栎、水栎、舒玛栎总磷含量较对照存在极显著差异,弗吉尼亚栎、麻栎总磷含量较对照存在显著差异。

表3-6 淹水胁迫下不同栎类叶片总氮、总磷含量的变化

树种	处理	前期(30 d)		后期(60 d)	
		总氮/(mg/kg)	总磷/(mg/g)	总氮/(mg/kg)	总磷/(mg/g)
弗栎	淹水	1.61±0.17	0.98±0.07	1.51±0.21	1.04±0.03*
	对照	1.43±0.33	1.02±0.08	1.72±0.11	1.22±0.04
麻栎	淹水	1.84±0.19	1.23±0.08	1.84±0.05**	1.20±0.07*
	对照	1.94±0.10	1.18±0.11	2.13±0.04	1.49±0.16
纳塔栎	淹水	1.75±0.17	1.01±0.13	1.52±0.20*	1.01±0.04**
	对照	1.85±0.18	1.07±0.12	1.94±0.04	1.22±0.05
青冈栎	淹水	1.51±0.04	1.05±0.04	1.57±0.05	1.05±0.17
	对照	1.56±0.11	0.96±0.06	1.53±0.02	1.19±0.02
水栎	淹水	1.66±0.05	0.95±0.06	1.69±0.02	0.92±0.08**
	对照	1.76±0.11	0.89±0.01	1.85±0.19	1.19±0.05
舒玛栎	淹水	1.71±0.30	0.92±0.04	1.59±0.13**	0.97±0.07**
	对照	1.83±0.14	0.96±0.08	1.89±0.12	1.37±0.14

注:"*"和"**"表示显著水平达到0.05和0.01水平。

(四)弗吉尼亚栎等栎树耐涝性综合评价

1. 主成分分析

主成分分析法就是在尽可能不损失信息或少损失信息的情况下,将多个而且彼此相关的指标转换成新的个数少且彼此独立的综合指标。苗高、地径、生物量、根系指标、叶片受害指数、叶片总氮、叶片总磷用最后一次测定的数值,其余生理指标的数值均用8月

27日的数值。

首先将原始数据转换为比值,即比值=淹水/对照,数据进行正向化处理(刘新华,2009)。

由表3-7可知,前4个主成分的累计贡献率已达到95.4%,它们的特征值分别为8.28、3.61、1.88、1.50,基本保留了16个指标的全部信息,以此,选取前4个主成分来分析,主成分1的贡献率达到了51.8%,说明主成分1所反映的信息量最大。

表3-7 主成分特征值、贡献率及累计贡献率

主成分编号	特征值	贡献率	累计贡献率
1	8.2835	0.5177	0.5177
2	3.6111	0.2257	0.7434
3	1.8764	0.1173	0.8607
4	1.4996	0.0937	0.9544

根据特征值和特征向量计算出前4个主成分的主成分荷载。得出前4个主成分的表达式:

$Y1=0.626x(1)+0.714x(2)+0.946x(3)+0.847x(4)+0.812x(5)+0.869x(6)+0.969x(7)+0.618x(8)+0.498x(9)-0.257x(10)-0.249x(11)+0.630x(12)+0.732x(13)+0.688x(14)-0.848x(15)-0.729x(16)$

$Y2=0.339x(1)-0.258x(2)-0.006x(3)-0.191x(4)-0.002x(5)+0.085x(6)+0.233x(7)-0.737x(8)-0.724x(9)+0.430x(10)+828x(11)+0.642x(12)+0.535x(13)+0.683x(14)-0.064x(15)+0.475x(16)$

$Y3=-0.241x(1)+0.643x(2)-0.267x(3)+0.189x(4)-0.449x(5)-0.357x(6)+0.027x(7)+0.180x(8)+0.412x(9)-0.257x(10)+0.476x(11)+0.060x(12)+0.382x(13)-0.059x(14)-0.290x(15)+0.487x(16)$

$Y4=-0.007x(1)+0.052x(2)+0.096x(3)+0.455x(4)-0.306x(5)+0.343x(6)-0.055x(7)-0.096x(8)-0.144x(9)+0.816x(10)+0.159x(11)-0.432x(12)-0.122x(13)-0.186x(14)-0.347x(15)+0.043x(16)$

其中,$x(1)$:苗高相对生长率,$x(2)$:地径相对生长率,$x(3)$:生物量,$x(4)$:根干重,$x(5)$:茎干重,$x(6)$:叶干重,$x(7)$:叶片受害指数,$x(8)$:细根根长,$x(9)$:细根表面积,$x(10)$:叶绿素含量,$x(11)$:可溶性蛋白含量,$x(12)$:丙二醛含量,$x(13)$:脯氨酸含量,$x(14)$:可溶性糖含量,$x(15)$:叶片总氮,$x(16)$:叶片总磷。

由表3-8可知,因子1(主成分1)中$x(3)$、$x(4)$、$x(5)$、$x(6)$、$x(7)$指数的系数较大,其

系数都在 0.8 以上,因此因子 1 可以看作是由生物量、叶片受害指数所反映的生长和形态的综合指标因子。因子 2 中 $x(11)$、$x(12)$、$x(13)$、$x(14)$ 的系数较大,因此因子 2 可以看作是由可溶性蛋白、可溶性糖、丙二醛、脯氨酸指标组成的生理调节因子。因子 3 和因子 4 中 $x(2)$、$x(10)$、$x(16)$ 的系数较大,故因子 3 和因子 4 可以看作是由地径相对生长率、叶绿素含量和叶片总磷组成的地上部生长及功能因子。由于因子 1 贡献率达到了 51.7%,因此,可以把因子 1 中的生长和形态的综合指标因子作为耐涝性评价的首选指标,其次是生理调节因子、地上部生长及功能因子。

表3-8 前4个主成分的因子荷载

	因子1	因子2	因子3	因子4
$x(1)$	0.626	0.339	−0.241	−0.007
$x(2)$	0.714	−0.258	0.643	0.052
$x(3)$	0.946	−0.006	−0.267	0.096
$x(4)$	0.847	−0.191	0.189	0.455
$x(5)$	0.812	−0.002	−0.449	−0.306
$x(6)$	0.869	0.085	−0.357	0.323
$x(7)$	0.969	0.233	0.027	−0.055
$x(8)$	0.618	−0.737	0.180	0.096
$x(9)$	0.498	−0.724	0.412	−0.144
$x(10)$	−0.257	0.430	−0.257	0.816
$x(11)$	−0.249	0.828	0.476	0.159
$x(12)$	0.630	0.642	0.060	−0.432
$x(13)$	0.732	0.535	0.382	−0.122
$x(14)$	0.688	0.683	−0.059	−0.186
$x(15)$	−0.848	−0.064	−0.290	−0.347
$x(16)$	−0.729	0.475	0.487	0.043

表 3-9 显示,各指标之间不同程度地存在着相关性。指标 $x(3)$ 与 $x(6)$ 的相关系数达到了 0.96,表明 $x(3)$ 与 $x(6)$ 之间密切相关;$x(4)$ 与 $x(15)$ 的相关系数达到了 −0.93,表明 $x(4)$ 与 $x(15)$ 之间密切相关;$x(8)$ 与 $x(9)$ 的相关系数达到了 0.94,表明 $x(8)$ 与 $x(9)$ 之间密切相关;$x(12)$ 与 $x(13)$、$x(14)$ 的相关系数分别达到了 0.88、0.95,$x(13)$ 与 $x(14)$ 的相关系数达到了 0.85,说明 $x(12)$、$x(13)$、$x(14)$ 之间有比较大的相关性,在选择指标时可以考虑在 $x(12)$、$x(13)$、$x(14)$ 中选取 2 个指标。

表3-9 各指标的相关系数矩阵

相关系数	x(1)	x(2)	x(3)	x(4)	x(5)	x(6)	x(7)	x(8)	x(9)	x(10)	x(11)	x(12)	x(13)	x(14)	x(15)	x(16)
x(1)	1.00															
x(2)	0.26	1.00														
x(3)	0.55	0.50	1.00													
x(4)	0.38	0.80	0.80	1.00												
x(5)	0.48	0.26	0.89	0.48	1.00											
x(6)	0.61	0.38	0.96	0.80	0.78	1.00										
x(7)	0.72	0.65	0.89	0.75	0.78	0.83	1.00									
x(8)	0.22	0.77	0.52	0.73	0.35	0.43	0.44	1.00								
x(9)	0.10	0.82	0.32	0.56	0.22	0.16	0.35	0.94	1.00							
x(10)	0.13	−0.41	−0.12	0.02	−0.37	0.16	−0.19	−0.42	−0.64	1.00						
x(11)	−0.02	−0.08	−0.35	−0.20	−0.46	−0.26	−0.05	−0.67	−0.56	0.42	1.00					
x(12)	0.59	0.30	0.54	0.23	0.62	0.44	0.78	−0.12	−0.07	−0.26	0.34	1.00				
x(13)	0.46	0.61	0.60	0.54	0.49	0.52	0.84	0.09	0.13	−0.17	0.43	0.88	1.00			
x(14)	0.77	0.28	0.62	0.35	0.61	0.61	0.84	−0.08	−0.12	0.00	0.33	0.95	0.85	1.00		
x(15)	−0.30	−0.77	−0.80	−0.93	−0.51	−0.77	−0.81	−0.51	−0.39	0.02	−0.05	−0.45	−0.76	−0.51	1.00	
x(16)	−0.37	−0.32	−0.83	−0.60	−0.84	−0.76	−0.58	−0.70	−0.50	0.31	0.81	−0.15	−0.11	−0.20	0.45	1.00

2. 不同栎树的耐涝性排序与分组

根据筛选出的 m 个主成分的主成分分析因子得分 X_m 及各主成分贡献率 a_m 计算主成分的合成变量 Y 值(赵小亮,2008),该合成变量 Y 即为综合耐涝能力指数($Y=a_1X_1+a_2X_2+\cdots+a_mX_m$)。由表 3-10 可知,得到 6 种栎类树种耐涝性由大到小的顺序为:纳塔栎、弗吉尼亚栎、舒玛栎、水栎、麻栎、青冈栎。

表 3-10　不同栎类树种耐涝能力排序

树种	$Y(i,1)$	$Y(i,2)$	$Y(i,3)$	$Y(i,4)$	耐涝能力
纳塔栎	0.820	−0.151	0.320	0.063	1.051
弗栎	0.235	0.704	−0.008	0.074	1.005
舒玛栎	1.318	−0.584	−0.187	0.109	0.655
水栎	0.874	−0.104	0.001	−0.240	0.530
麻栎	−0.069	0.403	−0.133	−0.007	0.193
青冈栎	−3.177	−0.267	0.007	0.001	−3.435

(五) 研究小结

除青冈栎外,淹水胁迫在一定程度上促进了其他栎类生物量的积累,并出现茎基部皮孔膨胀现象。叶片受害指数能够在一定程度上反映树种的耐涝性。

在淹水胁迫下,植物通过改变各器官构件生物量分配来适应土壤缺氧环境,根冠比、叶质比明显下降,茎质比明显上升。耐涝能力强的树种,根系变化不大,茎质比较对照明显上升,原因与茎部形成发达通气组织有关。

叶片脯氨酸含量和可溶性糖含量的变化与栎类树种的耐涝性密切相关,耐涝性强的栎类在淹水过程中脯氨酸含量和可溶性糖含量的变化较对照不明显,特别是在淹水的后期会与对照趋于一致。而不耐涝栎类叶片中脯氨酸含量和可溶性糖含量会随淹水时间的延长不断增加。

在淹水胁迫下,不同栎类叶片 MDA 含量较对照最大增幅出现的时间不同,弗吉尼亚栎、水栎、舒玛栎分别在淹水第 7 天、第 14 天、第 28 天出现,在后期增幅减小;麻栎、青冈栎则在淹水后期才出现,可以利用该数据判断树种的耐涝能力。

通过对 6 个栎类树种的 16 个指标进行主成分分析,结果表明,以苗高生长量、地径生长量、生物量、叶片受害指数所反映的生长、形态综合指标因子和以可溶性蛋白、可溶性糖、脯氨酸指标为主的生理调节因子可以初步构建一个耐涝评价体系。6个树种的耐涝能力由大到小排序为：纳塔栎、弗吉尼亚栎＞水栎、舒玛栎＞麻栎＞青冈栎。

第二节
弗吉尼亚栎耐盐性及其生理基础

我国东南沿海海岸线长达1800 km，其中泥质海岸和沙质海岸地区，由于台风和风暴潮的侵袭，都存在大面积的土壤盐渍化问题，环境恶劣，植被稀少。沿海防护林体系建设中的难题之一就是抗盐树种的选择。这也是当初从美国引种弗吉尼亚栎的主要目的。因此，弗吉尼亚栎的耐盐性成为我们的研究重点。

（一）弗吉尼亚栎对盐胁迫的耐受性与适应机理

采用Hoagland营养液水培试验，初步探索了弗吉尼亚栎对盐胁迫的敏感性和耐受程度，发现弗吉尼亚栎对水分反应较为敏感，幼苗水培后死亡率较高，但经过3周的预培养，存活的苗木即能正常生长。在水培条件下，弗吉尼亚栎一年生小苗在0.5%的盐溶液中生长正常，在0.7%的盐溶液中，叶片开始出现盐害症状，从叶尖和叶缘开始出现枯萎现象。接着采用砂培方法模拟盐胁迫试验，研究了不同浓度NaCl胁迫对弗吉尼亚栎形态、生长以及生理生化指标的影响，明确了弗吉尼亚栎对盐胁迫的耐受程度，并从根系形态学、抗氧化酶系统、渗透调节、离子吸收与转运等各个方面全面探讨了弗吉尼亚栎对盐胁迫的耐受机制。

1. NaCl对弗吉尼亚栎生长的影响

（1）苗高和基径生长

从表3-11可以看出，盐胁迫60 d后，弗吉尼亚栎苗高生长明显受到抑制，对照组的苗高净生长率高达74.3%，而NaCl胁迫下的苗高净生长率仅为17.5%～44.3%；基径生长在盐胁迫下变化不明显，但在150 mmol/L NaCl胁迫下基径净生长率在明显下降，而50 mmol/L NaCl胁迫下基径净生长率比对照有所增加。说明低浓度NaCl胁迫在一定程度上促进了弗吉尼亚栎的基径生长，而抑制了苗高生长。

表3-11 NaCl胁迫60 d后弗吉尼亚栎苗高和基径生长

NaCl 浓度 /(mmol/L)	苗高			基径		
	处理前/cm	处理后/cm	净生长率/%	处理前/cm	处理后/cm	净生长率/%
0(对照)	40.20±1.91 a	69.47±1.29 a	74.3±2 a	3.62±0.23 a	5.38±0.32 ab	49.8±1 ab
50	44.73±1.01 a	62.87±1.60 b	44.3±3 b	3.63±0.43 a	5.67±0.43 a	57.4±2 a
150	42.33±0.81 a	46.62±1.05 c	17.5±1 c	3.69±0.09 a	4.98±0.18 b	34.9±2 b

注：表中数据为平均值±标准差，小写字母不同表示不同浓度NaCl处理之间苗高或基径存在显著差异($P<0.05$)。

（2）生物量积累和含水率

在在盐胁迫下弗吉尼亚栎地上部和地下部的生物量积累及含水率变化见图3-17。由图3-18可以看出，在高浓度盐胁迫下，弗吉尼亚栎地上部和地下部含水率均有不同程度降低，与对照含水率的差异达到显著性水平（$P<0.05$)；在低浓度盐胁迫下，地下部含水率有所增加，但与对照相比差异不显著（$P>0.05$），而地上部含水率在低浓度盐胁迫下虽有所下降，但与对照相比差异也不显著（$P>0.05$)。不同浓度盐胁迫对弗吉尼亚栎地上部和地下部生物量积累的影响不同，与对照相比，盐胁迫显著促进了弗吉尼亚栎地下部生物量的积累（$P<0.05$），其中低浓度盐胁迫的促进效应大于高浓度盐胁迫；而地上部生物量积累则在低浓度盐胁迫下明显增加（$P<0.05$)，在高浓度盐胁迫下受到抑制，但抑制作用不明显（$P>0.05$)。由此可见，50 mmol/L NaCl处理对弗吉尼亚栎生长不仅没有抑制作用，反而促进了弗吉尼亚栎地下部和地上部的生长，当NaCl浓度高达150 mmol/L时，虽然明显

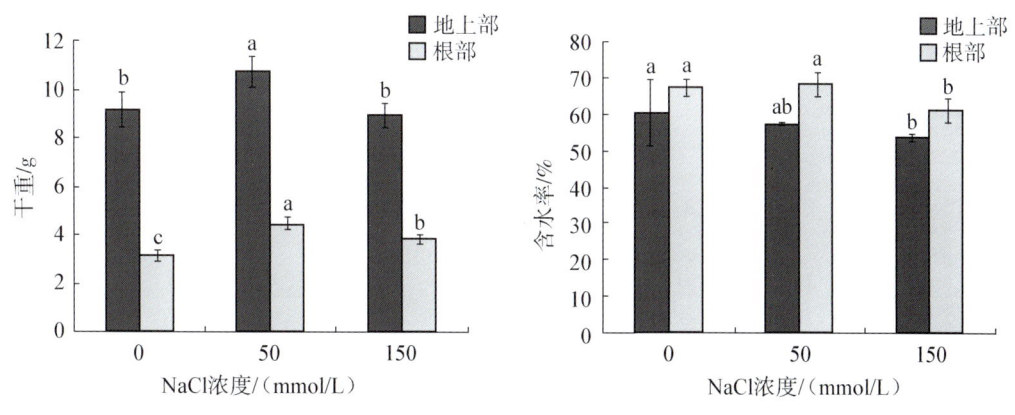

图3-17 NaCl胁迫对弗吉尼亚栎生物量积累和含水率的影响

抑制了地下部含水率,导致地上部生长受到抑制,但仍能维持根系的正常生长,说明弗吉尼亚栎能够在高浓度盐胁迫环境下生存,其根系具有较强的耐受性。

(3) 根系总长度、总表面积和体积

根系总长度、根系表面积、体积等形态学参数是决定根系养分吸收范围、吸收强度的重要指标。根据WinRHIZO根系分析软件对根系总长度、表面积、体积以及不同直径根系长度的分析,我们发现:弗吉尼亚栎总根长、总表面积和总体积在50 mmol/L NaCl处理和150 mmol/L NaCl处理下均有不同程度的增加,但与对照相比,低浓度盐胁迫下根系各项参数达到显著性水平($P<0.05$),而在高浓度盐胁迫下,除根系表面积与对照相比达显著性水平($P<0.05$)外,其他各项参数与对照的差异均不显著($P>0.05$)。说明NaCl胁迫不同程度地促进了弗吉尼亚栎根系的形态发育,在高浓度盐胁迫下,根系总表面积的增加可以有效扩大根系吸收面积,促进根系更好地吸收营养物质,缓解盐害(见表3-12)。

表3-12 不同浓度NaCl处理对弗吉尼亚栎根系形态学参数的影响

NaCl 浓度 /(mmol/L)	总根长 /cm	表面积 /cm²	体积 /cm³
0	1154.08±34.42 b	165.47±9.88 c	2.34±0.48 b
50	2052.87±85.02 a	315.73±29.34 a	4.82±0.14 a
150	1238.35±206.73 b	212.57±9.68 b	2.60±0.29 b

注:表中数据为重复的平均值加减标准差,各行数据后小写字母表示各处理间在$P<0.05$水平的差异性,字母相同为差异不显著。

(4) 分级根系长度与表面积

林木细根(直径≤2 mm)是吸收养分和水分的主要器官,弗吉尼亚栎根系90%以上的长度由细根构成,而总表面积中细根所占比例在66.24%~76.81%(见表3-13)。在低浓度NaCl胁迫下,细根的长度和表面积显著增加(见图3-18和图3-19),而直径2~4 mm和大于4 mm的根长和表面积则变化不大,但所占总长和总表面积的比例明显下降,说明较低浓度盐胁迫促进了弗吉尼亚栎细根的伸长和表面积的增大,而抑制了粗根的伸长生长和表面积的增大。在高浓度盐胁迫下,细根长度和表面积较对照有所增加,但变化不明显,所占比例也变化不大,粗根长度和表面积比例有所增加,但与对照相比差异不显著,说明在较高浓度盐胁迫下,弗吉尼亚栎根系能够维持相对稳定的长度和表面积,使根系对养分的吸收不受影响或受影响较小。

表3-13　NaCl胁迫下弗吉尼亚栎不同径级根长比例和表面积比例

NaCl 浓度 / (mmol/L)	直径≤2 mm		2 mm<直径≤4 mm		直径>4 mm	
	长度比例/%	表面积比例/%	长度比例/%	表面积比例/%	长度比例/%	表面积比例/%
0	95.57	66.24	3.39	20.93	0.98	12.70
50	97.48	76.81	1.77	12.17	0.80	11.14
150	94.73	67.02	3.47	18.34	1.25	13.42

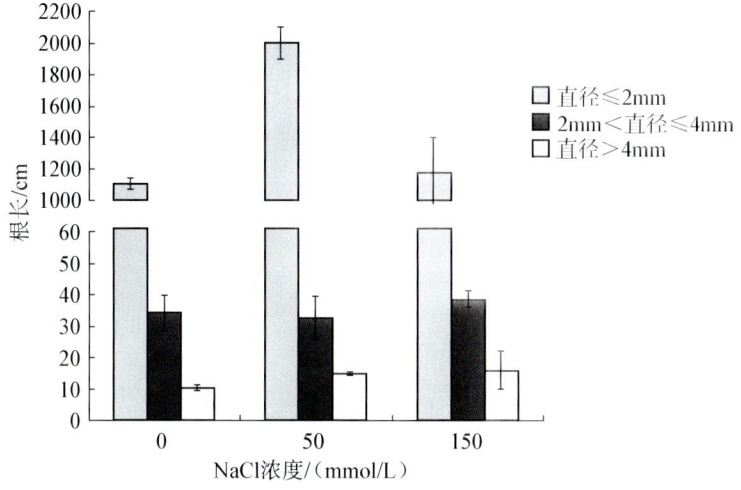

图3-18　NaCl胁迫下弗吉尼亚栎不同径级根系总长

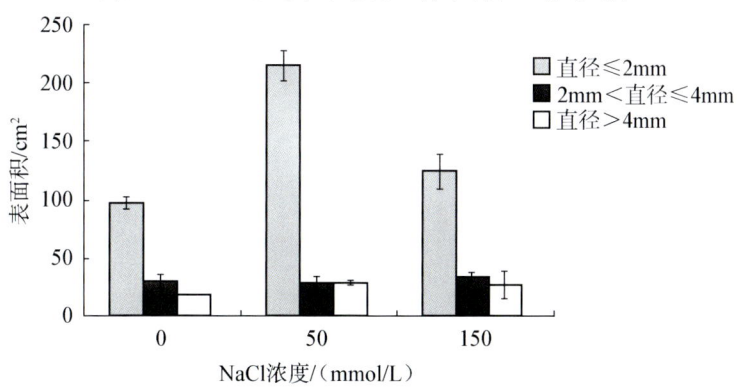

图3-19　NaCl胁迫下弗吉尼亚栎不同径级根系表面积

2. 盐胁迫下弗吉尼亚栎体内矿质元素的吸收、转运与分配

植物生长需要从根际环境中获取营养元素，但在盐胁迫条件下，土壤中NaCl通常改变植物的营养平衡，导致盐离子与营养元素的比例发生变化，造成Na^+/K^+、Na^+/Ca^{2+}、

Na^+/Mg^{2+}和Cl^-/NO_3^-等比值的提高,从而干扰细胞正常的生理代谢,导致植物生长量下降。

(1) 矿质元素在不同组织的吸收与分配

在盐胁迫下,根系对Na^+和Cl^-的吸收增加,大量Na^+和Cl^-进入组织和细胞,干扰了细胞内正常的离子平衡和电性平衡,造成不同程度的离子毒害。在正常情况下,植物体内Na^+含量非常小,大约是K^+的1/10,Na^+的生理功能目前还不十分清楚,但研究发现,Na^+对一些盐生植物的生长具有刺激作用。由表3-14可以看出,盐胁迫60 d后,Na^+在弗吉尼亚栎根系的浓度最大,其次为茎部,而叶片维持相对较低的Na^+浓度,这样可以保持根部较低的水势,有利于根系吸收水分,同时减少了Na^+在叶片积累造成的伤害,Na^+在根、茎、叶的分配方式可能也是弗吉尼亚栎耐盐的机制之一。

由表3-14还可以看出,随着NaCl浓度的加大,根部和茎部的K^+、SO_4^{2-}、Ca^{2+}、Mg^{2+}和NO_3^-等营养元素的水平呈下降趋势,而叶片中K^+、SO_4^{2-}和NO_3^-的浓度维持相对稳定,只有Ca^{2+}和Mg^{2+}的浓度下降。而Na^+和Cl^-浓度在各组中的分布正好相反,在盐胁迫下明显增加,但低浓度和高浓度之间的差异不明显,说明弗吉尼亚栎在一定的盐胁迫范围内,即使盐浓度继续增加,弗吉尼亚栎对盐离子的吸收也不会发生很大变化,这是耐盐植物对盐胁迫的一种排斥作用,使其能够在较高浓度的盐胁迫环境下保持正常的生理和代谢活动。

K^+在植物的许多代谢中扮演着极其重要的角色,不仅是植物必需的矿质元素,而且参与很多酶活性的调节。叶片是植物进行光合作用和其他重要代谢途径的场所,表3-14显示,

表3-14 NaCl胁迫下弗吉尼亚栎不同组织营养元素浓度变化

组织	NaCl 浓度 /(mmol/L)	营养元素浓度 /(g/kg)						
		K^+	Ca^{2+}	Mg^{2+}	Na^+	Cl^-	NO_3^-	SO_4^{2-}
根	0	6.19 a	5.55 a	2.36 a	0.51 b	0.34 b	0.03 b	1.81 a
	50	4.55 b	5.57 a	2.27 a	2.33 a	3.29 a	0.06 ab	1.60 b
	150	3.40 c	4.65 b	1.70 b	2.42 a	3.66 a	0.08 a	1.55 b
茎	0	7.87 a	5.65 a	2.09 a	0.29 c	0.49 b	0.07 a	2.24 a
	50	6.18 b	5.01 ab	1.88 b	0.76 b	3.42 a	0.07 a	1.63 c
	150	4.52 c	5.42 a	1.72 c	1.69 a	3.47 a	0.07 a	1.94 b
叶	0	6.13 a	7.08 a	3.95 a	0.09 b	0.68 c	0.12 a	1.79 a
	50	6.55 a	4.94 b	3.49 c	0.27 a	2.37 b	0.15 a	1.66 a
	150	6.77 a	5.25 b	3.76 b	0.39 a	3.09 a	0.15 a	1.71 a

注:每列数据后的小写字母表示处理间的差异显著性($P<0.05$),字母不同表示处理间差异显著。

弗吉尼亚栎叶片在盐胁迫下能够主动增加对K^+的吸收，从而使叶片的K^+浓度维持较高的水平，不但能使植物进行正常的代谢活动，而且起到渗透调节作用，以适应盐胁迫环境。

（2）不同组织中离子比值的变化

盐胁迫下营养离子与盐离子的比值的变化反映植物在盐胁迫下对营养元素和盐离子的相对吸收情况。图3-20显示，在NaCl胁迫下，弗吉尼亚栎根、茎、叶组织中K^+/Na^+、Ca^{2+}/Na^+、Mg^{2+}/Na^+和SO_4^{2-}/Cl^-的比值明显下降，但不同浓度之间的差异不明显。说明随着盐胁迫浓度的增加，弗吉尼亚栎对盐离子的吸收大幅增加，而对营养元素的吸收相对减少。营养元素与盐离子比值的下降来自于两个方面：一是组织中Na^+浓度的净增加，二是营养元素水平的降低。试验发现，弗吉尼亚栎在盐胁迫下叶片K^+、SO_4^{2-}和NO_3^-的浓度变化不大，并有小幅的增加，因此叶片K^+/Na^+和SO_4^{2-}/Cl^-的比值的下降主要原因是Na^+浓度的净增加，而NO_3^-/Cl^-比值保持稳定，说明在NaCl胁迫下，随着对Cl^-吸收的增加，弗吉尼亚栎对NO_3^-的吸收也增加，从而维持了叶片组织的电性平衡和离子平衡，是非盐生植物适应盐胁迫的重要途径，同时也说明弗吉尼亚栎叶片组织能够耐受较高的Na^+胁迫。

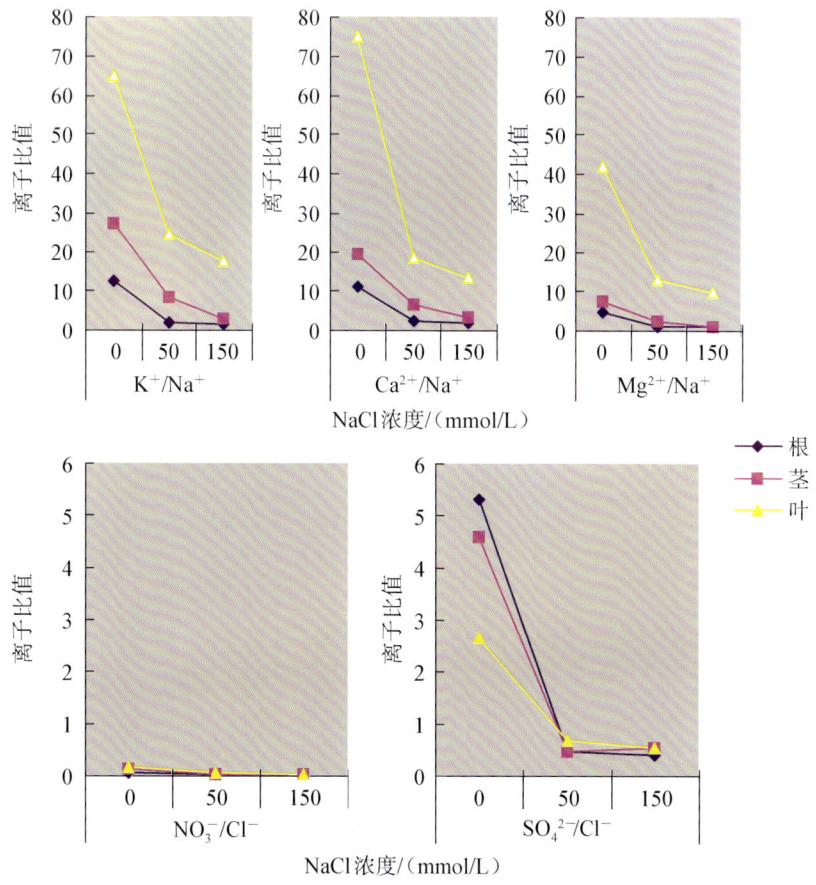

图3-20　NaCl胁迫下弗吉尼亚栎不同组织中离子比值的变化

Ca^{2+}对维持细胞膜的完整性和选择性具有重要作用,在低浓度盐胁迫下,弗吉尼亚栎根中Ca^{2+}浓度能够保持较高的水平,这对于细胞膜的选择透性具有重要意义,在一定程度上阻止了Na^+的进入,Ca^{2+}/Na^+比值的下降主要来自Na^+浓度的增加;然而在高浓度盐胁迫下,Ca^{2+}浓度明显下降,但Ca^{2+}/Na^+比值下降不多,说明弗吉尼亚栎根部在高浓度盐胁迫下能够维持相对稳定的Ca^{2+}/Na^+比值,从而维持细胞膜的正常功能。

从图3-21我们也可以看出,弗吉尼亚栎根部其他营养离子与盐离子的比值在低浓度和高浓度下均维持相对稳定,说明即使处于较高浓度的盐胁迫下,弗吉尼亚栎根系对营养元素的吸收也不会继续下降,从而保证了根部相对稳定的生理功能,这可能也是弗吉尼亚栎根系对盐胁迫的一种适应方式。

(3)地上部组织对营养元素的选择性吸收

植株不同部位对离子的选择性运输能力$[Sx/Na^+(Cl^-)]$以下式计算:$Sx/Na^+(Cl^-)$=库器官$[X/Na^+(Cl^-)]$/源器官$[X/Na^+(Cl^-)]$,$Sx/Na^+(Cl^-)$值越大,表示源器官控制Na^+或Cl^-、促进营养元素向库器官的运输能力越强,即库器官的选择性运输能力越强。

图3-21表示盐胁迫下营养元素从根部向茎部的运输能力,发现低浓度盐胁迫促进了K^+、Ca^{2+}、Mg^{2+}和SO_4^{2-}由根部向茎部的运输能力,在高浓度盐胁迫下,除SO_4^{2-}的运输能力继续增强外,其他离子向茎部的运输能力下降,但与对照相比差异不明显。说明在低浓度盐胁迫下,弗吉尼亚栎茎部对大多数阳离子和SO_4^{2-}的选择性吸收能力增强,而随着进入根部盐离子的增加,茎部的选择性吸收能力受到影响,但依然能够维持与对照相当的选择性吸收能力,这对于叶片维持正常的离子浓度是至关重要的。而NO_3^-由根部向茎部的运输能力随着盐浓度的增加逐渐下降,可能与Cl^-浓度增加的程度有关。

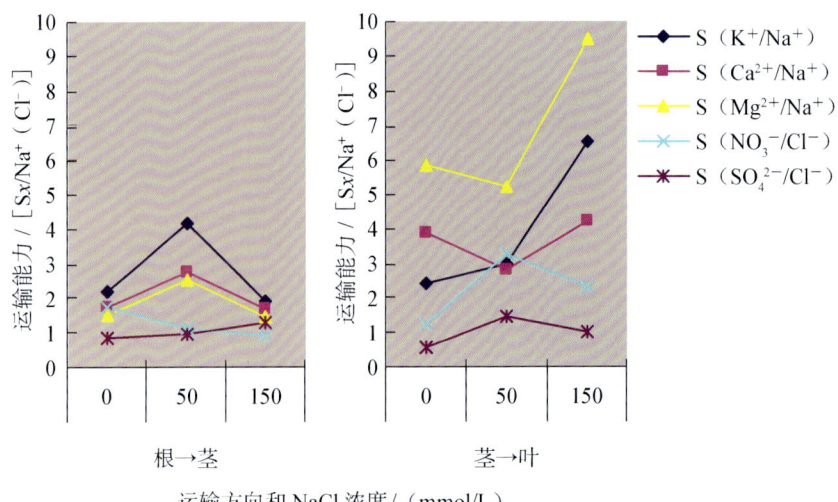

图3-21 盐胁迫下矿质离子从根部向地上部的选择性运输能力

而叶片对营养元素的选择性吸收能力与茎部不同,随着盐浓度的增加,NO_3^-、SO_4^{2-}和K^+由茎部向叶片的运输能力增强,说明弗吉尼亚栎叶片在盐胁迫下对NO_3^-、SO_4^{2-}和K^+具有很强的选择性吸收能力,从而解释了这3种离子在盐胁迫下能够保持相对稳定的浓度的原因。Ca^{2+}和Mg^{2+}在盐胁迫下由茎部向叶片运输的能力减弱,但高浓度盐胁迫下Mg^{2+}能力明显增加,说明叶片在低浓度下对Mg^{2+}的选择性吸收可能暂时受到抑制,但随着进入组织的Na^+的增加,需要吸收更多的阳离子以维持细胞内的离子平衡,因此又加强了对Mg^{2+}的选择性吸收。从图3-21还可以看出,在高浓度盐胁迫下,除SO_4^{2-}外,叶片对其他营养离子的选择性吸收均远远高于茎部,这可能与茎部代谢不活跃而叶片代谢较为活跃有关。

3. 盐胁迫对弗吉尼亚栎叶片叶绿素含量的影响

(1) 叶绿素a(Chla)

如图3-22所示,在35 d前,弗吉尼亚栎叶片Chla含量随盐浓度的升高呈现先增加后减少的趋势,且在不同浓度盐胁迫时含量均高于对照;处理49 d时,在低盐浓度下的Chla含量低于对照而高盐浓度胁迫时高于对照。

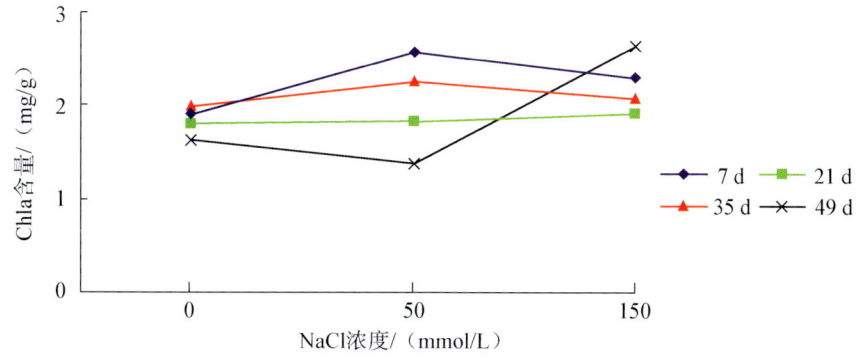

图3-22 盐胁迫对弗吉尼亚栎叶片Chla含量的影响

(2) 叶绿素b(Chlb)

如图3-23所示,处理7 d和35 d时,弗吉尼亚栎叶片Chlb含量随盐浓度的升高呈现先增加后减少的趋势,且在不同浓度盐胁迫时含量均高于对照;处理21 d时,弗吉尼亚栎叶片Chlb含量随盐浓度的升高而增加;处理49 d时,在低盐浓度下的Chlb含量低于对照而高盐浓度胁迫时高于对照。

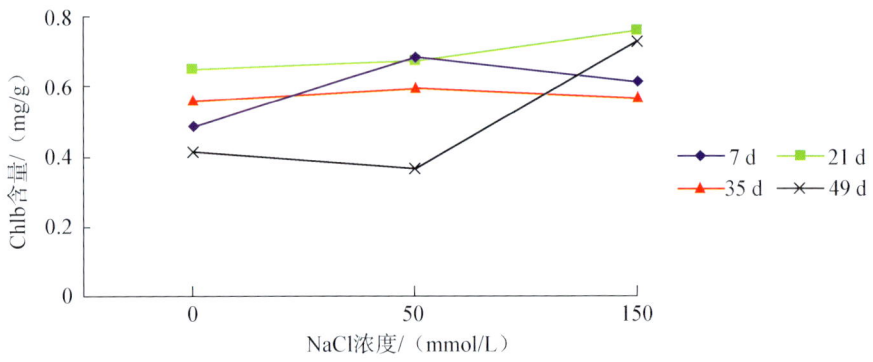

图3-23　盐胁迫对弗吉尼亚栎叶片Chlb含量的影响

（3）总叶绿素(Chla+b)含量

如图3-24所示，处理7 d和35 d时，弗吉尼亚栎叶片Chla+b含量随盐浓度的升高呈现先增加后减少的趋势，且在不同浓度盐胁迫时含量均高于对照；处理21 d时，弗吉尼亚栎叶片Chla+b含量随盐浓度的升高而增加；处理49 d时，在低盐浓度下的Chla+b含量低于对照而高盐浓度胁迫时高于对照，这种变化趋势与Chlb一致。

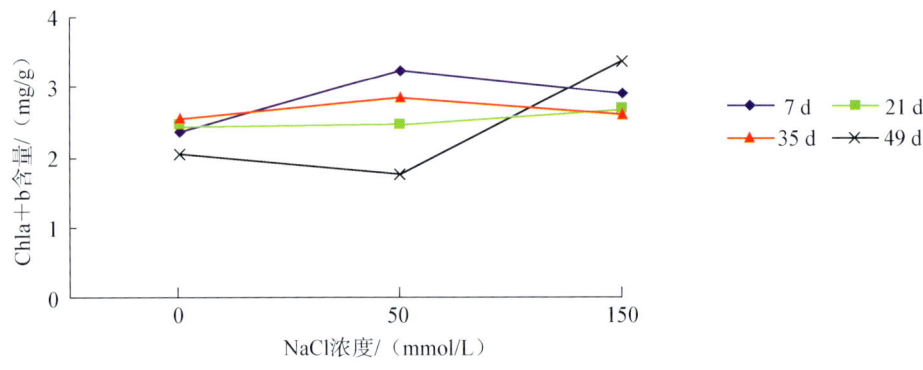

图3-24　盐胁迫对弗吉尼亚栎叶片Chla+b含量的影响

4. 盐胁迫下弗吉尼亚栎叶片的质膜透性

丙二醛是膜脂过氧化的主要产物之一，有细胞毒性，能够引起细胞膜功能紊乱。丙二醛含量的变化反映了环境胁迫下细胞内氧自由基积累导致的质膜过氧化程度，而质膜过氧化程度的改变可反映植物细胞受损伤的程度。

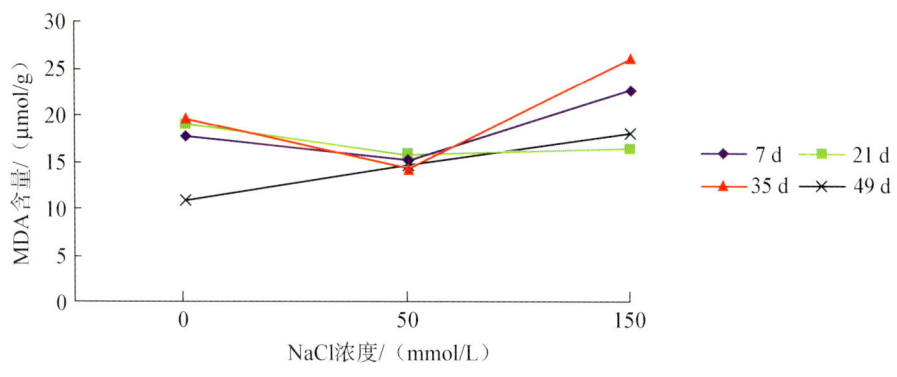

图3-25 盐胁迫对弗吉尼亚栎叶片MDA含量的影响

从图3-25发现,在低浓度盐胁迫下,弗吉尼亚栎叶片的MDA含量在整个盐处理期间变化不大,比对照略有下降,说明弗吉尼亚栎叶片能够在较长时间内耐受50 mmol/L浓度的NaCl胁迫而不致质膜受损。而在高浓度盐胁迫下,处理7 d和35 d时的MDA含量均高于处理21 d和49 d时,并在处理35 d时达到最高,说明弗吉尼亚栎叶片的MDA含量在高浓度盐胁迫下处于一种波动状态,盐胁迫一周时质膜便开始积累MDA,经过一段时间的调整和适应后,MDA含量有所下降,而随着处理时间的延长,质膜受损,又开始积累MDA。

5. 盐胁迫下弗吉尼亚栎叶片的抗氧化酶系统

(1) 超氧化物歧化酶(SOD)活性

在逆境条件下,SOD是公认的与活性氧代谢密切相关的酶类,是生物体内的一种很重要的保护酶,对需氧生物起保护作用。SOD的活性决定了O_2^-和H_2O_2的浓度,而O_2^-和H_2O_2是Haber Weiss反应的底物,因此它可能成为膜的防护中心,在清除氧自由基过程中起核心酶的作用,可以有效抑制膜脂过氧化,减少膜系统的伤害,处于抵御活性氧自由基伤害的"第一道防线"。由图3-26可见,弗吉尼亚栎叶片SOD活性在处理7 d时随盐浓度的升高而增加,处理35 d时随盐浓度的升高而降低,说明弗吉尼亚栎在盐胁迫初期已经感受到盐胁迫并积极提高SOD活性,以适应逆境。同时还发现,叶片SOD活性在不同时期有不同的变化,在处理49 d时活性最高,而处理35 d时的SOD活性最低,造成SOD活性在盐处理期间波动性的内在机理还不是很清楚,可能与生长季节或弗吉尼亚栎对盐胁迫响应的自身调整有关,但SOD活性的波动性可以在一定程度上解释叶片MDA含量的波动性。

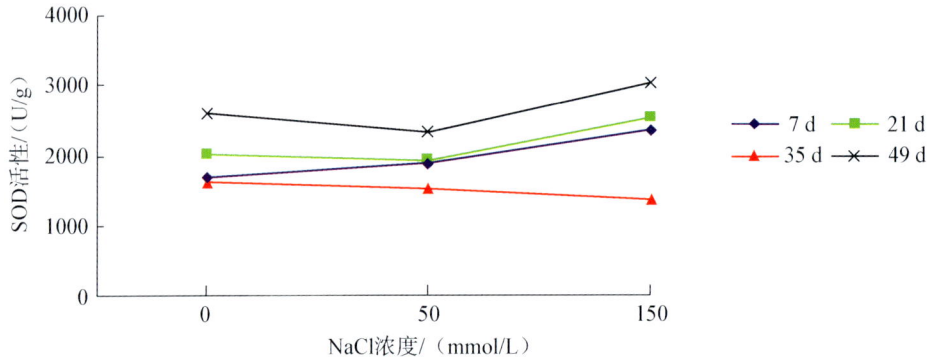

图3-26 盐胁迫对弗吉尼亚栎叶片SOD活性的影响

(2) 过氧化物酶(POD)活性

POD是广泛存在于植物细胞内的氧化还原酶类。过氧化物酶(POD)和过氧化氢酶(CAT)均可清除植物体内的H_2O_2，从而使需氧生物体免受H_2O_2的毒害，它们在植物抗性中发挥着重要作用。POD作为植物体内消除自由基伤害的防护酶系成员之一，与植物的抗逆境能力密切相关，尤其是在盐胁迫条件下，POD活性往往升高。由于不同植物的抗盐能力不尽相同，POD活性变化幅度可能产生差别，故可以将盐胁迫条件下POD活性的变化幅度作为品种间耐盐能力判断的生物化学指标(刘祖祺，1993)。由图3-27我们可以看出，盐处理不同天数时，POD活性也出现与SOD类似的波动性，对照在处理49 d时最高，而且在高浓度盐胁迫下，处理后期(35 d和49 d)的POD活性均高于初期测定的POD活性，说明弗吉尼亚栎在高浓度盐胁迫下，叶片POD的反应相对滞后，到后期才表现出较高的活性。

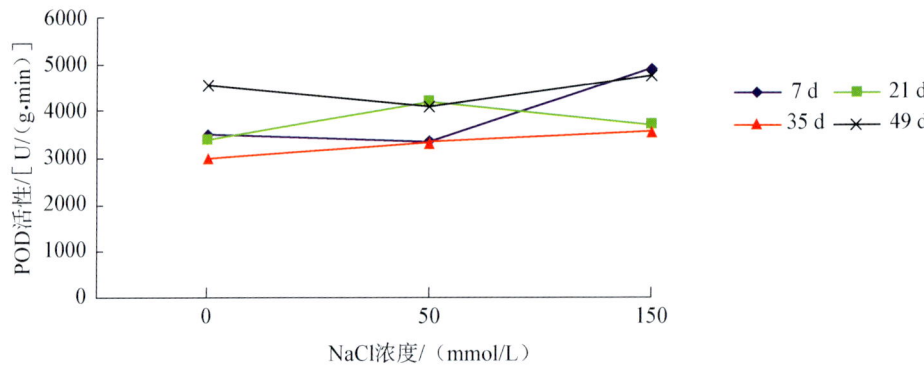

图3-27 盐胁迫对弗吉尼亚栎叶片POD活性的影响

(3) 过氧化氢酶（CAT）活性

一般认为，CAT可以催化分解衰老过程产生的H_2O_2，对较低浓度的H_2O_2作用较差，对于高浓度的H_2O_2可以迅速消除，避免过量的羟基自由基（—OH）对细胞的破坏。由图3-28可见，弗吉尼亚栎叶片CAT活性在处理7 d时，高浓度盐胁迫下活性明显升高，而低浓度盐胁迫下活性变化不明显。说明在盐胁迫处理初期，高浓度的盐胁迫导致细胞内羟基自由基浓度迅速升高，因此刺激CAT活性的升高。随着处理时间的延长，CAT活性呈下降趋势，这可能是因为盐胁迫抑制了蛋白质的合成，影响了酶蛋白的合成；但在高浓度盐胁迫下，处理35 d和49 d时CAT仍然能够维持与对照相当的活性，这对于处理后期自由基的清除具有重要意义。

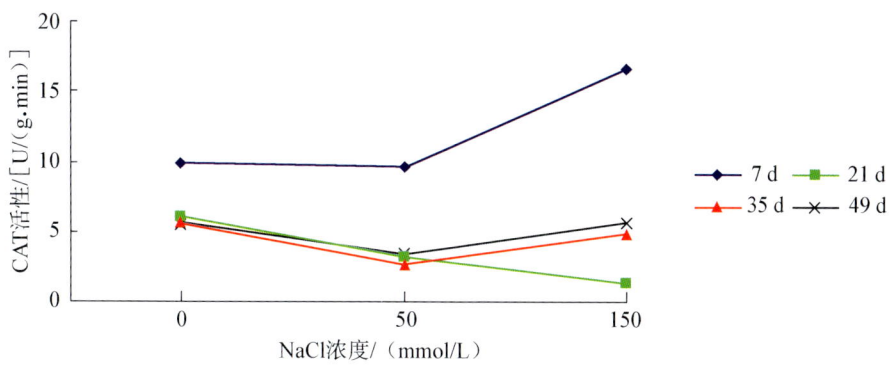

图3-28　盐胁迫对弗吉尼亚栎叶片CAT活性的影响

6. 盐胁迫下弗吉尼亚栎的渗透调节

植物体产生脯氨酸（Pro）是植物适应逆境的自我调节方式之一，植物在正常生长状况下，游离脯氨酸的含量很低，仅为0.2～0.6 mg/g，一旦遭遇逆境，其便在植物体内大量积累以进行渗透调节来缓冲或减轻受到逆境的伤害。大量积累的脯氨酸在抗逆过程中能保持原生质与周围环境之间的渗透平衡，以减少水分的过度散失，而且脯氨酸亲水基与蛋白质亲水基相互作用使蛋白质稳定性提高，起到保护酶的空间结构的作用。几乎所有的逆境条件如干旱、高低温、盐碱、病虫害等逆境胁迫均能造成植物体内脯氨酸的大量积累。对于具体植物，其积累脯氨酸的能力各不相同，特别在高浓度盐胁迫下差别更大。

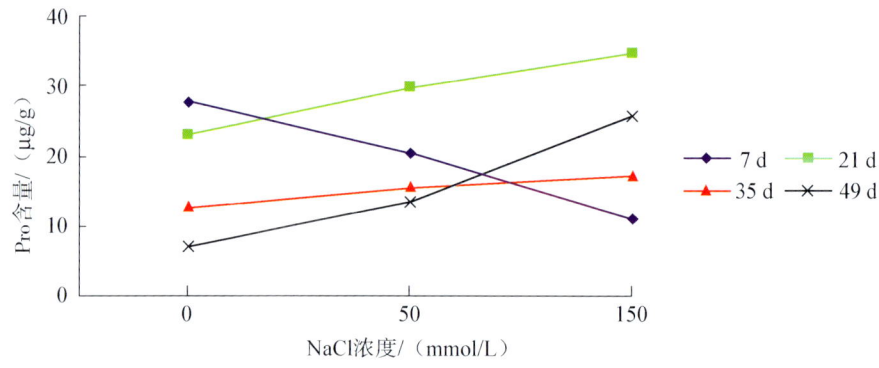

图3-29 盐胁迫对弗吉尼亚栎叶片脯氨酸含量的影响

从图3-29可以看出,在胁迫后不同时期,弗吉尼亚栎叶片脯氨酸含量变化趋势也不同:在胁迫初期(7 d),叶片脯氨酸含量随着NaCl浓度的增加,呈下降趋势;而从21 d开始,脯氨酸含量随NaCl浓度的增加均有不同程度的上升;到胁迫49 d时,在高浓度盐胁迫下,叶片脯氨酸的积累量较对照出现明显的增加。由此可以说明,在盐胁迫过程中,叶片脯氨酸的积累存在时间效应,在胁迫初期时,可能由于植物还未启动一系列的响应机制,导致脯氨酸的合成受到抑制;而随着胁迫时间的延长,弗吉尼亚栎启动了细胞内的耐盐机制,使得脯氨酸的合成逐渐增加,产生对盐胁迫逐渐适应的过程。

7. 研究小结

通过本项目的研究发现,弗吉尼亚栎对盐胁迫具有很强的耐受性,在150 mmol/L浓度的NaCl胁迫下依然能正常生长,苗高虽然受到明显抑制,但基径和生物量积累变化不明显,其可能的耐盐机制主要包括:

① 根系形态学上的适应:通过在盐胁迫下扩大了细根的吸收面积,促进了对营养物质和水分的吸收。

② 盐离子区隔化:根系吸收的Na^+主要储存在根部,向上运输的较少,而叶片维持相对低的Na^+浓度,不至于产生严重的离子毒害。

③ 叶片维持相对稳定的营养元素浓度:保证了叶片正常的生理和代谢活动。

④ 渗透调节:通过在叶片积累大量游离脯氨酸,以维持细胞正常的膨压,缓解渗透胁迫。

⑤ 抗氧化能力的提高:通过在盐胁迫初期(7 d)提高SOD、CAT活性,在处理后期提高POD活性,在一定程度上缓解自由基伤害。

（二）弗吉尼亚栎等6树种的耐盐性比较研究

为了沿海防护林树种选择提供依据，本试验采用弗吉尼亚栎、美国皂荚（*Gleditsia triacanthos*）、蜡杨梅（*Myrica cerifera* L.）、美国梧桐（*Platanus occidentalis*）、洋白蜡（*Fraxinus pennsylvanica*）和乡土树种旱柳（*Salix matsudana* Koidz）为试验材料，研究盐胁迫对几个树种的生长和叶片膜透性、脯氨酸（Pro）含量、SOD活性、可溶性蛋白含量等生理指标的影响，并试图建立适用的评价指标体系，正确评价不同树种的耐盐性。

试验地点在中国林业科学研究院亚热带林业研究所实验大棚，试验采用均匀一致的一年生容器苗，苗高30～40 cm，基径0.4～0.5 cm，进行容器箱水培试验。苗木从营养杯中取出洗净后，放入1/2 Hoagland培养液中先进行预培养，培养期间用电动气泵24 h持续通气，保证供氧充足，苗木生长正常后进行盐胁迫处理。每个容器箱采用同种盐浓度处理，NaCl浓度分别为0、2 g/L、4 g/L、6 g/L，代表对照、低盐、中盐、高盐4个处理，营养液和盐处理液每周换一次，以保持溶液洁净。容器箱盖按10 cm×8 cm打孔，每行4孔，共6行，按行随机放置6个树种，每树种4株苗木，每个浓度重复3次。

从8月初到8月下旬，每隔7 d观测苗木生长和受害状况，定期采集相同部位叶片，在盐胁迫处理7 d、14 d、21 d测定叶片细胞膜透性、SOD活性、可溶性蛋白含量、脯氨酸含量，部分指标测定到28 d，实验60 d后，测定各树种生物量。

1. 叶片受害程度

表3-15表明：树种叶片盐害在胁迫浓度和持续时间上，响应的速率和受害症状不一。盐胁迫21 d，2 g/L NaCl浓度下，除美国梧桐外，各树种叶片伤害不大；4 g/L NaCl浓度下，弗吉尼亚栎、美国皂荚、蜡杨梅、旱柳的叶片盐害指数在16.67%～32.33%之间，美国皂荚、洋白蜡和蜡杨梅D值较高，叶片平均伤害在1级以上；6.0 g/L NaCl浓度下，弗吉尼亚栎、美国皂荚、蜡杨梅、洋白蜡、旱柳的叶片盐害指数达到37.5%～55.83%，叶片边缘也开始出现枯萎，美国梧桐则基本枯萎落叶。6个树种中，美国梧桐受害严重，最早对胁迫做出应激反应，美国皂荚、洋白蜡受害略重，蜡杨梅和弗吉尼亚栎比美国皂荚和洋白蜡稍轻，但差异不明显；旱柳受害最轻。6个树种的叶片受害指数表现如下：旱柳、弗吉尼亚栎＜蜡杨梅、美国皂荚、洋白蜡＜美国梧桐。

表3-15 盐胁迫下树种叶片受害指数

(单位:%)

树种	胁迫时间和 NaCl 浓度								
	7 d			14 d			21 d		
	2 g/L	4 g/L	6 g/L	2 g/L	4 g/L	6 g/L	2 g/L	4 g/L	6 g/L
弗栎	6.25	12.50	33.33	6.25	12.50	45.83	8.33	16.67	45.83
美国皂荚	6.25	10.42	37.50	6.25	10.42	45.17	8.33	32.33	54.17
洋白蜡	2.08	14.58	41.67	8.33	20.83	40.67	6.25	29.17	55.83
蜡杨梅	10.58	16.67	41.67	12.83	31.25	44.50	8.33	27.83	50.67
美国梧桐	25.00	33.33	75.00	41.67	75.00	91.67	52.08	86.30	100
旱柳	6.25	8.33	25.00	10.42	20.83	22.33	6.25	25.00	37.50

注：叶片盐害指数:1级,叶片出现少量卷曲;2级,叶片出现黄化,部分叶尖或叶缘焦萎呈片状褐斑或轻度落叶;3级,部分叶片焦萎或出现严重落叶;4级,基本落叶或枝条枯死。

受害指数 D=∑(盐害级别×受害株数)/(总株数×盐害最高级值)×100%。

2. 苗高、地径净生长量和生物量

盐胁迫下6个树种苗高、地径净生长量变化见图3-30。

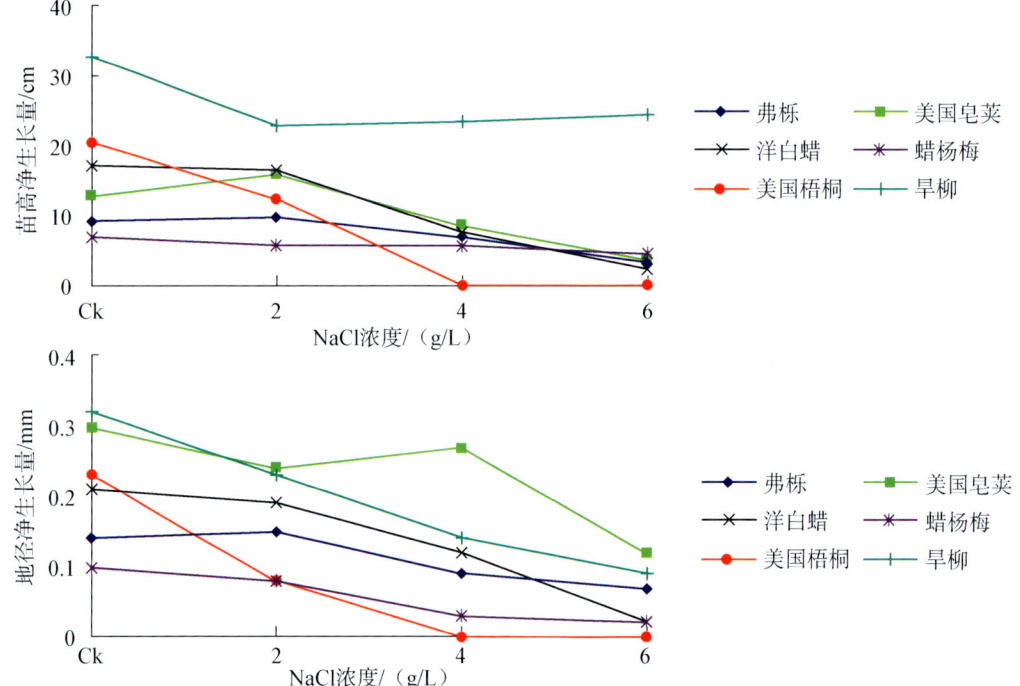

图3-30 盐胁迫下6个树种苗高、地径净生长量变化

方差分析的结果表明,NaCl浓度对各树种苗高净生长量的影响均达到显著水平或极显著水平,地径净生长量较小,为显著水平。各树种苗高、地径净生长量随NaCl浓度的升高而逐渐降低,不同树种的苗高净生长量下降幅度和浓度区间有差异:美国梧桐耐受力较差,胁迫后其生长立即受到影响,美国皂荚、洋白蜡在中盐度受到影响,弗吉尼亚栎、蜡杨梅在高盐度时苗高净生长量受到显著影响。

盐胁迫对不同树种的生物量和根、茎、叶干重的影响均达到显著水平,盐胁迫对苗木根、茎、叶和生物量抑制明显。不同浓度盐胁迫下,6个树种的生物量和根、茎、叶干重均呈下降的趋势,随着胁迫浓度的增加,植物生长受到抑制的程度逐渐加大,各器官生物量下降的幅度随树种特性而变化。树种各部位干重降低比例总体来说是叶>茎>根,根冠比随胁迫浓度的增加而上升,各部位盐胁迫的降低比例是地上部大于地下部。6 g/L NaCl浓度盐胁迫下树种生物量下降比例排序为蜡杨梅、弗吉尼亚栎<旱柳、洋白蜡、美国皂荚<美国梧桐,和叶片盐害程度基本一致。常绿植物的生物量下降比例较少而落叶植物较多。

表3-16　NaCl胁迫下树种根、茎、叶和生物量变化

树种	NaCl浓度/%	根			茎			叶			生物量			根冠比
		鲜重/g	干重/g	胁迫/对照	鲜重/g	干重/g	胁迫/对照	鲜重/g	干重/g	胁迫/对照	鲜重/g	干重/g	胁迫/对照	
弗吉尼亚栎	0	45.3	17.3		32.6	13.8		47.5	19.8		125.4	50.9		0.52
	2 g/L	41.3	16.8	97.1%	27.9	11.9	86.2%	39.5	16.7	84.6%	108.7	45.4	89.0%	0.59
	4 g/L	36.8	13.9	80.3%	19.3	8.7	63.0%	32.5	15.1	76.3%	88.6	37.7	74.0%	0.58
	6 g/L	25.5	10.9	63.0%	16.4	7.8	56.5%	19.5	`10.1	54.5%	61.4	27.5	54.0%	0.66
	P值	0.001			0.001			0.002			0.032			
美国皂荚	0	38.9	15.6		31.2	12.9		26.9	10.6		97.0	39.1		0.66
	2 g/L	32.1	13.1	84.0%	22.4	9.2	71.3%	21.6	8.7	81.8%	76.1	31.0	79.0%	0.73
	4 g/L	25.2	10.4	66.7%	12.0	5.6	43.4%	15.5	6.4	60.0%	52.7	22.4	57.0%	0.87
	6 g/L	15.3	7.9	50.6%	10.9	5.3	41.1%	6.2	3.1	29.3%	32.4	16.3	42.0%	0.94
	P值	0.001			0.003			0.001			0.001			

续表

树种	NaCl浓度/%	根			茎			叶			生物量			根冠比
		鲜重/g	干重/g	胁迫/对照	鲜重/g	干重/g	胁迫/对照	鲜重/g	干重/g	胁迫/对照	鲜重/g	干重/g	胁迫/对照	
洋白蜡	0	41.9	17.3		32.9	15.5		26.0	10.0		100.8	42.8		0.68
	2 g/L	36.7	15.0	86.7%	38.0	16.8	108.4%	26.7	10.2	101.2%	1014	42.0	98.0%	0.56
	4 g/L	21.6	10.2	59.0%	17.7	8.8	56.8%	14.1	7.0	69.7%	53.4	26.0	61.0%	0.65
	6 g/L	18.7	9.2	53.2%	11.7	6.2	40.0%	7.9	3.8	37.8%	38.3	19.2	45.0%	0.92
	P值		0.002			0.005			0.001			0.001		
蜡杨梅	0	37.8	15.3		36.6	17.2		35.9	16.1		110.3	48.6		0.46
	2 g/L	37.6	15.8	103.3%	30.7	14.2	82.6%	31.8	13.6	84.6%	100.1	43.6	90.0%	0.57
	4 g/L	29.6	13.0	85.0%	23.2	11.1	64.5%	26.3	12.7	79.0%	79.1	36.8	76.0%	0.55
	6 g/L	18.9	9.4	61.4%	19.5	9.2	53.5%	16.9	9.1	56.3%	55.3	27.7	57.0%	0.51
	P值		0.002			0.005			0.002			0.001		
美国梧桐	0	23.9	9.7		22.2	7.7		27.0	8.3		73.1	25.7		0.61
	2 g/L	14.3	6.0	61.9%	16.7	5.8	75.3%	12.3	4.6	54.8%	43.3	16.4	64.0%	0.58
	4 g/L	12.3	5.6	57.7%	8.7	3.6	46.8%	—	—		21.0	9.2	36.0%	1.56
	6 g/L	6.9	3.4	35.1%	3.5	2.1	27.3%	—	—		10.4	5.5	21.0%	1.62
	P值		0.001			0.001			0.001			0.001		
旱柳	0	35.5	15.9		36.2	16.2		16.6	5.3		88.3	37.4		0.74
	2 g/L	29.8	14.1	88.7%	25.7	12.1	74.7%	11.4	4.2	80.0%	66.9	30.4	81.0%	0.86
	4 g/L	24.2	11.9	74.8%	19.4	9.5	58.6%	6.4	2.9	55.1%	50.0	24.3	65.0%	0.96
	6 g/L	15.5	8.2	51.6%	14.9	7.2	44.4%	5.3	2.6	49.8%	35.7	18.0	48.0%	0.83
	P值		0.027			0.006			0.038			0.007		

3. 盐胁迫下树种的生理响应

（1）膜透性

方差分析表明：各树种叶片相对电导率在NaCl浓度梯度上差异均达到显著水平，而在时间梯度上差异不显著。试验数据显示(见图3-31),各树种叶片相对电导率对于盐分均具有敏感性,抗性强的树种细胞膜不易被破坏,透性小;抗性差的树种细胞膜被破坏得严重,透性大,如美国梧桐细胞膜在高盐下已完全被破坏,丧失了功能;同时,不同时间段又有相对的稳定性。树种的生理指标有其响应的区域范围,如树种叶片相对电导率在0~4 g/L中、低浓度区域的变化平缓,在高盐区域迅速上升,以低浓度的相对电导率作为指标必须考虑其代表性。我们将各时段的树种叶片相对电导率均值与高盐浓度指标绝对值/对照进行排序比较,前一种排序为美国梧桐、蜡杨梅、弗吉尼亚栎、洋白蜡、美国皂荚、旱柳,后一种依次为洋白蜡、美国皂荚、蜡杨梅、旱柳、弗吉尼亚栎、美国梧桐。剔除掉悬铃木细胞膜被破坏的因素,后一种和生物量、叶片盐害指数更相似,更能反映胁迫后的生理变化。

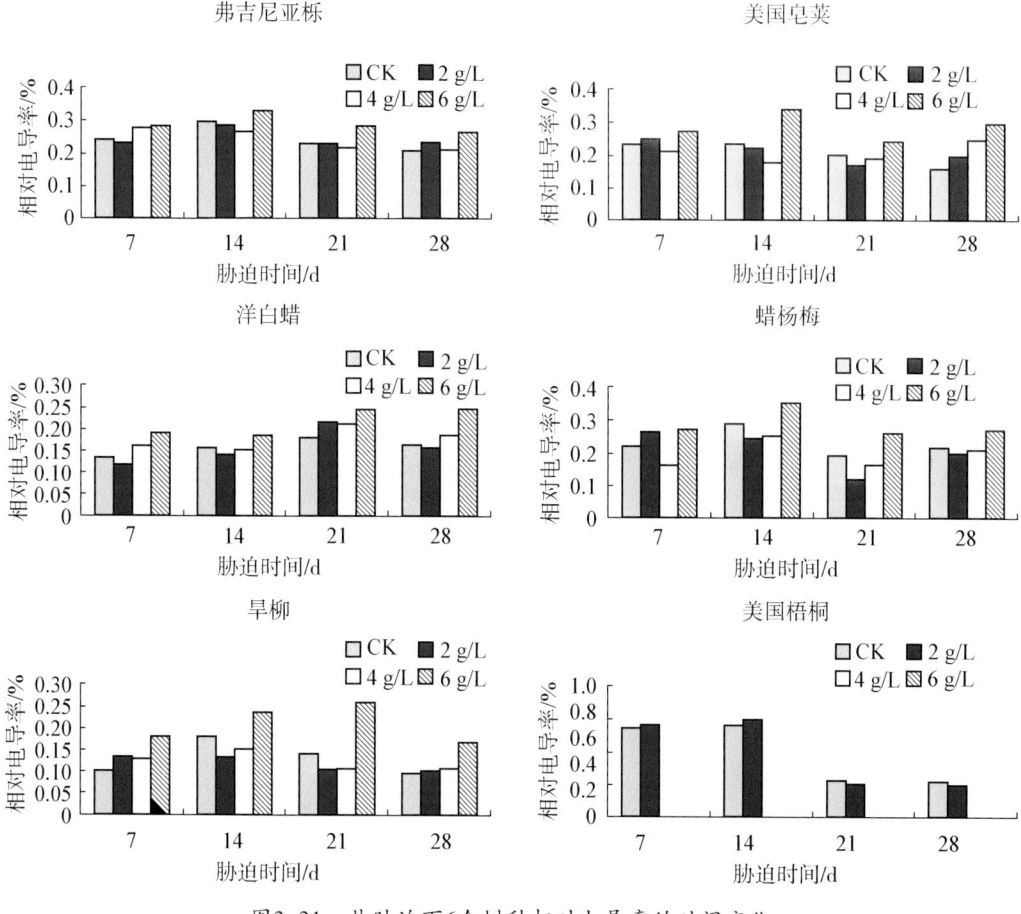

图3-31 盐胁迫下6个树种相对电导率的时间变化

(2) 脯氨酸含量

方差分析表明:旱柳、洋白蜡、弗吉尼亚栎、美国皂荚4个树种的叶片脯氨酸(Pro)含量随胁迫时间和浓度变化均达到显著和极显著水平,蜡杨梅、美国梧桐差异不显著。有研究认为,逆境条件下,大多数植物脯氨酸含量会成倍增加,其含量越高,植物体的抗逆能力越强。本研究数据表明(见图3-32),脯氨酸含量总体上表现出随胁迫时间和浓度逐步增加的趋势,但树种间响应差异明显。洋白蜡在胁迫7 d时即出现脯氨酸含量递增的趋势;弗吉尼亚栎、美国皂荚在胁迫7 d时脯氨酸含量并不随浓度而增加,在胁迫14 d时出现随胁迫浓度增加的趋势;旱柳在21 d才表现出随胁迫浓度加大而增加的趋势。可以看出,不同树种的脯氨酸含量变化存在时间效应,生理反应是植物应对环境的策略之一。

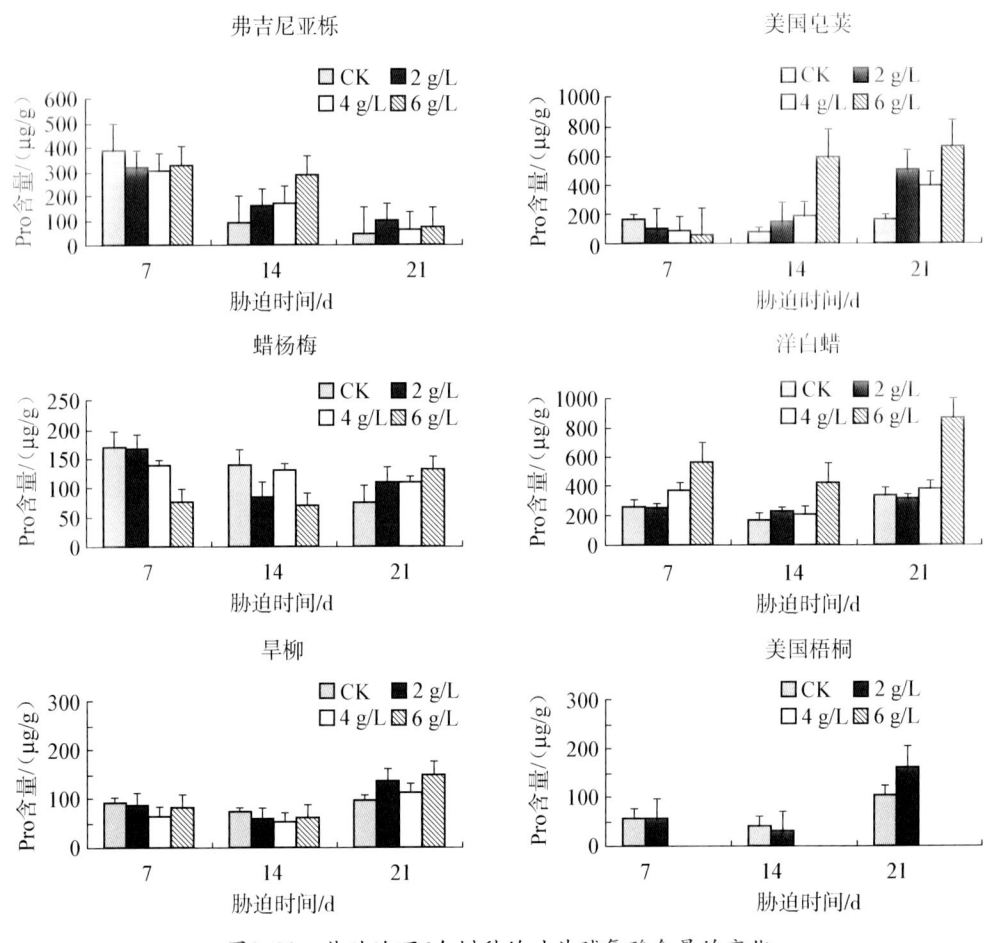

图3-32 盐胁迫下6个树种的叶片脯氨酸含量的变化

由于树种自身特点,树种间脯氨酸本底含量并不一致,如旱柳叶片脯氨酸含量要低于弗吉尼亚栎近1倍,以胁迫后脯氨酸增加量或绝对值均难以表达其抗性,只反映了其胁迫后的生理响应。

(3)SOD活性

实验结果表明(见图3-33):6个树种不同盐浓度胁迫后的SOD活性随时间的变化均

达到显著和极显著水平,在浓度梯度上差异不显著。SOD活性表现为在中、低盐度变化不明显,在高浓度增加。

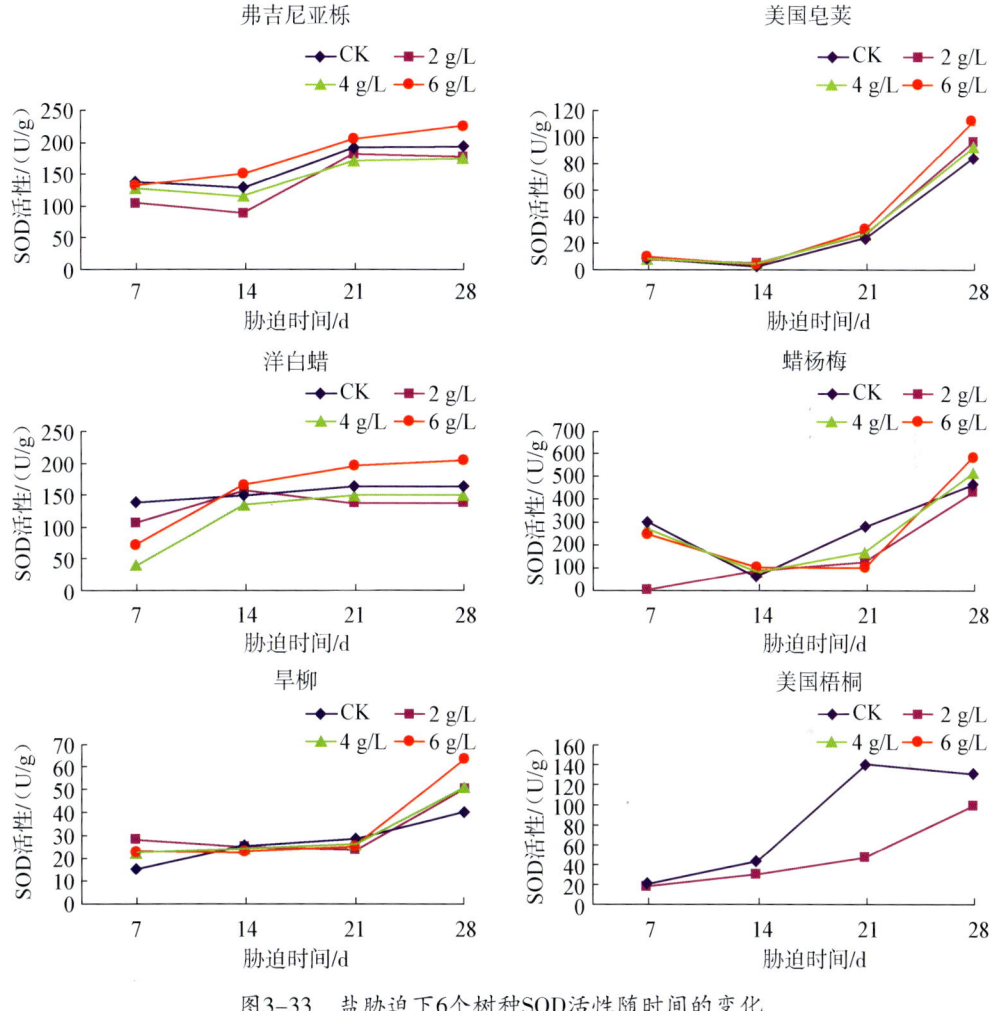

图3-33 盐胁迫下6个树种SOD活性随时间的变化

酶系统还包括了CAT、POD等,有证据表明不同树种其清理自由氧基的酶并不一致,植物通过几种酶相互作用来修复胁迫的损害。从本试验的结果看,不同树种对SOD活性的敏感程度不一,胁迫后的SOD活性变化在一定程度上反映了树种的抗逆水平,但在种间缺乏可比性,应该结合几个指标共同分析,要更加准确地衡量胁迫后酶活的清理机制,还有待进一步研究。

(4)可溶性蛋白

可溶性蛋白是盐分胁迫条件下植物细胞内重要的渗透调节剂之一,可溶性蛋白在细胞内的积累对于降低细胞内溶质的渗透势、平衡原生质体内外的渗透压等具有重要作用。美国皂荚、弗吉尼亚栎在盐胁迫下的可溶性蛋白含量在浓度梯度和时间梯度上差异不显著,其余树种达到显著水平。盐胁迫下,大部分树种的可溶性蛋白均表现出随NaCl浓度和时间先上升再降低的趋势,在胁迫后期和高盐浓度下含量降低,抗性低的美国梧桐叶片可溶性蛋白表现尤为明显,详见图3-34。

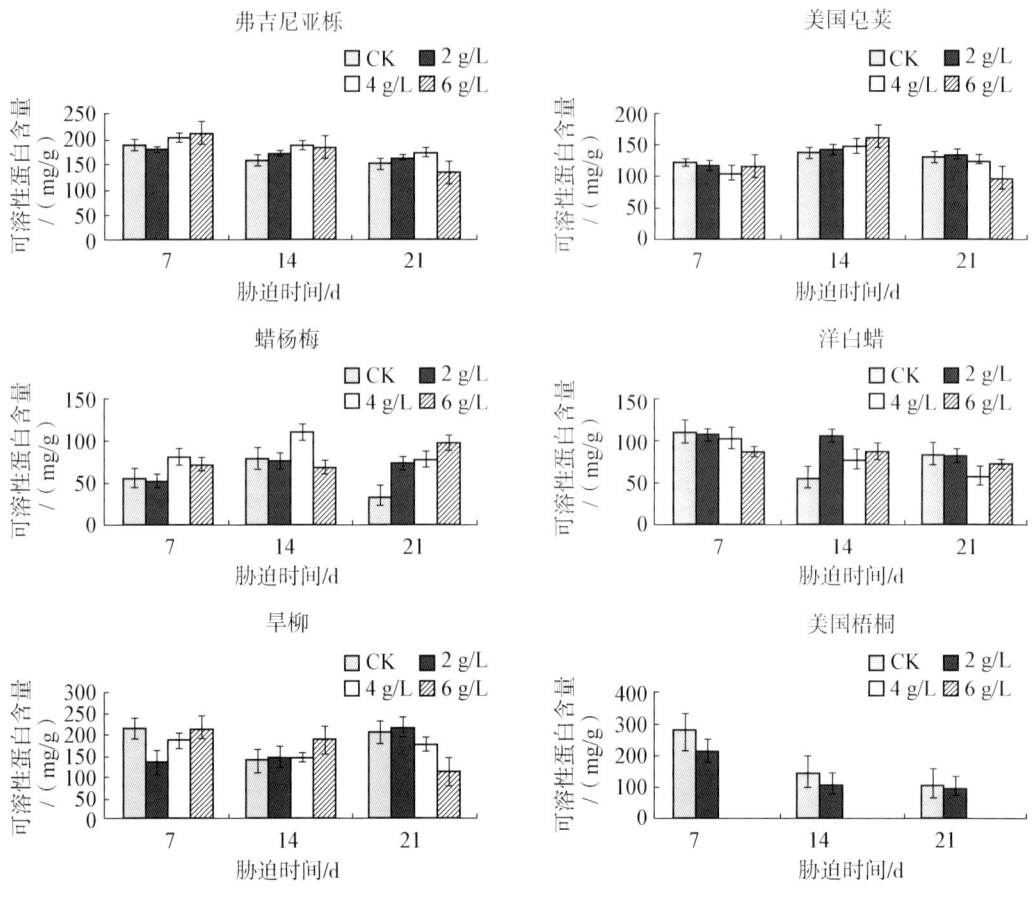

图3-34 盐胁迫下6个树种的可溶性蛋白含量的变化

4. 树种生长、生理指标相关性分析

不同树种生长、生理指标测定值相关分析表明(见表3-17):

① 苗高增长、地径增长、生物量和叶片盐害指数呈显著负相关,各生理指标均与叶片盐害指数为正相关,但仅电导率达到显著水平,表明植物叶片受害越严重、生长势越差,各项生理指标反应越激烈。

② 除可溶性蛋白外,各个生理指标均与苗高和生物量呈显著负相关,生物量和苗高降低是受盐分胁迫的结果,盐胁迫越重,植物生理响应越激烈。

③ 相对电导率和脯氨酸呈显著正相关,和SOD活性呈正相关,说明随着植物细胞膜受胁迫伤害程度的加深,植物正通过增加渗透势以及提高抗氧化酶活性等生理过程来减

轻胁迫对细胞产生的伤害。可溶性蛋白和各项指标均呈负相关,与脯氨酸含量呈负相关,并达到显著水平。

表3-17 盐胁迫下树种生长、生理指标相关性

相关系数 R	x_1	x_2	x_3	x_4	x_5	x_6	x_7
x_2	−0.387*						
x_3	−0.666**	0.832**					
x_4	−0.727**	−0.017	0.174				
x_5	0.391*	−0.72**	−0.434*	−0.018			
x_6	0.039	−0.541*	−0.541*	0.394	0.411*		
x_7	0.334	−0.494*	−0.204	−0.194	0.647**	0.018	
x_8	0.012	0.458*	0.224	0.210	−0.298	−0.313	−0.427*

注:"*"和"**"分别表示差异性达到0.05和0.01水平。x_1,叶害指数;x_2,苗高增长;x_3,地径增长;x_4,生物量;x_5,相对电导率;x_6,超氧化物歧化酶;x_7,脯氨酸;x_8,可溶性蛋白。

不同树种生长、生理指标与对照的比值和叶片盐害指数(绝对值)相关分析表明(见表3-18),其结果与测定值数据相关相似,但各指标和叶片盐害指数相关明显增加,相对电导率和脯氨酸、SOD活性与叶片盐害指数呈显著正相关,与生物量呈显著负相关,与可溶性蛋白含量比率相关不显著。两个与测定值数据相关不同的是,相对电导率和SOD活性的相关由显著正相关变为相关不显著;可溶性蛋白和各项生理指标由负相关变为正相关,与SOD活性呈显著水平。两个相关分析的结果表明,对于树种抗盐评价而言,不同树种生长、生理指标与对照的比值比绝对值更能代表树种胁迫后的响应。

表3-18 盐胁迫下树种生长、生理指标与对照比率的相关性分析

相关系数 R	x_1	x_2	x_3	x_4	x_5	x_6	x_7
x_2	−0.820**						
x_3	−0.878**	0.928**					
x_4	−0.892**	0.827**	0.934**				
x_5	0.479*	−0.371	−0.219	−0.563**			
x_6	0.357	−0.223	−0.189	−0.358	0.01		
x_7	0.399	−0.476*	−0.236	−0.513*	0.686**	0.143	
x_8	0.29	−0.312	−0.297	−0.166	0.251	0.412*	0.033

注:"*"和"**"分别表示差异性达到0.05和0.01水平。x_1,叶害指数;x_2,苗高增长;x_3,地径增长;x_4,生物量;x_5,相对电导率;x_6,超氧化物歧化酶;x_7,脯氨酸;x_8,可溶性蛋白。

5. 树种生长、生理指标主成分分析

对树种盐害指数、苗高增长、地径增长、苗木生物量、相对电导率、脯氨酸含量、SOD活性、可溶性蛋白含量、根冠比9个指标比值进行主成分分析（见表3-19），可以看出，共有2个主成分入选。结合特征向量来看，第一个主成分中主要包括了地径增长、可溶性蛋白含量、SOD活性三个变量的信息，第二个主成分主要包括了生物量、盐害指数、脯氨酸含量三个变量的信息。从贡献率来看，两个主成分递减，初步说明了各个变量所代表信息的重要性强弱。两个主成分的累计贡献率为82.43%，说明这两个主成分所代表的信息已可代表5个主成分所表达的信息。

表3-19　盐胁迫下6个树种主成分分析表

指标	第一主成分	第二主成分	第三主成分
盐害指数	−0.199	0.499	−0.387
苗高增长	−0.718	−0.239	−0.123
地径增长	0.282	−0.201	0.463
生物量	−0.203	0.531	0.196
相对电导率	−0.479	−0.163	−0.064
SOD活性	0.431	0.188	0.013
脯氨酸含量	0.235	0.494	0.185
可溶性蛋白含量	0.272	−0.099	−0.636
根冠比	−0.231	0.029	0.471
特征值	4.757	2.662	0.991
贡献率/%	52.85	29.58	11.01
累计贡献率/%	52.85	82.43	93.44

6. 树种耐盐性综合评价

采用多维空间（欧几米德）En多向量理论综合评定树种的耐盐性，即综合评估数学模型——"坐标综合评定法"，以每列最大值为1，再用标准值为除数除以该列其他数值，然后计算给数值的离差平方和 $\sum p_i^2 = Wi \sum (1-a_{ij})^2$，$Wi$ 为权重向量，以等权的方法来判定，其综合值越小排序越靠前。采用主成分筛选出来的6个指标，数据经正向处理（值越高越

好),除叶害指数采用绝对值外,其余均采用与对照比值。结果表明(见表3-20),6个树种耐盐顺序为旱柳、弗吉尼亚栎>洋白蜡、美国皂荚、蜡杨梅>美国梧桐。

表3-20　6个树种耐盐性综合评价

树种	叶害指数	苗高增长	生物量	相对电导率	SOD活性	脯氨酸	得分
弗栎	0.16	0	0.08	0.25	0.15	0.34	0.98
美国皂荚	0.31	0.04	0.42	0.21	0.37	0	1.35
洋白蜡	0.34	0.24	0.36	0.18	0	0.29	1.41
蜡杨梅	0.23	0.36	0	0.35	0.47	0.18	1.59
美国梧桐	0.59	0.66	0.66	0.37	0.56	0.40	3.24
旱柳	0	0.19	0.22	0	0.36	0.14	0.91

7. 研究结论

① 树种叶片盐害在胁迫浓度和持续时间上,响应的速率和受害症状不一。6个树种的叶片对盐胁迫的敏感程度如下:美国梧桐＞美国皂荚、蜡杨梅、洋白蜡＞旱柳、弗吉尼亚栎。叶片盐害指数可以作为定性衡量苗木耐盐性的一种辅助手段。

② 盐胁迫对不同树种的苗木净生长、生物量和根、茎、叶干重的影响均达到显著或极显著水平。植物含水量随胁迫浓度的增加略有降低,树种各部位含水量总体来说是叶＞根＞茎,根冠比随胁迫浓度的增加而上升,各部位盐胁迫的降低比例是地上部大于地下部。从6 g/L NaCl浓度胁迫下的生物量下降比例来看,是蜡杨梅、弗吉尼亚栎＜旱柳、洋白蜡、美国皂荚＜美国梧桐。

③ 树种相对电导率在时间梯度上不显著,在浓度梯度上差异达到显著水平。树种叶片相对电导率的平均数值排序为美国梧桐、蜡杨梅、弗吉尼亚栎、洋白蜡、美国皂荚、旱柳。叶片相对电导率在一定程度上代表了树种的抗盐能力。

④ 旱柳、洋白蜡、弗吉尼亚栎、美国皂荚4个树种的叶片脯氨酸含量随胁迫时间和浓度变化均达到显著和极显著水平,蜡杨梅、美国梧桐差异不显著。脯氨酸含量随胁迫浓度的增加而逐渐增加,但在不同树种又有所变化,洋白蜡表现为立即响应,美国皂荚和弗吉尼亚栎2周后做出反应,旱柳第3周做出反应。

⑤ 叶片SOD活性随时间的变化均达到显著和极显著水平,在浓度梯度上差异不显著,SOD活性表现为在中、低盐度变化不明显,在高浓度增加。美国皂荚、弗吉尼亚栎可溶性蛋白含量在盐胁迫下差异不显著,其余树种在浓度梯度和时间梯度上达到显著水平。盐胁迫下,大部分树种的可溶性蛋白均表现出随NaCl浓度和时间先上升再降低的趋势,

在胁迫后期和高盐浓度下含量降低,抗性低的美国梧桐叶片可溶性蛋白表现为降低。

⑥ 相关分析结果表明,生长、生理指标与对照的比值和各指标绝对值的相关结果比较相似,但相关度明显增加。采用主分量筛选的6个指标苗高增长、脯氨酸、SOD活性、叶片盐害指数、生物量、相对电导率的生长、生理指标与对照的比值,以坐标综合评定法评定树种的耐盐性,6个树种的耐盐顺序为旱柳、弗吉尼亚栎＞洋白蜡、美国皂荚、蜡杨梅＞美国梧桐。

第四节
弗吉尼亚栎在重金属污染土壤的适应性

我国采矿、冶炼企业星罗棋布,矿区(废石场、尾矿库等)每年数亿吨的固体废弃物的堆积和废水的排放,不但破坏了生态景观,更造成土壤和下游水体的严重金属污染,对农业生产和人身安全构成极大威胁。植物修复是矿区治理的发展方向,选择能在重金属含量高、养分稀缺的土壤中生长并对重金属具有较高抗性和积累能力的植物是一项艰巨任务。为此,项目组开展了大规模的木本植物筛选研究(施翔等,2012),栎树植物是其中的一部分。废弃尾矿库是在选矿过程中由废弃的沙子和废水堆积而成,一是重金属含量超标严重,二是几乎没有营养,三是高温干旱季节地表温度很高,基本上是一片荒漠,绿化难度极大。

(一)盆栽条件下3种栎树对重金属污染土壤的响应

采用铅锌尾矿砂盆栽一年生苗的方法,就弗吉尼亚栎、舒玛栎、柳叶栎3种栎树对污染土壤环境的抗性及其重金属吸收积累特性进行了初步研究。完全铅锌尾矿砂中重金属含量较高,全铅、锌、镉含量分别为6090 mg/kg、2970 mg/kg和12.5 mg/kg,其中有效态铅、锌、镉分别为336 mg/kg、12.5 mg/kg和<1 mg/kg。用没有重金属污染的河沙与尾矿砂混合,按照尾矿砂与河沙的体积调配成4种处理基质,即1:0、1:1、1:3和0:1。4种处理基质用高23 cm、径18 cm的塑料杯分装准备移苗。事先在1月将3种栎树种子播于装满泥炭的穴盘容器内,5月底每种挑选均匀一致的小容器苗18株,连同泥炭基质移栽到装满不同处理基质的大容器内培养。每树种每基质栽种3盆6株,重复3次。年底进行收获和测试分析,结果如下:

1. 苗木高生长和生物量

据方差分析(见图3-35),在3种栎树之中,弗吉尼亚栎的苗高及其相对增长率在4种处理基质之间无显著差异,舒玛栎全河沙基质的苗高显著大于全矿砂基质,但苗高增长率4种处理基质无显著差异。而全矿砂栽培的柳叶栎苗高和增长率均显著低于河沙基质。说明弗吉尼亚栎对重金属土壤的抗性较强,舒玛栎其次,柳叶栎较弱。

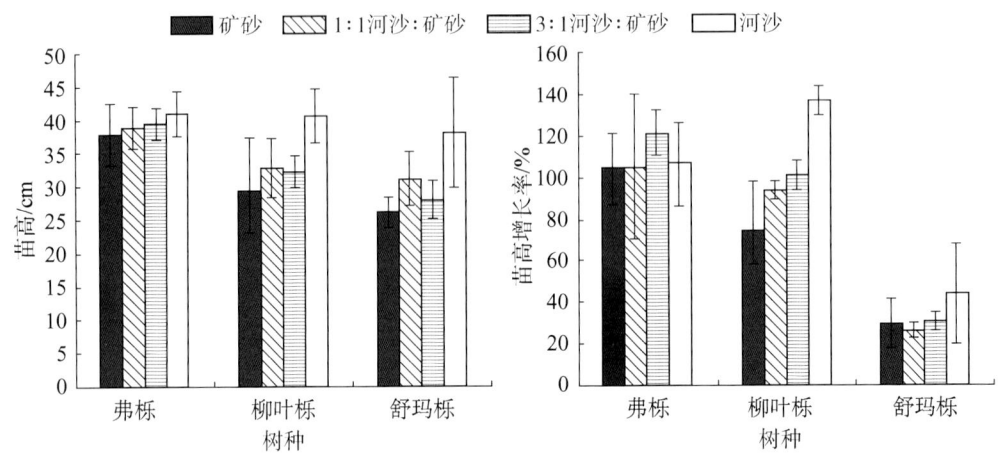

图3-35 3种栎树在不同基质中的高生长及其相对增长率

但就生物量的分析表明(见图3-36),同种植物各器官在不同基质中的生物量没有显著差异。表明各栎类植物在矿砂污染环境有较好的适应性。在同种基质中,不同植物有显著差异,舒玛栎的生物量显著高于弗吉尼亚栎和柳叶栎。

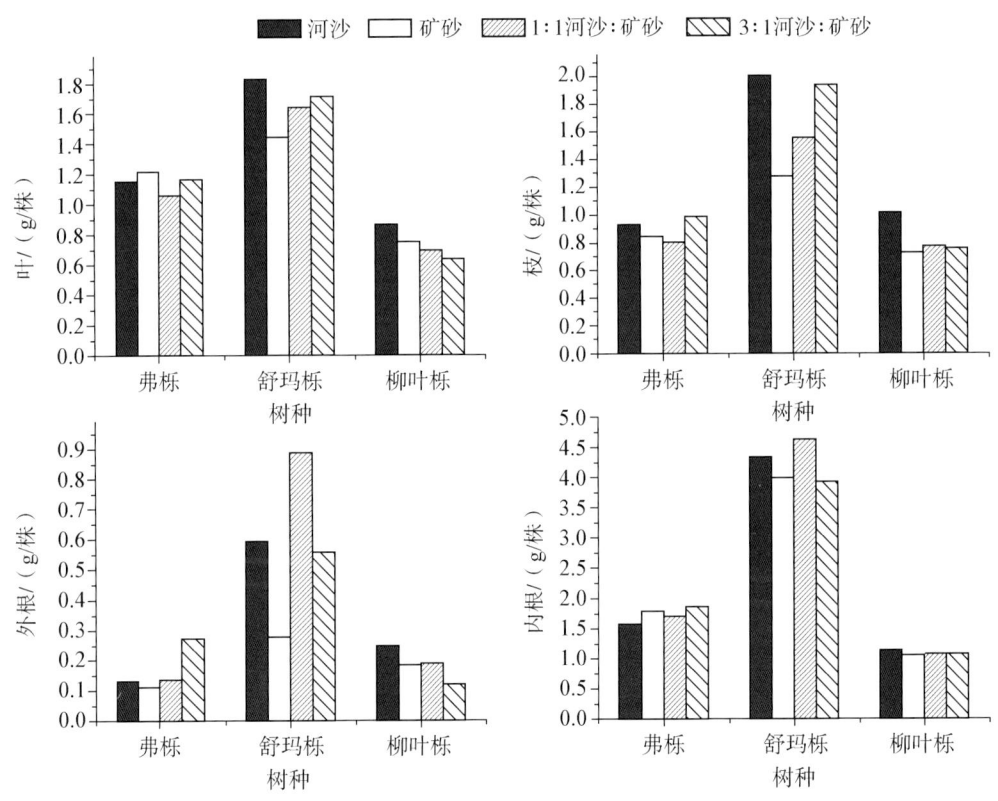

图3-36 3种栎类植物各器官生物量

注：内根是指生在穴盘里的根系,外根是指生在穴盘外但在容器中的根系。

2. 对重金属的吸收积累

3种栎树对重金属铅(Pb)的吸收积累见图3-37。由图可知,Pb在植物体内的浓度与基质中Pb的浓度呈正相关。其中在全矿砂基质中,植物体内Pb浓度最高。Pb在植物体内主要积累在根系中,地上部浓度较低。各树种体内Pb浓度有显著差异,柳叶栎各器官中Pb浓度均显著高于其他两种栎树,其中根系中Pb浓度达424.7 mg/kg,高于目前报道的多数木本植物。

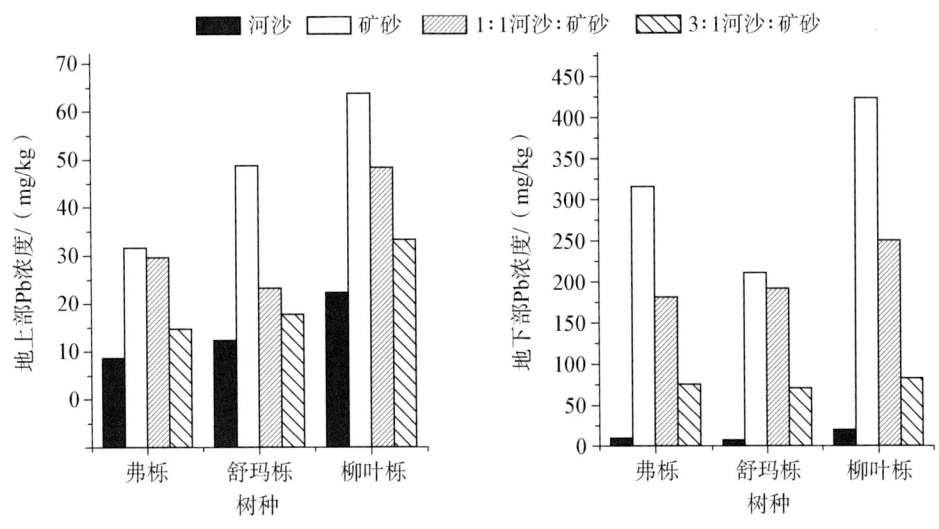

图3-37　3种栎类植物体内Pb浓度

Zn在植物体内积累与Pb相似(见图3-38),体内浓度与基质中浓度呈正相关。Zn同样主要积累在植物根系中,表明植物对Zn的转移能力较低。弗吉尼亚栎对Zn的转移能力要高于其他两种栎树,在河沙:矿砂为3:1的基质中,弗吉尼亚栎TF值为0.97。与Pb相似,柳叶栎体内Zn的浓度要显著高于弗吉尼亚栎和舒玛栎。

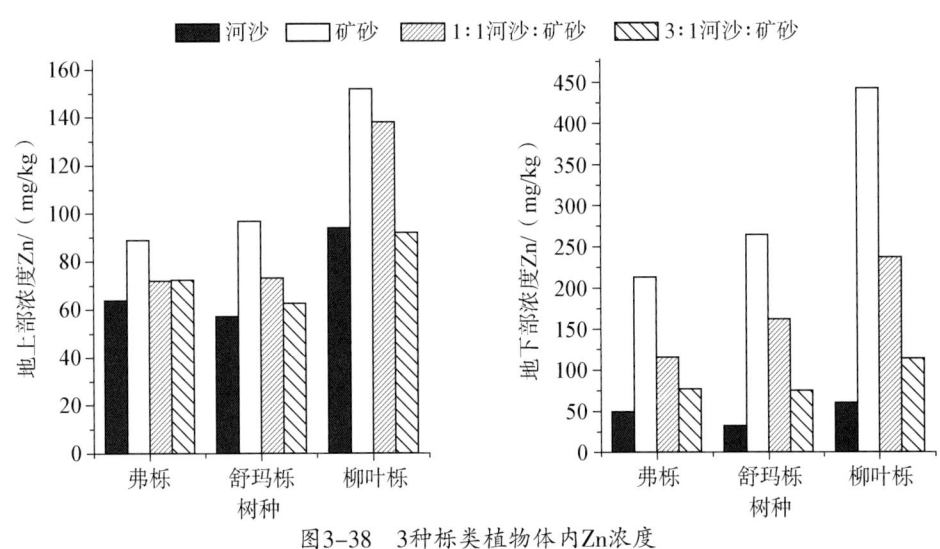

图3-38　3种栎类植物体内Zn浓度

由图3-39可知,Cd在植物地上部没有积累,植物根系中Cd的浓度也较低,特别是弗吉尼亚栎。与Pb和Zn不同,Cd在植物体内最高浓度出现在河沙:矿砂为1:1的基质中。柳叶栎根系中Cd最高,其中在河沙:矿砂为1:1的基质中为21.4 mg/kg。

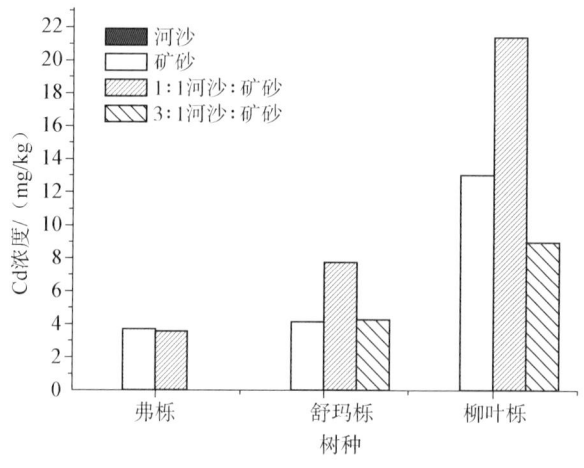

图3-39　3种栎类植物根系Cd浓度

以上表明,在3种栎树之中,弗吉尼亚栎、舒玛栎对重金属土壤具有较强的适应性,而柳叶栎对重金属有较好的吸收积累能力。

(二) 弗吉尼亚栎等树种在尾矿库的造林表现

为了进一步了解弗吉尼亚栎等树木在重金属污染环境下的抗性表现,在浙江富阳大畈尾矿库设置了15个树种的造林试验。该尾矿区系铅锌选矿厂尾矿砂堆积而成,一片荒漠,寸草不生。土壤pH为7.53,重金属含量超过国标十几倍至数十倍,平均总镉和有效镉含量分别为55.88 mg/kg和15.93 mg/kg,总铅和有效铅含量分别为3356 mg/kg和2031 mg/kg,总锌和有效锌含量分别为5571 mg/kg和926 mg/kg,总砷为1629 mg/kg。严重缺氮、缺磷,但土壤有机质比较丰富。2012年春采用小穴客土栽苗方法造林,株行距1 m×1 m,供试树种包括弗吉尼亚栎、夹竹桃(*Nerium indicum* Mill)、红叶石楠(*Photinia* × *fraseri*)、红花檵木(*Loropetalum chinense* var. *rubrum*)、滨柃[*Eurya emarginata* (Thunb.) Makino.]、女贞(*Ligustrum lucidum*)和香橼(*Citrus medica* L.)。除了弗吉尼亚栎为一年生小容器苗(苗高30~40 cm)之外,其余树种造林用苗均为2~3年生苗。8株小区,重复4次。当年秋逐株测量基径生长量,并在3个重复内采集各树种叶片混合样分析重金属含量。2013年秋进行生长调查,每个树种取样株5~7株观测根系发育和生物量。这里,重点考察该试验林中弗吉尼亚栎与其余6个常绿树种之间的差异。其中,夹竹桃、红叶石楠、红花檵木、滨柃、女贞等是被公认的抗逆性强的常绿树种。

从表3-21可以看出,在7个常绿树种中,造林2年后保存率没有显著差异,其余指标除根幅外均有显著差异($P<0.05$)。这里的基径、株高和全株干重的种间差异主要来自不同树种造林时苗木大小的影响。值得注意的是,弗吉尼亚栎的基径生长率和根梢干重比远高于其余6个树种,根深、根幅和最大根长居于中等以上水平。而从叶片铅、锌、镉、砷等含量来看(见表3-22),弗吉尼亚栎处于偏低或中等水平,直观上叶色基本正常,生长势比较旺盛(弗吉尼亚栎个别单株高达1.7m)。总体看来,在7个参试常绿树种之中,弗吉尼亚栎对铅锌尾矿库恶劣环境的综合抗性相对较强。因此,弗吉尼亚栎在尾矿库生态治理中前景广阔。

表3-21 弗吉尼亚栎等7个常绿树种在铅锌尾矿库栽种2年后的生长表现

树种	保存率/%	基径/cm	径生长率/%	样株高/cm	根深/cm	根幅/cm	最大根长/cm	全株干重/g	根梢比	外根比*/%
弗栎	88.10	6.74	40.92	75.8	23.67	34.17	30.00	37.18	1.2474	34.70
夹竹桃	86.56	7.56	11.21	51.0	25.86	40.43	32.29	55.64	0.6303	32.54
红花檵木	92.00	7.03	8.94	71.7	20.17	25.00	29.67	32.36	0.4239	72.22
红叶石楠	81.19	11.08	11.84	90.0	21.40	34.00	28.20	134.02	0.3510	37.07
女贞	85.36	7.19	13.45	110.9	15.50	25.00	22.50	42.06	0.3038	36.62
香橼	99.19	8.39	14.78	69.5	23.33	27.83	21.33	40.24	0.5831	33.80
滨柃	77.88	10.52	12.47	47.5	18.83	29.50	20.50	74.31	0.7050	—
平均值	87.18	8.36	16.23	73.8	21.25	30.85	26.36	59.40	0.6064	41.16
P值	0.9131	0.0036	0.0171	0.0001	0.0014	0.0827	0.0265	0.0001	0.0001	0.0025

注:外根比是以根颈为中心、10cm为半径的圆圈之外和深度20cm以下的根系与全株根系干重之比值。

表3-22 尾矿库上弗吉尼亚栎等7个常绿树种叶片重金属含量的差异

(单位:mg/kg)

树种	Pb	Zn	Cd	As	叶色直观表现
弗栎	52.40 b	96.23 b	0.8280 b	12.63 ab	4,基本正常
夹竹桃	41.03 bc	134.67 ab	1.3330 ab	33.27 ab	4,基本正常
红花檵木	92.73 a	90.50 b	0.9780 b	26.20 ab	3,黄化
红叶石楠	23.40 c	139.33 ab	1.3300 ab	5.82 b	2~3,黄化
女贞	28.77 c	98.77 b	0.9500 b	6.15 b	4,基本正常
香橼	57.70 b	155.00 a	1.6867 a	34.92 ab	2,黄化严重
滨柃	62.70 b	106.43 b	1.0400 b	40.97 a	4,基本正常
平均值	51.25	117.28	1.1637	22.85	
P值	0.0001	0.0457	0.0416	0.0557	

注:不同树种间,同一种重金属含量字母相同,表示在5%显著水平上无显著差异;相异,表示差异显著。

第五节
弗吉尼亚栎的耐寒性与适宜引种范围

弗吉尼亚栎在美国主要分布于东南沿海地区，最北可达弗吉尼亚州的东北角，约在北纬38°左右。来自路易斯安那州的弗吉尼亚栎引到我国之后，最北已栽种至山东省青岛市境内(北纬36°)，目前尚未发现冻害发生，不过冬季多有落叶现象。弗吉尼亚栎究竟向北可以栽种到哪里呢？了解引进树种的耐寒性，关系到适宜引种推广区域北界的确定。当然，适生范围不仅仅取决于栽种区的最低气温条件，还要考虑到降雨量、空气湿度和土壤条件等众多环境因子。

（一）弗吉尼亚栎苗木的冷冻试验

在12月间取大棚内培养的一年生容器苗进行低温冷冻试验，冷冻冰箱使用控温仪控制温度，温度误差为±0.5 ℃。将带有泥炭基质的整株容器苗从大棚内移至实验室内(室温6 ℃左右)，放置2 d后移入低温冰箱，从0 ℃开始冰冻处理，每24 h降3℃，直至−18 ℃为止。处理前和处理后每天取混合叶样测定电导率、SOD、MDA等指标。在−12 ℃、−15 ℃和−18 ℃处理结束后，各取出8株苗，均都放入室外继续观察存活率。

研究结果如下：

从图3-40可以看出，随着温度的下降，电导率和MDA含量呈上升趋势，而SOD活性下降的变化趋势明显。3项指标在其拐点(在−12～−15 ℃之间)均出现了较大幅度的下降或上升，反映出该苗木材料对低温的忍受拐点就在−12～−15 ℃之间。据后期观察，经过−12℃冰冻处理的弗吉尼亚栎容器苗的存活率为12.5%，−15 ℃和−18 ℃处理的弗吉尼亚栎容器苗全部死亡。

由于本试验所用试材取自于大棚中培养的容器苗，水分含量较高，未经过抗寒锻炼，可能降低了苗木的抗冻性。大田培育的一年生弗吉尼亚栎苗木的抗寒性，有可能高于本试验中的大棚苗木。随着树龄的增加，实际抗寒性应该更强。

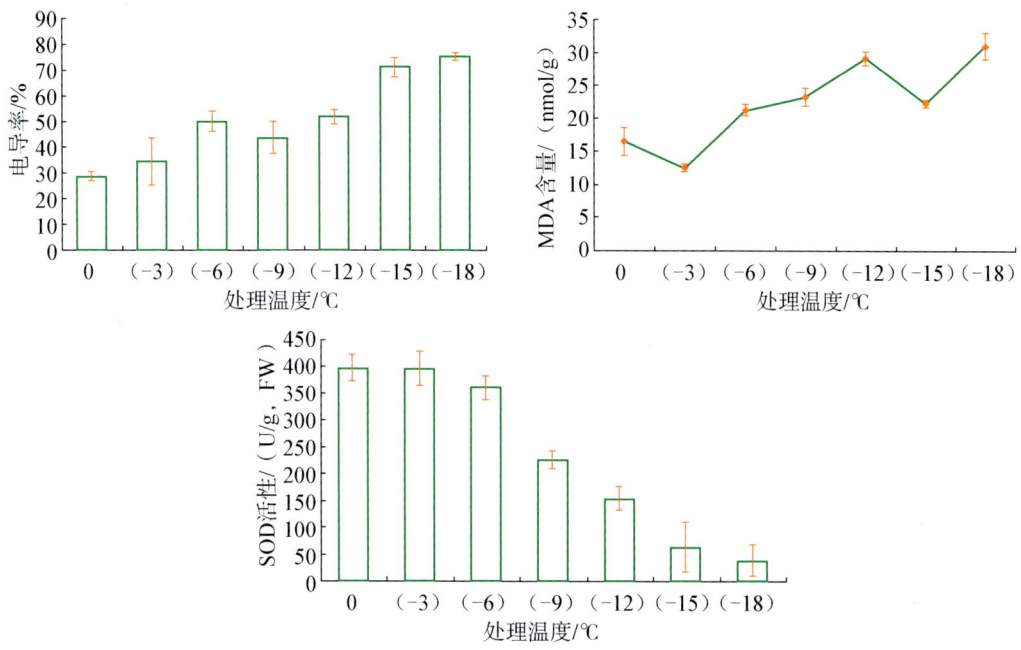

图3-40 弗吉尼亚栎容器苗冰冻处理过程中3个生理指标的变化

Cavender-Bares J. 等（1999）曾研究了常绿栎树弗吉尼亚栎和落叶栎树牛栎（*Q. michauxii*)在低温胁迫下叶片光合能力和光合系统2（PSⅡ）的叶绿素荧光参数的响应。两个树种的短期冷冻处理导致最大光合速率的50%以上的下降、电子输送的60%～70%的降低和PSⅡ荧光的不可逆的淬灭。在曝光于1 h强辐照[1000 μmol/(m²·s)]和冷藏（5 ℃）之后，黑暗中复原的动力学表明，常绿树种弗吉尼亚栎比落叶树种牛栎展现出更多的保护性（qE）和较少的不可逆淬灭（qI）。在弗吉尼亚栎中观测到的大量qE意味着，低温下的光保护负荷不是受长期适应寒冷气候所诱导的，而是先天存在于常绿叶中。这个负荷可能贡献于这个树种在冬天保持叶片的能力。

（二）弗吉尼亚栎引种实践与适宜区域分析

弗吉尼亚栎引种之初，主要在浙江、江苏南部和上海地区试种。向北可以推移至何处？近几年来已经过多次实践。中国林业科学研究院亚热带林业研究所于2009年在江苏沿海最北的赣榆县（北纬35°）引种几十株二年生弗吉尼亚栎苗，目前尚未见冻害，但冬季梢部落叶。浙江上虞海发农艺园林有限公司曾在天津市滨海新区（北纬38.7°）的一个基地引种三年生弗吉尼亚栎苗，结果由于低温和干旱，植株冬季落叶、树皮开裂，2～3年后死亡。另在青岛（北纬36°）引种过几十株弗吉尼亚栎二年生苗，5年后直径6 cm左右，已用于绿化工程。该公司于2010年在江苏盐城市郊区（北纬33.5°）建立基地栽种弗吉尼亚栎1

年生苗10万多株（500亩，株行距1 m×1.5 m），并沿沟渠边散种部分二年生苗,4年后（2013年年底）调查,保存率85%以上,平均树高2.5～3 m,胸径2.5 cm。同时用二年生苗栽种的树高4.5 m,胸径5～6 cm,生长良好。不过冬季叶色呈现黄褐色,部分梢部叶片脱落。此外,国内有苗木企业在河南遂平县（北纬33°左右）引进弗吉尼亚栎、纳塔栎等,并发现生长良好。

综观弗吉尼亚栎的生态学特点,基本上属于南方常绿树种,喜暖、喜湿、耐涝。为了保持其常绿特性和一定的生长速度,结合已有的引种实践经验,我们认为,适宜弗吉尼亚栎引种栽培的区域北界应该控制在如下范围:沿海地区控制在北纬34°线以南,内陆地区控制在北纬33°线以南,大致属于年降雨量1000 mm以上、冬季最低气温在-12 ℃以上的长江中下游地区及其以南区域,弗吉尼亚栎对土壤类型的适应性较广,平原、河谷、沙洲以及沿海地带的稻田土、潮土、冲积土、滨海盐碱土和矿区的沙质土较为适宜,低丘红黄壤也能生长。这样,可以发挥弗吉尼亚栎作为常绿树种在城镇绿化和防护林建设中的作用。

图3-41 江苏盐城市郊弗吉尼亚栎4～5年生人工林（冬态）

第六节
简要总结

弗吉尼亚栎最初是作为一种耐盐树种引进的,但随着区域试验范围的扩大,我们发现,除了耐盐以外,弗吉尼亚栎对干旱、淹水、土壤瘠薄以及重金属污染等均有一定的适应能力。本章通过人工模拟各种逆境胁迫条件和大田区域试验,对弗吉尼亚栎的抗逆性及其抗逆相关的生理生化基础进行了较为系统和全面的探索与研究,主要研究结论如下:

弗吉尼亚栎对盐胁迫具有很强的耐受性,可以耐受溶液浓度为 150 mmol/L 的 NaCl 胁迫,在含盐量 0.3%~0.5% 的土壤中能正常生长,因此,在浙江、上海以及江苏等地滨海滩涂均能生长。基于叶片盐害指数、生长量以及生理生化指标建立的树种耐盐性评价体系,发现在相同的盐胁迫条件下,弗吉尼亚栎的耐盐性优于美国皂荚、洋白蜡和美国梧桐。

弗吉尼亚栎对盐胁迫的高度耐性主要是由于其根系对盐离子的区隔化,使盐离子较少向地上部运输,降低了盐离子对地上部的毒害;另外,地上部叶片的渗透调节和抗氧化能力的提高以及营养离子稳态机制也大大降低了盐离子对弗吉尼亚栎地上部的伤害。

弗吉尼亚栎对于缺水环境也具有一定的耐性,弗吉尼亚栎叶片革质,在 PEG 模拟干旱胁迫下,叶片具有良好的保水能力;同时,细胞内游离脯氨酸的大量积累以及叶绿素含量及组成比例的相对稳定也使得弗吉尼亚栎具有对抗渗透胁迫的能力。另外,干旱胁迫下,叶片光合—荧光响应机制也表明弗吉尼亚栎具有很强的耐干旱能力,在 -0.9 MPa 胁迫下,弗吉尼亚栎叶片激活热耗散机制被激活,加快热耗散速率(D_{rate}),从而保护 PSⅡ 的活性。由此可见,无论是形态学还是内在生理功能,弗吉尼亚栎均具有适应缺水环境的能力。

在盆栽试验条件下,一年生弗吉尼亚栎容器苗可以忍耐长达 70 d 的淹水环境,而未出现死亡。在长期淹水环境中,弗吉尼亚栎茎基部膨大,出现皮孔,根部出现白色突起,并随着淹水时间的延长,出现白色不定根;同时,淹水胁迫下,弗吉尼亚栎可以通过改变各器官生物量分配来适应土壤缺氧环境,使生物量更倾向于向地上部分配，而减少生物量在根系的分配。与其他栎树相比，弗吉尼亚栎的耐涝能力优于水栎、舒玛栎、麻栎和青冈栎，因此，弗吉尼亚栎也适于在低湿地推广。

低温模拟试验表明，$-12\ ℃$以下低温可以导致弗吉尼亚栎一年生容器苗死亡。结合多年区域试验，我们可以明确：弗吉尼亚栎适生区域的北界可以认为是冬季最低气温$-12\ ℃$以上的长江中下游地区及其以南区域。

弗吉尼亚栎能够在Pb和Zn污染为主的重金属污染尾矿砂中正常生长，对重金属Zn的转移能力较强，转移系数可达0.97，而Pb、Cd、As等重金属在弗吉尼亚栎体内主要积累于根部，较少向地上部运输。在Pb/Zn尾矿砂中，弗吉尼亚栎根系发育良好，对尾矿重金属污染、营养贫瘠以及缺水环境的综合适应能力较强，有望用于重金属污染尾矿的植物修复工程。

参考文献

[1] 胡学华,蒲光兰,肖千文,等.水分胁迫下李树叶绿素荧光动力学特性研究[J].中国生态农业学报,2007,15(1):75-77.

[2] 李柏林,梅慧生.燕麦叶片衰老与活性氧代谢的关系[J].植物生理学报,1989,15(1):6-12.

[3] 刘新华.因子分析中数据正向化处理的必要性及其软件实现[J].重庆工学院学报:自然科学,2009,23(9):252-255.

[4] 刘祖祺.植物抗性生理学[M].北京:中国农业出版社,1993.

[5] 孙海菁,王树凤,陈益泰.盐胁迫对6个树种的生长及生理指标的影响[J].林业科学研究,2009,22(3):315-324.

[6] 施翔,陈益泰,王树凤,等.废弃尾矿库15种植物对重金属Pb、Zn积累和养分吸收[J].环境科学,2012,33(6):2021-2027.

[7] 王树凤,陈益泰,孙海菁,等.盐胁迫下弗吉尼亚栎的生长和生理生化变化[J].生态环境,2008,17(2):747-750.

[8] 王树凤,胡韵雪,李志兰,等.盐胁迫对弗吉尼亚栎生长及矿质离子吸收、运输和分配的影响[J].生态学报,2010,30(17):4609-4616.

[9] 王树凤,孙海菁,陈益泰,等.模拟干旱胁迫下弗吉尼亚栎苗木叶片相关生理参数的分析[J].南京林业大学学报自然科学版,2011,35(6):6-10.

[10] 王遵亲,祝寿泉,俞仁培,等.中国盐渍土[M].北京:科学出版社,1993.

[11] 严小龙,廖红,戈振杨,等.植物根构型特性与磷吸收效率[J].植物学通报,2000,17(6):511-519.

[12] 中国科学院上海植物生理研究所,上海植物生理学会.现代植物生理学实验指南[M].北京:科学出版社,1999.

[13] 张晓磊.几种南方栎类树种耐涝性研究[D].泰安:山东农业大学,2010.

[14] 张晓磊,马风云,陈益泰,等.水涝胁迫下不同种源麻栎生长与生理特性变化[J].西南林学院学报,2010,30(3):16-19.

[15] 张守仁. 叶绿素荧光动力学参数的意义及讨论[J]. 植物学通报,1999,16(4):444-448.

[16] 张华新,刘正祥,刘秋芳. 盐胁迫下树种幼苗生长及其耐盐性[J]. 生态学报,2009,29(5):2263-2271.

[17] 赵小亮,周国娜,高宝嘉,等. 主成分分析法在承德县森林生态系统健康评价中的应用[J]. 中国农学通报,2008,24(6):400-403.

[18] Cramer G R,Läuchli A,Polito V S. Displacement of Ca^{2+} by Na^+ from the plasmalemma of root cells[J]. Plant Physiology,1985,79:207-211.

[19] Cavender-Bares J,Sack L,Savage J. Atmospheric and soil drought reduce nocturnal conductance in live oaks[J]. Tree Physiology,2007,27:611-620.

[20] Grattan S R,Grieve C M. Mineral element acquisition and growth response of plant grown in saline environment[J]. Agriculture,Ecosystems & Environment,1992,38:275-300.

[21] Thornton F C,Schaedle M,Raynal D J. Sensitivity of red oak (*Quercus rubra* L.) and American beech (*Fagus grandifolia* Ehrh.) seedlings to sodium salts in solution culture[J]. Tree Physiology,1988,4:167-172.

[22] Parida A K,Das A B. Salt tolerance and salinity effects on plants:a review[J]. Ecotoxicology and Environmental Safety,2005,60:324-349.

[23] Pegoraro E,Rey A,Greenberg J,et al. Effect of drought on isoprene emission rates from leaves of *Quercus virginiana* Mill[J]. Atmospheric Environment,2004,38:6149-6156.

[24] Zhou Y,Lam H M,Zhang J. Inhibition of photosynthesis and energy dissipation induced by water and high light in rice[J]. Journal of Experimental Botany,2007,58:1207-1217.

第四章
DI SI ZHANG

弗吉尼亚栎的繁殖和栽培技术

　　树木引种的直接目的，就是将引种成功的优新树种尽快地应用于本地区的林业生产和生态建设。为此，必须解决它们的繁殖技术，才能实现种苗材料的规模化生产与应用。种子繁殖是最基本、最主要的繁殖方法，包括采种母树林建立技术、种子采集贮藏与发芽调控技术、播种育苗技术、大苗培育技术等；无性繁殖是大规模扩繁增殖、固定亲本优良特性和开展无性系品种创新的重要手段。无性繁殖包括扦插繁殖、嫁接繁殖和微繁等技术方法。对于结实年龄通常较迟，且多属于难生根树种的栎树而言，迫切需要加强研究，尽快突破无性繁殖难关。除此而外，与提高成活率和促进林木生长有关的造林配套技术更是生产部门十分关注的问题。

第一节
弗吉尼亚栎无性繁殖技术

众所周知，无性繁殖是树木最常用的繁殖方式之一，包含扦插、嫁接、组织培养等方法。无性繁殖是保存优良基因型遗传特性的有效途径。通过无性繁殖，一个个体可以变成成千上万个基本一致的个体。在现代林木育种方案中，通过无性繁殖形成无性系，通过无性系测验，选择优良无性系，再扩大繁殖优良无性系用于大规模生产造林，从而获得最大的遗传增益。无性系育种及其与传统种子园育种的有机结合，已给林业带来了巨变，大大促进了世界人工林生产力的提高。

鉴于弗吉尼亚栎的实生后代变化多端，千差万别，研究突破弗吉尼亚栎的无性繁殖技术迫在眉睫。

（一）弗吉尼亚栎扦插繁殖试验

1. 扦插基质选择

试验选取了5种扦插基质：河沙、黄泥、水稻土、泥炭＋珍珠岩（3:1）、泥炭＋河沙（1:3），插穗采自六年生幼树的秋梢，于2月下旬至3月上旬扦插，具体见表4-1。

表4-1　不同基质对弗栎扦插成活率的影响

基质	扦插成活率/%	5%显著水平
河沙	75.00	a
泥炭＋珍珠岩（3:1）	53.00	ab
泥炭＋河沙（1:3）	52.50	ab
黄泥	40.00	b
水稻土	39.67	b
F 值	4.1890	
P 值	0.0301	

研究发现,采用河沙为基质比较适合弗吉尼亚栎扦插,河沙细腻,保水性较好,插条叶片能够保持较长时间的绿色,提高插条成活率,而且插条切口易生愈伤组织,有利于生根,成活率平均可达 75%。水稻土和黄泥黏重,颗粒较大,易损伤插条切口,插条成活率最低,最高仅 40%;以泥炭+珍珠岩(3:1)和泥炭+河沙(1:3)为基质的插条成活率也较高。

2. 插条激素处理

（1）试验 1

采用泥炭 1+河沙 3 作为扦插基质,选取采穗圃内春末夏初的半木质化新梢剪成 7~8 cm 长的枝条,在扦插前用不同浓度的 NAA、IBA 和 IAA 进行速蘸处理。

试验结果表明,适当的激素处理能提高插条生根率,NAA 6000 mg/kg、IBA 10000 mg/kg 或 5000 mg/kg 以及 IAA 2000 mg/kg 均能提高插条生根率。从表 4-2 可以看出,采用 1000 mg/kg 和 6000 mg/kg 的 NAA 速蘸,可以明显提高弗吉尼亚栎插条当年成活率,但对翌年成活率即生根率的影响不大,与对照差异不明显;不同浓度 IBA 速蘸,对当年成活率不仅没有促进作用,反而降低了当年的成活率,但翌年的成活率有所升高,但与对照相比差异也不明显;2000 mg/kg 的 IAA 可以提高当年成活率,但对翌年成活率影响不大。

表 4-2　不同激素处理对插条成活率和生根率(翌年成活率)的影响

扦插时间	插条来源	激素浓度/(mg/kg)	当年成活率/%	生根率(翌年成活率)/%
2008 年 7 月	新登苗圃当年生半木质化枝条	0	43.33	92.31
		NAA 10000	34.33	82.52
		NAA 6000	50.67	94.74
		NAA 1000	49.67	94.63
2008 年 8 月	新登苗圃当年生半木质化枝条	0	50.33	89.40
		IBA 10000	49.67	91.28
		IBA 5000	47.33	91.55
		IBA 1000	32.00	88.54
2008 年 9 月	新登苗圃当年生半木质化枝条	0	42.33	94.49
		IAA 5000	41.00	88.62
		IAA 2000	52.00	94.87
		IAA 1000	43.67	93.89

(2) 试验 2

无性系材料:01、02、03、04 共 4 个母株,树龄 5 年,以 2~2.5 m 高处第一轮春梢为插条材料。激素处理:在扦插之间用于速蘸的吲哚丁酸(IBA)浓度分别为 0、1000 mg/kg、2000 mg/kg、3000 mg/kg。每个无性系每个处理 10 根,随机区组,重复 4 次。扦插基质:泥炭 2+珍珠岩 1。5 月 22 日采条扦插于穴盘容器,穗长 7~8 cm。插后罩以塑膜小棚,相对湿度 100%,3 个月后撤除小棚,定时喷雾。当年 11 月初和翌年 5 月底观测。

试验结果表明(见表 4-3、表 4-4),扦插成活率在不同无性系间达到极显著水平。在没有激素处理情况下,02 号和 04 号无性系扦插成活率达 83.2%和 80.5%,而 01 号和 03 号无性系的最高成活率仅为 27.4%和 3.8%。IBA 处理间差异不显著($P>0.08$),但无性系与 IBA 处理的交互作用达到极显著水平,说明不同无性系对激素处理具有不同的响应。不同浓度的 IBA 对容易扦插成活的无性系 02 号和 04 号没有促进作用,甚至产生显著的副作用。但对不容易成活的 01 号和 03 号无性系,2000 mg/kg 的 IBA 有一定促进成活的效应。

表 4-3 不同无性系与 IBA 处理的方差分析

变异来源	平方和	自由度	均方	F 值	P 值
区组间	790.5374	3	263.5125	3.1776	0.0330
A 无性系间	28857.8515	3	9619.2838	115.9946	0.0001
B 处理间	572.5318	3	190.8439	2.3013	0.0899
A×B	2714.5602	9	301.6178	3.6371	0.0018
误 差	3731.7919	45	82.9287		
总变异	36667.2728	63			

表 4-4 IBA 处理对不同类型无性系扦插成活率的影响

难成活无性系				易成活无性系			
无性系 01	成活率/%	无性系 03	成活率/%	无性系 02	成活率/%	无性系 04	成活率/%
0	3.8060 b	0	2.5658 a	0	83.2466 a	0	80.5156 a
IBA1000	12.9104 ab	IBA1000	0 a	IBA1000	75.7266 a	IBA1000	70.2497 ab
IBA2000	27.3774 a	IBA2000	3.8060 a	IBA2000	75.7266 a	IBA2000	55.1349 bc
IBA3000	16.7534 ab	IBA3000	2.5658 a	IBA3000	62.6654 a	IBA3000	34.1886 c

3. 采条部位

位置效应在许多树种的无性繁殖中普遍存在。试验表明,从弗吉尼亚栎树干的基部采集萌芽条扦插有利于提早生根、提高成活率和加快苗木生长。选择同样树龄(五年生)的弗吉尼亚栎植株(树高 2~3 m、基径 2.5~4 cm),一部分于 2 月中旬进行截干促萌处理,截干高度 40~50 cm,另一部分不做截干处理。至 5 月中旬,分别采集矮干型伐桩萌条和高干型植株树冠新梢进行扦插,采用相同基质(泥炭 2+珍珠岩 1)和水分管理方法进行扦插,结果见表 4-5。矮干型插穗平均成活率为 61.5%,超过高干型穗条的成活率 19.0 个百分点。当年苗高 7.94 cm,翌年 5 月底平均苗高 19.9 cm,超过高干型插穗的 2 倍以上。

表 4-5　采穗部位对扦插成活率与生长的影响

采穗部位	无性系数量/个	插条总数/根	平均成活率/%（变幅）	当年平均新梢高/cm(变幅)	翌年 5 月平均苗高/cm(变幅)
40~50 cm（矮干型）	19	600	61.5(27.5~88.3)	7.94(2.4~13.2)	19.9(3.6~32.0)
200~250 cm（高干型）	10	600	42.5(2.6~83.2)	2.52(2.0~3.5)	5.55(3.1~7.6)

据观察,采自矮干型母株上的萌条插穗,大约在插后 2 个月内开始生根和长出新叶,而高干型枝梢插穗要晚 2~3 个月才开始生根生长,所以扦插当年基本上没有高生长。由此可见,对采穗母株进行截干矮化,采集基部萌芽条进行扦插繁殖,能够提高扦插成活率和提早成苗。虽然单株有效穗条数(25~40 根)不如高干型母株穗条多,但可以通过实行密植来提高产条量,并具有便于培育管理的优点。

4. 扦插季节与插穗选择

扦插季节不同,插条发育状况有差异,大气温、湿度等环境因子也有不同,这些因素都影响到扦插生根速度和成活率。经多次试验表明,弗吉尼亚栎扦插适宜时期有二:①2 月中下旬至 3 月初,采集去年生枝梢(完全木质化,腋芽显现)剪取插条扦插;②5 月中下旬采集第一轮春梢中尚未分叉的主梢(稍微木质化)剪取插条进行扦插。这两次扦插均可达到较好效果,扦插成活率为 60%~80%,当年扦插苗高 10~20 cm,翌年苗高可达 30~40 cm。夏季和秋季扦插成活率一般在 50%以下,当年基本没有高生长。

栎树幼树的枝梢生长一般具有"长—停—长—停"的间断性特点,每年长出的当年生枝条主梢可区分出 2~3 节(春梢段、夏梢段或秋梢段),甚至更多,其侧梢节数较少。主梢一般较侧梢粗壮,更适宜作为插条材料。上述的早春扦插,所采集的去年生枝条主梢实际上包含春梢、夏梢或秋梢段,它们之间有无成活率的差异,目前尚未可知,一般都作为扦插材料。

第 2 次春末夏初的扦插,所采用的插条就是春梢段。3 月中下旬弗吉尼亚栎枝条开始萌芽生长,通常顶芽先行萌发长出顶梢(主梢),接着侧芽长出侧梢。当顶梢伸长到一定长度(20~30 cm),顶梢上的腋芽发育并长出侧梢(分叉)。5 月底至 6 月上旬,枝梢生长有一个短暂的停顿期,此后再开始第 2 轮的枝梢生长(夏梢)。春末夏初的扦插,宜采用春梢中尚未分叉的较粗的主梢(粗度 5 mm 左右)作为插条。采早了,主梢过于幼嫩,采迟了,主梢已分叉,影响到剪条处理。因此,应注意现场观察,掌握好最佳采条时机。

5. 弗吉尼亚栎插条生根特性分析

据观察,弗吉尼亚栎扦插繁殖具有以下固有特点:

第一,弗吉尼亚栎插穗生根速度缓慢。在春末夏初扦插,从扦插之日起,一般需要经历 60~70 d 才开始生根,而容易生根树种(如洋白蜡、美国梧桐等)在扦插后 30~40 d 就开始生根。

第二,弗吉尼亚栎扦插苗根系不够发达,通常只能从切口的愈伤组织处长出 1 条根。同样难生根树种纳塔栎的扦插苗却能长出 2~3 条根,容易生根树种可以长出许多条根(如海滨木槿长出 3~4 条根,美国梧桐长出 10 多条根)。

第三,弗吉尼亚栎的枝梢比较密集而且纤细(粗度 3~4 mm),插条养分不足,水分容易丧失,也是影响生根成活和成活苗木缓慢的重要因素。

为了提高弗吉尼亚栎扦插成活率和苗木生长量,一方面要进行单株选择,筛选生长速度快和容易生根的优良单株开展无性繁殖;另一方面,建立专门的采穗圃,创造良好的栽培环境,提高穗条的质量。另外,通过外源生根激素处理和改善扦插育苗环境条件,促进生根与幼苗生长。

(二)弗吉尼亚栎扦插育苗技术体系构建

1. 优良母株选择

优株选择是实现无性繁殖和选育优良品系的物质基础。开展扦插繁殖,必须从选择优良单株起步,在解决种苗问题的同时,也为弗吉尼亚栎的遗传改良奠定物质和技术基础。要挑选生长优势明显、干形通直、树冠匀称、无病虫害的优良单株以及形态特异单株作为采穗母树,树龄 5~8 年。选好母树之后,尽可能收集保存于种质资源库,或就地保存,挂牌登记,建立档案,定期观测。对优良母树尽快采条获采种繁殖,保留于种植资源库内,作进一步研究。

2. 采穗圃营建

建立采穗圃是实现规模化扦插繁殖的基本平台,也是提高穗条数量和质量的根本途径。

（1）材料来源

一是优良单株无性系苗木。从已经选择的优良单株或特异单株上采集穗条进行扦插试验所得的扦插苗,每个无性系几株、几十株不等。二是从 2~3 年生播种苗中挑选生长突出、分枝匀称、形态特异的超级苗。

（2）圃地选择

选择疏松肥沃、排灌方便的圃地建立采穗圃。

（3）整地定植

开沟筑床,床宽 1 m,沟宽 40 cm、深 30 cm,每床栽种 1 行,株距 70~80 cm。定点挖穴,穴大小为 40 cm×40 cm×40 cm,每穴施经腐熟的有机肥 10 kg,再行栽种。

（4）株系配置

无性系苗木分别成行栽种,每个无性系栽种 1 行或数行。其他优良单株可按种子来源或选择地点分区栽种,繁殖成无性系后再按无性系成行栽植。绘制定植图。

（5）建圃初期管理

栽植开始 1~2 年,主要做好除草、松土和施肥 2~3 次,并及时开展旱期灌溉和汛期排涝工作,保障树苗成活和形成旺盛的生长势。

（6）常年培育管理

从第 3 年起进入穗条生产阶段,实施"2—2—3"培育管理制度,即每年 2 次修剪、2 次采条和 3 次除草施肥制度。根据弗吉尼亚栎的生长特性,每年 2 月和 7 月间进行两次整形修剪,以培育健壮的穗条,将树高控制在 80 cm 之内;在 2 月下旬(结合修剪采集上年秋梢)和 5 月中下旬(采集第一轮春梢)进行两次采条扦插;3 次除草施肥分别在 2 月下旬、5 月下旬、7 月下旬,每次每株施氮磷钾复合肥 50~100 kg。

3. 扦插育苗关键技术

（1）把握扦插季节

一年扦插 2 次,分别在 2 月底至 3 月初采集上

图 4-1　弗吉尼亚栎高干型采穗母树

图 4-2　弗吉尼亚栎矮干型采穗圃

年生秋梢和 5 月中下旬采集第一轮春梢进行扦插。

（2）扦插基质与容器准备

扦插基质：泥炭 3＋珍珠岩 1，或泥炭 3＋河沙 1。扦插容器采用直径 5 cm、高 10 cm 的小号塑料杯，或 50 孔穴盘。插前采用高锰酸钾对基质消毒。

（3）精选穗条

从采穗圃或母树上采集枝条，选择圆满充实、均匀一致、尚未分叉的全木质化或半木质化枝条，分别绑扎挂牌，带回室内随即剪穗。去除枝梢过嫩部分和基部过老部分，取中下部枝段剪成插穗，穗长 7~8 cm，保留顶端 2~3 个叶片，按无性系绑扎成捆，梢头朝上放置在水盆内（水位 3~5 cm）待插。当天处理不完的枝条放在盆内盖上潮湿纱布，防止干燥，但不宜浸入水中，以免枝叶因缺氧而褐变。

（4）扦插与插后管理

对于完全木质化秋梢插穗，插前用 NAA 6000 mg/kg 或 IAA 2000 mg/kg 溶液速蘸后扦插，对于半木质化春梢插穗无须处理直接扦插，使插穗入土 4~5 cm。插后随即进行喷灌，使基质充分吸水至近饱和状态，再用经过打孔的白色塑膜覆盖整个插床加以保湿，此后视天气情况，不定期进行喷雾。

插后管理的关键是湿度控制，保持基质持水量在 30%~40% 范围内和叶面的相对湿度 95% 左右，使叶片不脱落则有利于提早生根生长。但进入夏季，高温高湿容易感染腐烂病，需要每隔 15 d 左右喷洒一次多菌灵，防止穗条霉烂。2~3 个月，待新梢开始生长之时撤除塑膜，再进行不定期喷雾管理。

（5）扦插生根苗的移栽培育

在小型容器中培育的生根扦插苗，要及时移栽到大田继续培育，否则由于密度大、容器小，将严重影响苗木生长与质量。一般早春扦插苗和 5 月扦插苗在第 2 年 4~5 月间即可连带基质移栽到大田苗圃中去加以培育,移栽株行距 30 cm×50 cm,第 3 年春可出圃造林。

图 4-3　弗吉尼亚栎嫩枝扦插　　　　　图 4-4　弗吉尼亚栎嫩枝扦插成苗

(三) 组织培养技术探索

1. 技术路线

弗吉尼亚栎组织培养技术路线见图 4-5。

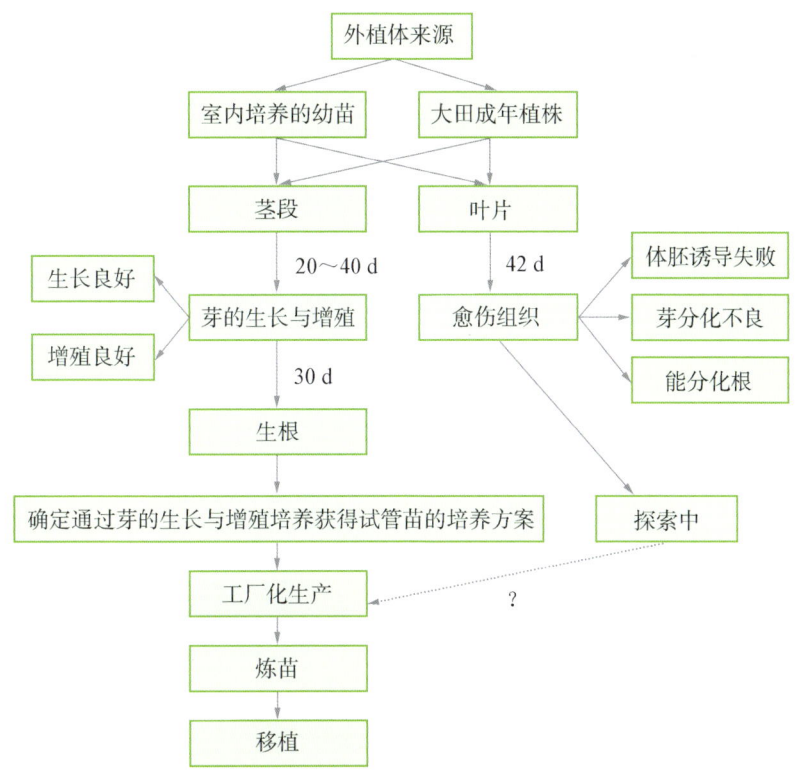

图 4-5　弗吉尼亚栎组织培养技术路线

2. 外植体消毒方法

选用 0.2% 次氯酸钠、10% 过氧化氢、升汞 3 种试剂对外植体消毒,发现升汞消毒效果最好,并确定消毒流程:外植体经自来水冲洗 24 h 后(来源于室内培养的植株的外植体不需自来水冲洗),再以 70%～75% 的乙醇消毒 30 s(若是大田采的外植体,则加入 1～2 滴吐温 80,以加强消毒剂的渗透),然后用升汞浸泡 3～10 min(其中种子消毒需 8～10 min,幼嫩叶片或顶芽需 3 min,一般叶片或带芽枝条需 5 min),最后以无菌水冲洗数次,置于无菌玻璃瓶备用。

3. 防褐化措施

褐化(browning)是指在外植体诱导初分化或再分化过程中,自身组织从表面向培养基释放褐色物质以至培养基逐渐变成褐色,外植体也随之进一步变褐而死亡的现象。目前认为植物组织培养中的褐化主要是酶促褐化,主要以多酚氧化酶为主。通过观察发现,大田生长的弗吉尼亚栎的细胞含酚类物质较多,叶片、枝条受损后,在切口处有大量酚类物质被氧化,造成切口褐变,因此,采用野外生长的弗吉尼亚栎作为外植体时,首要的任务是防止褐化。而室内培养的弗吉尼亚栎幼苗酚类物质含量较少,在组织培养时不需要采取防褐化措施。

组织培养中防褐化的措施很多,最常用的是添加抗氧化剂或吸附剂,本研究采用了 3 种防褐化试剂:抗坏血酸(Vc)、硫代硫酸钠和活性炭。研究发现,0.3% 和 0.5% 的活性炭对防止芽褐化效果最好,但 0.5% 的活性炭中芽生长的启动时间延长,因此建议在培养基中添加 0.3% 的活性炭可有效防止褐化。另外发现,多次反复接种也可以有效防止褐化,外植体第一次接种后,培养 3 d,转到相同培养基,这样转 3 次,褐化基本不会再发生。

表 4-6 不同浓度防褐化剂的防褐化效果

处理	浓度 /%	芽启动时间 /d	目测褐化发生半径 /cm
对照	0	14	2.00
抗坏血酸	0.25	16	1.10
	0.50	16	0.60
硫代硫酸钠	0.10	17	1.00
	0.20	16	0.60
活性炭	0.10	15	0.50
	0.30	16	0.00
	0.50	19	0.00

4. 愈伤组织诱导

（1）材料与方法

选取无虫眼、颗粒饱满的弗吉尼亚栎种子，在自来水中浸泡 24 h，弃去漂浮的种子，然后以饱和漂白粉上清液浸泡 30 min 进行表面消毒，消毒后的一部分种子置于玻璃瓶中，并覆盖纱布，置于培养室内培养。另一部分种子，人工去皮，去皮后的种子于超净工作台内，按上述消毒流程进行种子消毒，消毒后的种子接种于琼脂培养基，用于培养无菌苗。

（2）愈伤组织诱导

在无菌条件下，将灭菌的叶片剪成 0.5 cm² 大小，分别以正接和背接方式接种于不同培养基，每个处理接种 30 个外植体，于培养室内先暗培养 1 周，然后给予光照约 3000 lx，光周期 14 h/10 h，温度 25 ℃±2 ℃，定期观察外植体生长情况。培养基采用 MS 培养基的大量元素、微量元素和维生素，另外添加 0.5 g/L 的水解酪蛋白、3%的蔗糖、0.7%的琼脂，pH 调整为 5.6，并添加不同浓度的 6-BA 和 NAA。

（3）继代培养

采用上述培养基培养 6 周后，将愈伤组织转入含 0.1 mg/L 6-BA 的新鲜培养基，培养 1 个月后，再转入新的分化培养基。

（4）愈伤组织分化

将增殖良好的愈伤组织转入含不同浓度的 6-BA 和 NAA 的培养基进行不定芽和根的分化诱导。

（5）结果与分析

① 叶片不同朝向对愈伤组织诱导率的影响。研究发现（见表 4-7），正接和背接两种方式均可诱导叶片产生愈伤组织，但正接的愈伤组织启动时间较为滞后，而背接不仅可以增加叶片与培养基的接触面积，更重要的是叶片背面气孔较多，更容易吸收水分和养分，因此可以提前诱导愈伤组织的产生；而叶片正面气孔较少，角质化程度较高，影响了水分和养分的渗入，导致愈伤组织产生较晚。不同接种方式产生的愈伤组织形态也略有不同，正接产生的愈伤组织大多集中在外植体周围，颜色偏黄；而背接产生的愈伤组织较多，分布范围也大，颜色偏白色和黄色。

表 4-7　不同接种方式对弗吉尼亚栎愈伤组织诱导率的影响

接种方式	接种块数	愈伤组织启动期 /d	42 d 诱导率 /%
正接	35	30	100
背接	43	26	100

② 不同激素配比对愈伤组织诱导率的影响。单独添加 6-BA 无法诱导弗吉尼亚栎愈伤组织产生,而单独添加 NAA 可不同程度诱导愈伤组织产生,诱导率 60% 以上,但愈伤组织颜色偏黄色,质量和数量不佳;而添加不同浓度配比的 6-BA 和 NAA 均可以诱导愈伤组织产生,愈伤组织数量较多,呈团球状,比较松散,颜色较透明,偏白色和绿色。在 NAA 浓度较高的情况下,6-BA 浓度的提高可抑制愈伤组织的产生(见表 4-8)。

表 4-8　不同激素配比对愈伤组织发生和生长的影响

培养基编号	6-BA 浓度/(mg/L)	NAA 浓度/(mg/L)	诱导率/%	愈伤组织分级评价
1	0.5	0	0.00	0
2	1	0	0.00	0
3	2	0	0.00	0
4	0	1	61.11	1
5	0	2	73.53	1
6	0	3	68.57	2
7	0	4	100.00	3
8	0.5	1	100.00	5
9	1	1	100.00	4
10	0.5	4	100.00	5
11	1	4	96.97	4

注:愈伤组织分级评价标准:根据愈伤状况、颜色和体积大小把愈伤诱导与增殖状况划分为 0~5 个级别(0 级:无显著愈伤迹象;1 级:叶片卷曲,有少量愈伤颗粒;2 级:愈伤组织明显,但只分布于外植体周围,颜色偏黄;3 级:愈伤组织增殖覆盖整个切面;4 级:愈伤组织增殖成小团状;5 级:愈伤组织增殖成团,颜色透明,偏白色或绿色)。

③ 愈伤组织的继代培养与分化。研究发现,发育良好的弗吉尼亚栎愈伤组织经继代培养后,大多生长不良,颜色变褐变黄,难以成苗,只有部分愈伤组织分化产生了根。

5. 芽的生长和分化

在无菌条件下,将灭菌的嫩枝剪成 1 cm 左右的带芽茎段,接种于不同培养基,每个处理接种 100 个外植体,于培养室内给予光照约 3000 lx,光/暗周期 14 h/10 h,温度

25 ℃±2 ℃,定期观察外植体生长与增殖情况。研究发现,在以 MS、1/4MS 和 WPM 为基本培养基,添加不同浓度 6-BA 的培养基中,弗吉尼亚栎芽均能生长,但在 MS 培养基中外植体褐化较严重,而在低盐的 1/4MS 和 WPM 培养基中褐化较轻。在供试的 18 种培养基中,仅有 8 号、9 号、12 号、15 号和 17 号培养基中的外植体芽有增殖现象,且增殖率也不高,仅有 10% 左右;其他培养基中的芽仅生长无增殖。而能够使外植体芽生根的培养基只有 15 号(见表 4-9)。

表 4-9 培养基成分及激素配比对芽的生长、增殖和生根的影响

培养基编号	基本培养基	6-BA /(mg/L)	NAA 浓度 /(mg/L)	生长	增殖	生根
1	MS	0.5	0	+	—	—
2	MS	1	0	+	—	—
3	MS	2	0	+	—	—
4	1/4MS	0.5	0	+	—	—
5	1/4MS	1	0	++	—	—
6	WPM	0.2	0.1	+	—	—
7	WPM	0.2	0.3	+	—	—
8	WPM	0.2	0.5	++	+	—
9	WPM	0.4	0.1	++	+	—
10	WPM	0.4	0.3	++	—	—
11	WPM	0.4	0.5	++	—	—
12	WPM	0.6	0.1	++	+	—
13	WPM	0.6	0.3	++	—	—
14	WPM	0.6	0.5	++	—	—
15	WPM	1	0.5	++	++	+
16	WPM	2	0.5	++	—	—
17	WPM	4	1	+	+	—
18	WPM	8	1	+	—	—

注:表中"—"表示外植体无芽的生长、增殖或生根;"+"表示有生长、增殖或根原基发生;"++"表示芽生长良好,增殖较多,根发育良好。

6. 小结

本节内容主要是对弗吉尼亚栎组织培养的探索。结果发现(见图 4-6、图 4-7、图 4-8、图 4-9),弗吉尼亚栎幼苗叶片能够诱导愈伤组织,但愈伤组织在转接过程中易失活,导致愈伤组织再分化研究的困难,而以带芽茎段为外植体通过不定芽增殖的途径获得试管苗的路线是可行的。通过本研究,我们已经解决不定芽增殖和生根的技术难关,并实现由带芽茎段到试管苗的技术路线。

图 4-6　不定芽增殖(接种 20 d)

图 4-7　不定芽增殖(接种 40 d)

图 4-8　不定芽生根情况(接种 25 d)

图 4-9　不定芽生根情况(接种 50 d)

第二节
弗吉尼亚栎种子繁殖技术

弗吉尼亚栎的无性繁殖成本较高，难度较大，目前应用不多。因其结实较早，种子量大，生产上主要采用种子繁殖育苗。在美国，弗吉尼亚栎普遍采用大型容器、无土基质结合滴管、施肥和整形修剪等配套育苗技术，为城市景观、行道树建设培育大规格的绿化大苗（Reeves, 2002）。在这方面，园林研究人员开展了不少研究，积累了丰富的技术经验。

（一）弗吉尼亚栎播种育苗技术

1. 种子采集与播前处理

在原产地，弗吉尼亚栎种子成熟期一般在11月，在引种地杭州湾地区和上海地区，弗吉尼亚栎种子成熟期大多在11月中旬至下旬，但成熟早迟的株间差异较大，有些母树早到10月中下旬种子脱落，也有母树种子推迟到12月上中旬成熟。由于弗吉尼亚栎种实没有后熟期，落地后如遇适宜条件即可发芽。因此，进口种子时应该要求供应商在1月之前交货，应随到随播。对于国内引种造林已结实的弗吉尼亚栎母树，于11~12月间采集种实，可随时播种；也可先在室内阴凉处暂时摊放，或用塑料筐存放，用草帘覆盖，掌握好保持低温（不超过10 ℃）和一定湿度两个环节，至1~2月播种。

据观察，从国外进口的弗吉尼亚栎种子中，大约30%以上带有虫眼及象鼻虫（*Curculio* spp.），在播种前用温水浸种1昼夜，可去除大部分种实象鼻虫。

引种研究表明，弗吉尼亚栎母树间种子大小差异显著，而种子大小又直接影响到当年苗木的生长，大粒种子所培育出的苗木，其生长优于小粒种子所生苗木。因此，有必要在播种之前，将种子进行过筛分级，分别播种育苗，有利于提高苗木的整齐度和总体质量。

2. 大田育苗

选择疏松湿润的圃地，为促进苗木生长，尽可能施用经过腐熟的厩肥作基肥。经过翻耕整地、筑床，在1~2月间实施条播，播种沟深2~3 cm，沟距25 cm，每平方米播种

40～50粒种子,种子宜均匀横放于沟内,盖土2～3 cm厚,再覆草保湿。因气候条件而异,通常在播种2个月后开始发芽出土,种子场圃发芽率在60%左右。

出苗初期,要及时除草,减少竞争。7～8月间高温干旱季节,盖上30%～50%透光度的遮阴网,有利于弗吉尼亚栎幼苗的高生长,但要及时撤除遮阴网。如遇久旱,土壤持水量在30%以下时,需要实施大田沟灌。通过常规培育管理,当年苗高可达40～50 cm。弗吉尼亚栎直播一年生苗木具有十分发达的棒状主根,侧根稀少,仅在10～15 cm深度以下主根部位长出几根细而短的侧根,基本没有须根。苗木极易失水,起苗后2～3 h内出现叶片干枯,在海涂大风环境下,更不易成活。

3. 容器育苗

实践证明,开展弗吉尼亚栎容器育苗是十分必要的技术措施,其优点是不仅可节省种子,提高发芽率,还可提前播种,延长生长期,促进根系发育,提高苗木生长量和整齐度,从而提高造林成活率,并可当年育苗当年造林。

有两种具体方法:一是选用中等大小的塑料杯容器(直径8 cm、高15 cm),装满无土基质(泥炭70%+珍珠岩25%+蛭石5%),于1月播种,每个容器内播种1～2粒种子,在具有保温喷灌设施的大棚内育苗,当年8～9月苗木根团已经形成,秋季10～11月苗高可达50～70 cm、基径0.5～0.7 cm,当年可以用于造林。此法无须移苗,但从播种之日起,就要占据较大的大棚空间,且有20%～30%的容器因种子不发芽而空闲。

另一种做法是两步育苗法,1月先用多孔穴盘(直径4 cm、高10 cm)装满基质后播种,每孔1粒,待种子发芽出苗后,4月将芽苗分批移入中等大小的塑料杯容器继续培养。浙江上虞海发农艺园林有限公司经过多年的实践,已经总结出一条大规模弗吉尼亚栎容器育苗的成功经验和技术规程,培育出数十万株弗吉尼亚栎苗木。

图4-10 浙江上虞海发农艺园林有限公司弗吉尼亚栎大规模容器育苗,播种7个月弗吉尼亚栎容器苗

（二）弗吉尼亚栎大苗培育技术

目前，欧美的园林企业大苗栽培已经普遍采用容器大苗集约化栽培模式，即采用大规格容器+无土轻基质+滴灌施肥的方法，这是一种发展趋势。随着我国生态文明建设水平的提高，国内也有些大型园林企业正在逐步与世界接轨，从传统的地栽大苗经营模式走向集约化容器大苗经营模式。

弗吉尼亚栎苗木的生长速度相对较慢，一般不采用小苗直接造林。沿海防护林工程多采用胸径 2~3 cm、高度 2 m 以上的大苗造林，培养此种规格的大苗至少需要 3~4 年。庭院绿化、道路绿化工程的用苗规格更大，冠形要求更高，培育所需时间更长。弗吉尼亚栎大苗的培育目前主要采用地栽模式。生产单位多年实践表明，培育弗吉尼亚栎地栽大苗需要抓好三项关键：圃地选择、密度控制和整形修剪。

1. 圃地选择

要挑选疏松肥沃、排灌和交通方便的壤质田地作为大苗培植圃地，经过翻耕整地、施基肥、开沟筑床，再进行小苗移栽定植。弗吉尼亚栎苗木生长分化较大，栽种之前先进行苗木分级，分类分区栽种，有利于提高树苗的整齐度。

2. 密度控制

"先密后稀"是生产单位针对弗吉尼亚栎的分枝特性，从实践中逐步积累起来的成功经验。小苗先行密植，有利于提高土地利用率和抑制杂草，更重要的是抑制弗吉尼亚栎幼苗的侧枝横向发展而促进向上生长，逐渐形成直立树形；此后逐步进行疏挖，拓宽单株生长空间，保证冠幅和直径的正常生长。具体做法是：高度在 50~60 cm 的一年生实生苗或

图 4-11　弗栎直播苗留床培养 1 年

图 4-12　弗栎一年生苗密植移栽培养 3 年

1~2年生扦插苗,初植株行距为 1 m×1 m 或者 0.6 m×1 m,栽植 3 年后,树高 1.5~2 m,开始疏挖,疏挖强度 1/2 左右,疏挖出的苗木可以用于工程造林或再次移栽,株行距为 1.5 m×2 m。第 5 年再次疏挖。通过 2~3 次疏挖,使密度降低到原来的 1/3 左右。疏挖时间安排在冬季至早春树液流动前进行。但是在密植情况下,容易发生病虫害,特别注意监测天牛等蛀干害虫,一旦发生应及时采取防治措施。

疏挖之后,要对留下的穴坑及时进行平整,否则影响保留树苗的根系发展。在条件许可的情况下,结合整地工作进行一次施肥。

3. 修剪整形

树木修剪是通过枝条剪除或短截对树冠结构与形状进行改造,培育出理想树形的经营措施。位置不当和不合时宜的修剪会导致木材缺陷和外表伤痕,过度的修剪更会影响树木的生长。但合适的修剪对于提高景观树木的结构完整性、匀称性、健康状况和树苗的市场竞争力,是必不可少的措施。弗吉尼亚栎作为重要的景观树种,其顶端优势不强,分枝密集,杂乱无章,为了培育出受市场

图 4-13 通过密植和修枝使弗吉尼亚栎形成良好干形

欢迎的具有明显主干和优美冠形的弗吉尼亚栎大苗,修剪是一项重要的培育措施。

在以上疏挖的同时,对保留下来的树苗进行修剪整形,这是培育弗吉尼亚栎合格绿化大苗所不可或缺的经营措施。弗吉尼亚栎有一定耐阴性,自然整枝能力较差,分枝杂乱,必须进行修剪整形,及时剪除树干下部侧枝(不留枝桩),促其形成良好干形和顶端优势。但修枝强度不可过大,修枝高度逐年抬高,一般为当年冠长的 1/4~1/3,最终修枝高度不超过 1.5 m。

这里,介绍国外园林工作者一些关于弗吉尼亚栎大苗修剪的研究结果。

据 Gilman 等(2007)报道,采用 3 类弗吉尼亚栎大苗材料(播种苗和 2 个品系的扦插苗)在 2001 年 1 月栽种于砂质土壤,实施 3 种不同的修剪处理,每类材料每种处理 33 株,共计 297 株,历时 3 年。修剪时间:2001 年 7 月和 9 月,2002 年和 2003 年均在 4 月和 8 月。3 种修剪处理分别是:A. 剪除最大枝:首次修剪时剪除树干 20 cm 以下所有枝条,接下去的每次修剪中,剪除树干 1.37 m 高度以下最大的 1~2 个枝条,每年 2 次;

B. 短截低位枝:首次修剪时剪除树干 20 cm 以下所有枝条,接下去的每次修剪中,剪除树干 1.37 m 高度以下所有枝条的 1/2,每年 2 次;C. 剪除低位枝:首次修剪时剪除树干 50 cm 以下所有枝条,接下去每次修剪时,提高 30 cm 高度直至 1.37 m 以下剪除所有枝条,同时剪去疯长枝长度的 1/2~2/3。

试验结果见表 4-10。对于实生苗和品系 Cathedral Oak®,剪除所有低位枝处理的树木直径生长量显著降低,其余两种修剪处理没有显著差异。这可能由于修剪过量,叶面积减小,导致光合作用的下降所致。但是对品系 Highrise®而言,3 种修剪处理对直径生长没有影响,这是因为该品系顶端优势明显的特性所决定的。3 类苗木修剪所花费的时间处理均有显著差异,而剪除最大枝处理具有明显的优点,即费时最少,效率最高。

表 4-10　弗吉尼亚栎 3 类苗木进行 3 种修剪处理的试验效果(Gilman et al.,2006)

处　理		Cathedral Oak®	Highrise®	实生苗
2003 年年底试验结束时的基部直径 /cm	剪除最大枝	7.60 a	5.75	7.44 a
	短截低位枝	7.43 a	5.90	5.62 ab
	剪除所有低位枝	6.26 b	5.70	4.70 b
2001~2003 年总的修剪用时 /min	剪除最大枝	6.65 a	5.35 a	6.48 a
	短截低位枝	8.08 b	7.17 b	6.97 a
	剪除所有低位枝	6.43 a	5.25 a	5.25 b
直径修剪效率 /(cm/min)	剪除最大枝	1.14 a	1.07 a	1.15 a
	短截低位枝	0.92 b	0.82 b	0.85 b
	剪除所有低位枝	0.97 ab	1.09 a	0.89 ab

注:不同材料同一处理字母相同,表示在 5%显著水平上无显著差异;相异,表示差异显著。

Gilman 等还以品系 Cathedral Oaks®为试材,进行另一项修剪试验。分容器苗和田间栽种,历时 4 年(2001~2004)。实施 4 种修剪处理:A. 全部剪除:在栽种后 2 年内逐次提高修剪高度直至树干高 1.37 m 以下的所有枝条全部清除;B. 强度短截:干高 1.37 m 以下的枝条被短截至 7.6~10.2 cm 长度,每年 2 次;C. 弱度短截:干高 1.37 m 以下的枝条被短截至 25.4~30.5 cm 长,每年 2 次;D. 剪除最长枝:剪除干高 1.37 m 以下 1~2 根最长的枝条,每年 2 次。测量了试验前后的树高、基径,记录了修剪花费时间及修剪后未愈合的伤痕数量。试验期间遭受了 2 次强热带风暴,采用计分法评价了树木的稳定性(抗风性)和苔藓覆盖程度。结果列在表 4-11 和表 4-12 中。从表 4-11 可以看出,无论在容器或在田间,全部剪除低位枝的处理均造成树木直径和树高生长的显著下降,其生长量低于另外3种修剪处理,虽然修剪用时显著低于其他处理,但修剪效率(单位时间所产生的生长影响)没有显著差异。另从表4-12可以看到,在遭遇热带风暴侵袭后,全部剪除低位枝处理的树干稳定性较差,而剪除最长枝处理有利于提高树木的稳定性,并减少苔藓覆盖。

表4-11 不同修剪方法对弗吉尼亚栎品系Cathedral Oaks®生长的影响和修剪时效(Gilman et al.,2006)

处理	直径/cm		树高/m		修剪用时/min		直径修剪效率/(cm/min)		树高修剪效率/(m/min)	
	容器	田间	容器	田间	容器	田间	容器	田间	容器	田间
全部剪除	6.33 a	7.17 a	3.55 a	4.33 a	7.53 a	8.73 a	0.84	0.82	0.47	0.50
强度短截	6.51 ab	7.80 b	3.81 b	4.67 b	9.15 b	11.27 bc	0.71	0.69	0.42	0.41
弱度短截	6.74 b	8.41 c	3.64 a	4.73 b	9.13 b	12.38 c	0.74	0.68	0.40	0.38
剪除最长枝	6.69 b	8.24 bc	3.66 a	4.64 b	8.38 b	10.42 b	0.80	0.79	0.44	0.45

注:数据后字母不同,表示不同处理存在显著差异($P<0.05$)。

表4-12 不同修剪方法对弗吉尼亚栎品系Cathedral Oaks®树干外表和田间稳定性的影响(Gilman et al.,2006)

处理	苔藓覆盖度		树木倾斜度	根系稳固度	未闭合的伤痕数	
	容器	田间	田间	田间	田间	容器
全部剪除	1.45 b	2.45 b	1.45 b	1.58 b	5.95 a	7.00 a
强度短截	0.83 a	0.89 a	1.33 b	1.58 b	25.65 b	16.63 b
弱度短截	0.68 a	1.08 a	1.35 b	1.58 b	27.50 b	20.16 b
剪除最长枝	1.10 ab	1.08 a	1.00 a	1.13 a	27.80 b	17.60 b
卡方检验	26.69 $P<0.0001$	59.51 $P<0.0001$	15.08 $P=0.0017$	12.38 $P=0.0062$	41.80 $P<0.0001$	24.86 $P<0.0001$

注:数据后字母不同,表示不同处理存在显著差异($P<0.05$)。

(三)弗吉尼亚栎母树林的建立

弗吉尼亚栎引种我国十多年来,不少引种地点已进入大量结实阶段,可以自采自用。

因此,除了扩大引进必要的新种源或特殊种质资源之外,无需再从国外进口种子。目前,浙江上虞海发农艺园林有限公司建立了我国最大的弗吉尼亚栎引种栽培基地,现有弗吉尼亚栎大龄树苗达 120 万株,面积 7000 多亩。在该基地已经建成一片弗吉尼亚栎母树林,获得浙江省林木良种审定委员会的良种认定。此外,在江苏盐城、东台等地也发展了大面积弗吉尼亚栎栽培基地,栽种面积超过 2000 亩。为了将弗吉尼亚栎的种子生产纳入良种繁育的轨道,现参考我国林木良种繁育基地建设的一般技术要求,结合浙江上虞的实践经验,对于弗吉尼亚栎母树林的建立提出如下技术规范,以供参考。

1. 母树林建立的目的与目标

作为种子生产基地,提供弗吉尼亚栎的初级良种种子,满足近期弗吉尼亚栎育苗造林之需。母树林所生产的种子与一般未经改良的种子相比,在播种品质和遗传品质上有显著提高。

2. 母树林选址要求

① 沿海地区,土壤肥沃、沙壤质、排灌方便。

② 交通与管理便利。

③ 具备花粉隔离条件。为防止花粉污染,在候选园址的周围 800 m 范围内不栽种未经改良的弗吉尼亚栎林分。

④ 母树林建设具有一定规模,以满足一定范围内绿化造林的用种需要为原则,面积至少 2 ha。

3. 建立方法与技术要点

(1) 利用现有人工林加以疏挖改造

挑选符合以上选址条件并生长良好的现有人工林逐步疏挖或疏伐改造,最终建成采种母树林。目前,各地建立的弗吉尼亚栎种植基地初植密度大都很高,一般每亩 700～800 株。初植密度大,虽有利于弗吉尼亚栎的初期高生长和培养良好干形,但不利于其树冠发育和开花结实。为建成采种林,必须及时开展疏挖改造。通过 3～4 次的疏挖,使林分在林龄 8～10 年时,保留密度控制在每亩 70～80 株,并尽可能兼顾林木的均匀分布。随着林龄的增加,还要进行 2～3 次的疏挖或疏伐,到林龄 15～16 年时,每亩宜保留 20～25 株。每一次疏挖都是一次留优去劣的选择过程,淘汰病虫木、弯曲木、偏冠木和生长劣势木,保留那些树干通直、树冠匀称、叶形较大、结实较多的优势木作为采种母树,最终的选择率只有 3% 左右,以保证母树林的后代产生一定的遗传增益。

在每次疏挖过程中,结合进行一次林地开沟垦复、除草施肥、修枝整形和病虫害防治等抚育管理措施,以促进母树的健康生长、开花结实和种子丰产。

（2）挑选优良单株集中定植

在大面积弗吉尼亚栎的4～6年生人工林中,开展优良单株的选择,然后将它们带土移栽到事先选顶、符合母树林选址条件的地块集中定植与精细培育,建成母树林。

①挑选优良母树。所谓优良单株是指在相似立地条件下,其生长量和形质指标显著超过其周围林木平均值并达到一定标准的单株,用它们作为采种母树有可能产生更多的优良后代。可先制定一个选择标准,再按标准和一定的入选率开展选优。

②挖苗移栽定植。将所选出的优良单株,带土球挖出运至预定造林地块。并按照树龄的高低和树体的大小,进行分级、分区栽种。定点挖穴,穴中施用有机肥。定植株行距视树龄高低和树体大小而定,采用 5 m×5 m 或 3 m×5 m 的株行距。栽种后搭好防风架。

③植后抚育管理。移植母树林定植之后,每年需要 2～3 次培育管理,包括松土、除草、施肥和病虫害防治等。对于定植密度较大的区块,随着树龄的增加和树木的增长,需要及时调整密度,适度疏伐透光,促进种子丰产。

第三节
弗吉尼亚栎造林技术

（一）造林地选择

适宜弗吉尼亚栎栽种和造林的土壤类型有中性的冲积性砂质壤土和水稻土，偏碱性的粉泥质滨海盐土（含盐量0.5%左右）或黏泥质盐土（含盐量0.5%～0.7%）。在酸性的黏重红黄壤、黄泥土上也能生长，但生长速度会受到影响。弗吉尼亚栎主要用于沿海防护林带建设工程、通道绿化工程和城镇园林工程，所遇到的土壤类型主要是滨海盐土和水稻土。

（二）整地与土壤改良

对于新围垦的沿海滩涂而言，通常是高低不平的水洼地，自然植被是芦苇、碱蒿、盐角草等，地下水位和土壤盐分都较高，不利于造林和林木生长。营造沿海防护林的首要任务是全面平整土地，开沟筑路，抬高地势，排水降盐。通过排灌系统和道路系统的建设，形成适宜造林的平整台地，在台地上挖穴栽苗。

对于通道绿化而言，平原区路边、渠边通常是肥力较好的水稻土，也需要先行稍加清理和平整后再挖穴栽种，表土回穴，表土通常比较疏松、肥沃，有利于树苗生长。

土壤质地对弗吉尼亚栎的生长有影响，弗吉尼亚栎喜好砂质壤土。Bryan等（2011）采用苗高220 cm、基径22.5 mm的大容器苗进行田间试验，设置4种处理土壤方法：掺和30%体积的沙子，掺和30%体积的泥炭，在苗床上添加20 cm厚的砂质表土，自然的壤土（对照）。栽种3年后的结果表明，在苗床上添加砂质表土时，弗吉尼亚栎的根系质量比对照土壤有显著改善。而掺和沙子和在苗床上添加砂质表土的弗吉尼亚栎的梢部质量，比对照土壤和掺和泥炭的得到改善。因此，在道路绿化或城镇园林绿化工程中，常常遇到比较黏重的土壤条件，可以采取掺和沙土或沙子的栽培措施，以改善土壤结构。

（三）苗木选用

实践表明，弗吉尼亚栎初期生长速度较慢，沿海防护林工程造林不宜采用1～2年生小苗栽种。有两种方法可视具体情况选用：

一是采用中小规格苗木造林，苗高1～1.8 m，基径2～3 cm，带土球直径20～25 cm，中等规格植穴（40 cm×40 cm×40 cm），可不搭防风架，其造林成本低，成林较快。此法适用于一般沿海防护林工程造林。

二是采用中大规格苗木造林，苗高2～3 m，胸径3～4 cm，修枝高度不超过1.5 m，带土球直径30～35 cm，中大规格植穴（50 cm×50 cm×50 cm），需搭防风架防风，其造林成本高，但成林快。此法适用于经济实力较强的园林绿化工程和沿海防护林工程造林。园林绿化工程需要选用更大规格的树苗，一般树苗高度3～5 m，胸径6～8 cm，干形通直、树冠匀称、修剪适度（枝下高不超过2 m）。

在园林绿化工程中，多采用大规格苗木栽种，为了提高成活率，通常进行截干处理。实践证明，弗吉尼亚栎采用高位截干造林方法，当年就能形成新的树冠，效果良好（图4-14）。

图4-14　弗栎大苗截顶移栽当年基本形成新冠

（四）栽植株行距

沿海防护林工程造林，弗吉尼亚栎大苗的初植密度宜采取2 m或2.5 m的株距。如过密，则限制其树冠发育，将影响林木生长；过稀又会促进树冠扩张，低位分枝和丛生状植株比例增加，不利其高生长。

（五）栽植深度

弗吉尼亚栎造林时栽种深度一般控制在使根颈部位与地面相平或低于地面 5~8 cm 的水平。过浅容易导致风倒，过深则不利根系发育与生长。对此国外专家的研究结果可供参考。

在前述 Bryan 等的试验中，同时开展了不同栽植深度的处理。栽植深度分 3 个等级：根颈处、根颈以上 7.6 cm 和根颈以下 7.6 cm。结果表明，按根颈和根颈以下深度栽种的弗吉尼亚栎没有死亡，而根颈以上栽种的产生了 12.5% 的死亡率。由于容器苗有较高的梢根比，头重脚轻，按根颈以上栽种的弗吉尼亚栎，容易导致风害。根颈以下栽种的树木与根颈以上和根颈部位栽种的相比，树干直径生长量和相对生长率较小。因此，建议按弗吉尼亚栎根颈部位栽植和在苗床上添加砂质表土，有利于增进栽种后的树木质量。

Gilman 等（2011）研究了弗吉尼亚栎不同栽植深度下的根系特征和树干的侧向稳定性。在排水良好的砂质土壤设置了地上 5 cm、地平线、地下 10 cm 和地下 18 cm 4 种栽植深度，培育 6 年。研究表明，栽植深度对树干直径和树高没有影响。然而，深栽的树木具有更深的侧根，20~30 cm 和 40~50 cm 深的根系横断面积与树干的弯曲压力呈正相关。深栽树木比浅栽树木具有更陡峭向上生长的根、更深的根盘和较多的环绕根。整个根盘的根系直径不受栽植深度影响，深栽树木比浅栽树木更加稳定。

（六）干旱与灌溉

实践经验表明，弗吉尼亚栎对于水分的亏缺十分敏感。从苗圃地起挖的裸根苗，1~2 h 之后，就会出现叶片枯萎现象，这可能与弗吉尼亚栎叶片密集、蒸腾量较大，而根系受伤后水分供应不上有关。因此，造林时及时灌溉十分必要。此后，遇到长期干旱季节也要尽可能实行灌溉。

Gilman 等结合上面的栽植深度试验，还进行了经常性灌溉与非经常性灌溉的比较试验。结果表明，经常灌溉处理下的树木直径比未经常灌溉的树木增大了 10 mm。6 年后，栽植深度和灌溉对树干轴向倾斜 1°~5° 所需的弯曲压力没有影响，对地下 122 cm 深度范围内的 10 根最大侧根的直径也没有影响。但经常灌溉树木比非经常灌溉树木具有较大的根团（Root Ball），灌溉增加了上部 30 cm 范围内大于 5 mm 直径的根系数量。

Cavender-Bares 等（2007）研究弗吉尼亚栎在干旱胁迫下的生理响应机制。采用弗吉尼亚栎和它的姐妹种（*Quercus oleoides* Cham. & Schelect.，来自美国中部的一种白栎）的容器苗进行两个生长季的干旱处理和正常灌溉对照（土壤含水量分别为 7% 和 15% 左右),第 3 个生长季进行各项指标的观测。研究表明:对照树苗的总叶面积高出干旱处理树苗的 74%,并具有较高的绝对生长率。干旱处理与灌溉处理相比,气孔口长度减少 7%,而气孔密度减少了 20%,导致气孔指数平均降低 29%。

除了白天(9:30~13:30)蒸腾速率 Tr 和气孔导度 Gs 的下降之外,干旱处理植株在整个冠层水平上的夜间(22:00 至次日 5:00)Tr 和 Gs 分别下降了 62%~64% 和 59%~61%,而在单叶水平上分别下降了 27%~28% 和 19%~26%。在正常灌溉植株中,夜间 Gs 随着 VPD(叶片对大气的压力差)的增加而下降,这提供了夜间蒸腾的气孔调控证据。在干旱处理植株中,Gs 值低下,夜间 Gs 与 VPD 之间没有关联,表明水分亏缺没有通过气孔控制而进一步下降。对于所有植株,白天和夜间 Gs 随着黎明前水势呈曲线下降,但夜间 Gs 与 -1 MPa 以下黎明前水势无关。在干旱期间,白天和夜间 Tr 和 Gs 的降低与整株植物和叶片液压导度的下降有关联。所观测的夜间 Gs 是同以往的研究中所证明的栎树的表皮导度处于一样的范围内。对于正常灌溉植株,其夜间蒸腾 Tr 为其白天蒸腾 Tr 的 6%~8%,而对于干旱植株,其夜间 Tr 达到白天 Tr 的 19%~20%。这些结果表明,在干旱期间,弗吉尼亚栎树苗通过气孔关闭使 Gs 降到最小,仍然会通过表皮层经受不可避免的水分损失。

(七)套种与施肥

滨海盐土通常结构不良,养分特别是氮素缺乏。为促进林木生长,应采取改土增肥措施:一是在造林初期 1~2 年内实行林间套种,如田菁、豆类、小麦等,起到覆盖地面、减少土壤返盐和增进土壤肥力作用;二是栽苗之前在植穴中施用腐熟的有机肥或酸性复合肥。

参考文献

[1] 黄利斌,朱惜晨,李晓储. 北美栎树无性繁殖试验[J]. 江苏林业科技,2007,34(4):1-4.

[2] Bryan D L,Arnold M A,Volder A,et al. Planting depth and soil amendments affect growth of *Quercus virginiana* Mill.[J]. Urban Forestry & Urban Greening,2011,10:127-132.

[3] Cavender-Bares J,Sack L,Savage J. Atmospheric and soil drought reduce nocturnal conductance in live oaks[J]. Tree Physiology,2007,27:611-620.

[4] Reeves B. Propagation of *Quercus virginiana* by cuttings[J]. Combined Proceedings International Plant Propagators' Society,2002,52:448-449.

[5] Toribio M,Fernández C,Celestino C,et al. Somatic embryogenesis in mature *Quercus robur* trees[J]. Plant Cell,Tissue and Organ Culture,2004,76:283-287.

[6] Gilman E F,Grabosky J. Mulch and planting depth affect live oak (*Quercus virginiana* Mill.) establishment[J]. Journal of Arboriculture,2004,30(5):311-317.

[7] Gilman E F,Grabosky J. Quercus virginiana root attributes and lateral stability after planting at different depths[J]. Urban Forestry & Urban Greening,2011,10:3-9.

[8] Gilman E F,Anderson P J. Pruning lower branches of live oak (*Quercus virginiana* Mill.) cultivars and seedlings during nursery production:Balancing growth and efficiency[J]. Journal of Environmental Horticulture,2006,24(4):201-206.

[9] Gilman E F. Effects of amendments,soil additives and irrigation on tree survival and growth[J]. Journal of Arboriculture,2004,30(5):301-310.

[10] Grabosky J,Gilman E,Harchick C. Use of branch cross-sectional area for predicting pruning dose in young field-grown *Quercus virginiana* 'Cathedral' in Florida[J]. US Urban Forestry & Urban Greening,2007,6:159-167.

[11] Kennedy H E. Artificial Regeneration of Bottomland Oaks. // Loftis,David; McGee, Charles E. Oak Regeneration:Serious problems,practical recommendations. Symposium Proceedings. U. S. Department of Agriculture,Forest Service,Southeaster

Forest Experiment Station,1992:241-249.

[12] Kent D,Halcrow D,Wyatt T,et al. Detecting stress in Southern live oak (*Quercus virginiana*) and sand live oak (*Quercus virginiana* var. *Geminata*)[J]. Journal of Aboriculture,2004,30(3):146-152.

[13] Prewein C,Endemann M,Reinohl V,et al. Physiological and morphological charact-eristics during development of pedunculate oak (*Quercus robur* L.) zygotic embryos[J]. Trees,2006,20:53-60.

[14] Smith D W. Oak regeneration:the scope of problem // Loftis D L,McGee C E. Oak regeneration:serious problems,practical recommendations. Symposium proceedings,Knoxville,Tennessee,September 8-10,1992[C]. Asheville,NC:U. S. Department of Agriculture,Forest Service,Southeaster Forest Experiment Station,1992:40-52.

第五章
DI WU ZHANG
弗吉尼亚栎主要害虫及其防治技术

栎树人工林多为单一树种、单一结构的纯林，生态系统较为脆弱；栎树，尤其是栎实，富含碳水化合物、蛋白质和脂肪等内含物，为害虫喜食的食源，栎林周边的害虫通过主动传播或依靠自然动力传播及其自身强大的繁殖能力，传入并迅速繁衍后代，形成为害种群。林内外的生产活动交往，外来害虫可随苗木、木材和接穗等材料的潜带，入侵栎林，经定殖，蔓延形成新的为害种群。我国东南沿海地区，近年来频发的冬春连续冰冻雨雪、夏秋持续干旱高温和台风等灾害性气候，为栎林害虫特别是蛀干害虫提供了有利的生存、繁育环境。

第一节
栎树害虫种类与为害

据调查，为害栎树的害虫有 61 种，隶属 6 目 27 科，据其栖息和为害部位可分为食叶、枝梢、蛀干和种实 4 类害虫；据其发生特性、为害程度可略分为主要、常发、偶发和次要 4 类害虫。主要害虫是平衡位置处在经济损失水平（EIL）以上的害虫；常发性害虫是平衡位置处在经济阈值（ET）附近，即常在经济阈值上下波动的害虫；偶发性害虫是平衡位置有时达到经济阈值的害虫，即当环境适宜、天敌减少、食源丰富、气候异常或杀虫剂使用不当时，会超过经济为害水平的害虫；次要害虫是平衡位置经常处在经济阈值以下，又称为潜在害虫。详见表5-1。

表 5-1 栎树害虫种类及其为害

侵害部位	种　名	发生、为害性质
叶（食叶害虫）	短角外斑腿蝗 *Xenocatantops brachycerus*（C. Willemse）	常发
	硕蝽 *Eurostus validus* Dallas	偶发
	铜绿异丽金龟 *Anomala corpulenta* Motschulsk	主要
	中喙丽金龟 *Adoretus sinicus* Burmeister	偶发
	斑喙丽金龟 *A. tenuimaculatus* Waterhouse	次要
	小青花金龟 *Oxycetonia jucunda* Faldermann	偶发
	黄粉鹿花金龟 *Dicranocephalus wallichi* Bowring	次要
	白星花金龟 *Potosia*（*Liocola*）*brevitarsis* Lewis	偶发
	云南松叶甲 *Cleoporus variabilis*（Baly）	偶发
	双带方额叶甲 *Physauchenia bifasciata*（Jacoby）	常发
	茶扁角叶甲 *Platycorynus igneicollis*（Hope）	偶发
	油桐尺蛾 *Buzura suppressaria* Guenee	常发
	黄刺蛾 *Cnidocampa flavescens*（Walker）	常发

续表

侵害部位	种　名	发生、为害性质
叶 （食叶害虫）	咖啡豹蠹蛾 *Zeuzera coffeae* Nietner	主要
	日本木蠹蛾 *Holcocerus japonicus* Gaeda	偶发
	小木蠹蛾 *Holcocerus insularis* Staudinger	次要
	褐刺蛾 *Setora postornata*（Hampson）	主要
	扁刺蛾 *Thosea sinensis*（Walker）	偶发
	茶袋蛾 *Clania minuscula* Butler	偶发
	大袋蛾 *C. variegata* Snellen	偶发
	栎镰翅小卷蛾 *Ancylis mitterbacheriana* Denist et Schiffermuller	次要
	栗黑小卷蛾 *Cydia glandicolana*（Danil）	次要
	花布小卷蛾 *Camptoloma interiorata*（Walker）	次要
	苹梢鹰夜蛾 *Hypocala subsatura* Guenee	次要
	银杏大蚕蛾 *Dictyoploca japonica* Moore	次要
	乌桕黄毒蛾 *Euproctis bipunctapex*（Hampson）	偶发
	舞毒蛾 *Lymantria dispar* Linnaeus	常发
	条毒蛾 *L. dissoluta* Swinhoe	常发
	栎毛虫 *Paralebeda plagifera* Walker	常发
	黄褐天幕毛虫 *Malacosoma neustria testacea* Motschulsky	偶发
	栎枯叶蛾 *Bhima eximia*（Oberthur）	常发
	栗黄枯叶蛾 *Trabala vishnou* Lefebure	偶发
	花布灯蛾 *Camptoloma interiorata*（Walker）	次要
	栎绿尺蛾 *Comibaena delicatior* Warren	偶发
	栎黄掌舟蛾 *Phalera assimills*（Bremer et Grey）	主要
	黄二星舟蛾 *Lampronadata cristata*（Butler）	偶发
	栎蚕舟蛾 *Phalerodonta albibasis*（Oberthur）	次要
	栎粉舟蛾 *Fentonia ocypete*（Bremer）	次要

续表

侵害部位	种　名	发生、为害性质
枝、梢 （枝梢害虫）	板栗大蚜 *Lachnus tropicalis*（Van der Goot）	主要
	草履蚧 *Drosicha corpulenta*（Kuwana）	次要
	斑衣蜡蝉 *Lycorma delicatula*（White）	次要
	小灰长角天牛 *Acanthocinus griseus*（Fabricius）	偶发
	剪枝栎实象 *Cyllorhynchites ursulus*（Roelofs）	常发
干 （蛀干害虫）	山林原白蚁 *Hodotermopsis sjostedti* Holmgren	次要
	黑翅土白蚁 *Odontotermes formosanus*（Shiraki）	次要
	星天牛 *Anoplophora chinensis*（Forster）	主要
	黑星天牛 *A. leechi*（Gahan）	偶发
	橙斑白条天牛 *Batocera davidis* Deyrolle	主要
	云斑白条天牛 *B.horsfieldi*（Hope）	主要
	薄翅锯天牛 *Megopis sinica*（White）	次要
	眼斑齿胫天牛 *Paraleprodera diophthalma*（Pascoe）	次要
	栗山天牛 *Massicus raddei*（Blessia）	偶发
	栎旋木柄天牛 *Aphrodisium sauteri* Matsushita	常发
	褐黄前锹甲 *Prosopocoilus blanchardi* Parry	常发
	巨锯锹甲 *Serrognathus titanus* Boiscuval	常发
	日本木蠹蛾 *Holcocerus japonicus* Gaeda	偶发
	一点蝙蛾 *Phassus signifer sinensis* Moore	次要
	柳蝙蛾 *P. excrescens* Butler	常发
	疖蝙蛾 *P. nodus* Chu et Wang	主要
	赤腰透翅蛾 *Sesia molybdoceps* Hampson	次要
果实 （种实害虫）	柞栎象 *Curculio dentipes*（Roelofs）	常发
	麻栎象 *C. robustus* Roelofs	主要

第二节
弗吉尼亚栎的主要害虫及其生物学特性

弗吉尼亚栎作为一个新近引进树种，处于一个全新的生长环境之中，对病虫害和其他不良环境有一个逐步适应的过程。据初步调查，引种到浙江、上海、江苏沿海地区的弗吉尼亚栎均出现了不同程度的虫害。其中，浙江杭州湾一带相对比江苏、上海地区出现虫害的频率较高，特别在上虞、慈溪等地大面积成片栽种、密度较高和周围有杨、柳、复叶槭（Acer negundo L.）等易感虫害树种的环境下，容易发生天牛等害虫的为害，需要认真应对。

目前出现在弗吉尼亚栎上的主要害虫大概有7～8种，这些害虫也同时为害其他栎树，其中出现频率最高的和为害最大的是天牛和疖蝙蛾等蛀干害虫。

1. 星天牛 Anoplophora chinensis（Forster）

为害症状

成虫啃食嫩枝皮，形成枯梢。幼虫先在树干皮层和木质部间蛀食不规则的扁平坑道，后蛀入木质部，并向外筑一通气孔，推出粪粒，附于孔外（见图5-1）。虫口密度高时，被害树基地面聚积成堆的黄褐色虫粪。幼虫绕树干皮层蛀食，阻滞了养分的输送，削弱树势，致树枯死。该虫是我国栎树等多种生态、经济林木的重要蛀干害虫。

图 5-1　星天牛为害状

形态识别

成虫(见图 5-2) 体长 25～40 mm,体漆黑色具光泽。触角第 1、第 2 节黑色,其他各节基部 1/3 有淡蓝色毛环,其余部分黑色。前胸背板具有明显的中瘤,两侧具尖锐粗大的侧刺突。鞘翅基部密布黑色小颗粒,大小不等。每翅具 15～20 个大小不等的白斑,一般排成 5～6 横行。斑点变异较大,有的排列不规则,难以辨别。腹部黑色,被银灰色和部分蓝灰色细毛。足密被灰白色短毛。

幼虫(见图 5-2) 体长 40～60 mm,体黄褐色。头部褐色,上颚黑色,前胸背板前方左右各具一个黄褐色飞鸟形斑纹,后方有一个黄褐色略隆起的"凸"字形斑。腹部背步泡突微隆。

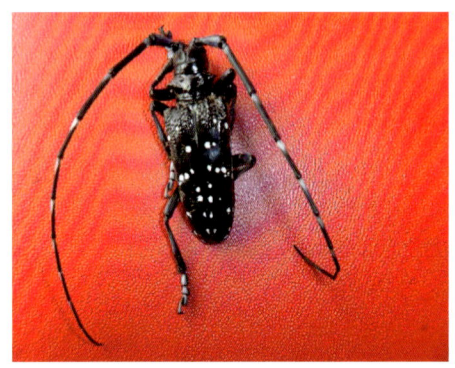

图 5-2 星天牛成虫(左)和幼虫(右)

生活史

据在浙江省淳安县观察,1 年发生 1 代,跨越两个年度,以幼虫在寄主木质部坑道内越冬。生活史见表 5-2。

表 5-2 星天牛生活史

世代	月份								
	3 上中下	4 上中下	5 上中下	6 上中下	7 上中下	8 上中下	9 上中下	10 上中下	11～翌年2 上中下
越冬代	---	---	--- △△	△△△ +++	△△ +++	+++			
第1代				•••	•• ---	---	---	---	---

注:● 卵,— 幼虫,△ 蛹,+ 成虫。

生活习性与为害

3 月下旬越冬幼虫解除休眠状态,开始钻蛀为害。4 月中旬前后,开始咬筑长

3.0~4.0 cm、宽 2.0~2.5 cm 的蛹室,并将咬下的粗木丝堵塞蛹室口。4 月中旬始相继化蛹,蛹历期 16~23 d。5 月上旬成虫开始羽化。6 月上中旬为羽化高峰期。初羽化成虫色淡,体柔软,活动能力差,需滞留蛹室 5~8 d,待体色变黑,外骨骼硬化,才能咬筑平均长 1.3 cm 的近圆形的羽化孔逸出。成虫逸出蛀道后的次日,飞往健康的栎树等林木、果树树冠,啃食嫩枝皮和叶主脉。遇惊即下坠至半空飞离。补充营养期,各虫因取食树种不同,一般为 11 d 左右。

成虫羽化后 8~12 d,经补充营养,达到生理后熟后才开始交配。成虫多在风和日丽的晴天交配,全天均可进行,但以 7:00~9:00、14:00~18:00 为较多。孕卵的雌成虫择距地 40 cm 以下树干基部(多数)或主侧枝下部(少数),咬筑约 1 cm 长的产卵疤。产卵疤多呈"丁"字形或"人"字形。雌成虫全日均能产卵,以黄昏至 18:00 及黎明至晨 8:00 为多,每疤产卵 1 枚。成虫具弱趋光性,据 2011~2012 年在浙江淳安县姥山林场应用频振式诱虫灯监测显示,诱捕的成虫多集中于 6 月下旬至 7 月上旬,最迟为 7 月 30 日。成虫寿命与其取食嫩枝皮的寄主种类密切相关,一般为 30~40 d。

图 5-3 星天牛蛹室

初孵幼虫在产卵疤附近皮层中蛀食,并流出黄白色泡沫状胶质物,常招引胡蜂、金龟和锹甲类昆虫竞相取食。初龄幼虫在皮层内蛀食,约经 1 个月后蛀入木质部,蛀食形成不规则的扁平坑道,其内充塞虫粪。幼虫先向下钻蛀约 3 cm,后转向上蛀,上蛀坑道长度不一,并向外咬筑 1~3 个通气孔以排出粪粒,蛀屑粪粒塞满孔口,常挤破树皮,致树表皮形成不规则的纵裂,粪粒附于裂口或掉落地面。害株虫口密度高时树干基部周围常见成堆的虫粪覆盖地面。

2. 云斑白条天牛 *Batocera horsfieldi*(Hope)

为害症状

成虫啃食 1~2 年生枝皮和嫩叶。幼虫环绕树干下部,在其韧皮部和木质部,螺旋形地钻蛀坑道。为害后期,被害部位树皮肿胀,纵裂成许多裂口,从蛀孔和裂口排出粪粒和木屑(见图 5-4)。为害造成寄主生长势衰弱、凋谢,直至枯死。该虫是我国四旁绿化树种、生态树种和果树的重要蛀干害虫。

图 5-4 云斑白条天牛为害状

形态识别

成虫（见图 5-5） 体长 40～60 mm，体黑色或黑褐色，密被灰白色或灰绿色绒毛。头部中央有 1 条纵沟。前胸背板中央有 1 对白色或浅黄色的肾形斑，被白色绒毛。鞘翅由白色或浅黄色绒毛组成云片状斑纹。斑纹大小变异较大，一般 10 余个斑纹排成 2～3 纵行。鞘翅基部有较多的瘤状颗粒。体两侧由复眼后起至腹末有 1 条白色绒毛组成的阔纵带。

幼虫（见图 5-5） 体长 68～81 mm，黄白色，肥粗多皱。头部除上颚黑色外，皆为浅棕色。前胸背板略呈长方形，具大小不一的褐色颗粒，近中线处有 2 个黄白色小点，小点上各生刚毛 1 根。腹部背步泡具 2 条横沟、4 横列念珠状瘤突。

图 5-5 云斑白条天牛成虫（上）和幼虫（下）

生活史

该虫在浙江省 2 年发生 1 代，以幼虫和成虫在坑道和蛹室中越冬。5 月上旬始，越冬成虫陆续钻出羽化孔。5 月中旬开始产卵，6 月初为产卵末期。5 月中旬始见初孵幼虫，发育至 11 月上旬，开始越冬。翌春恢复蛀食，直至 8 月下旬幼虫成熟化蛹。9 月底 10 月初羽化为成虫，潜居蛹室越冬。详见表 5-3。

表 5-3 云斑白条天牛生活史

年度	月份								
	3 上中下	4 上中下	5 上中下	6 上中下	7 上中下	8 上中下	9 上中下	10 上中下	11～翌年2 上中下
第1年	+++	+++	+++ ●● — —	● — —					
第2年	— — —					△	△△△	+++	+++

注：● 卵，— 幼虫，△ 蛹，+ 成虫。

生活习性与为害

越冬成虫多在晴天的闷热夜晚爬出羽化孔，羽化孔呈圆形（见图 5-6），风雨天一般滞留坑道内。成虫出孔后向上爬至原寄主或飞往健康树树冠，栖息枝叶丛中，3～4 d 后开始取食嫩枝皮、叶柄,经 10 余天的补充营养,性器官才能发育成熟。成虫具较强的飞翔能力,尤其在补充营养期间,昼间能飞行 500~700 m,搜寻喜食的食源树,夜间再飞回栎、杨树等人工林交配、产卵。

孕卵雌成虫多选平均厚度为 4.0 mm(厚度范围在 2.0~6.5mm 为宜)的树皮,咬筑细眼形的产卵疤,并将卵产在疤痕上方的韧皮部和木质部之间的界面上。产卵疤多分布于距地高 2 m 以下的树干上。雌成虫交配一次产卵 1 次,一生交配 4~6 次。每头雌虫平均产卵量为 41 粒(通常为 29~64 粒)。雌成虫产卵后,迅即分泌黏液黏合产卵疤周围的木屑,封闭产卵疤口。

图 5-6 羽化孔(左)和被害株基部蛀木屑及粪粒(右)

初孵幼虫在韧皮部蛀食,被害处呈黑褐色,从树皮上的产卵疤可见褐色木屑。幼虫在韧皮部约经 1 个月的发育,从木质部边材咬筑侵入孔,蛀入木质部,环绕树干"S"形蛀食。随着虫龄增大,从侵入孔排出的木屑越粗越长。被害树基地面堆满大量的黄褐色蛀木屑和虫粪(见图 5-6),木质部内坑道长约 35 cm。

幼虫成熟后,在坑道底部筑一椭圆形蛹室,并用粗长木屑堵塞蛹室口,在其内化蛹,蛹期约 25 d,成虫羽化后便在蛹室内越冬。

3. 疖蝙蛾 *Phassus nodus* Chu et Wang

为害症状

幼虫钻蛀多种林木韧皮部和木质部。幼虫在韧皮部环绕树干、枝条蛀食一圈后蛀入心材,向下蛀成圆柱形坑道,坑道内壁光滑。树干蛀孔外附有环状或囊状蛀屑苞(见图5-7),经风吹日晒,变成黑褐色。被害苗木或幼树,蛀孔以上主干,易遭风吹(如台风)或雪压断干。该虫是我国栎林、苗圃和公园内的重要蛀干害虫。

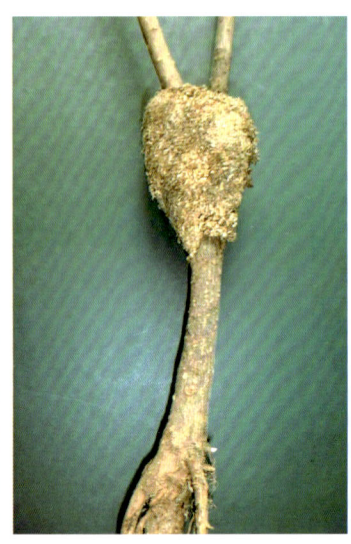

图 5-7 栎干囊状蛀屑苞(左)和被害苗木(右)

形态识别

成虫(见图 5-8) 体长 28~55 mm,翅展 60~111 mm。头小。触角丝状,仅 4.9 mm。复眼大。前翅正面黄褐色,前缘有 4 块由黑色与棕黄色线纹组成的褐斑,前缘近中部有一疖状向前隆起。前翅中部具一不明显的黄褐色三角区,在其下方有 1 条纵行黑色线纹。前、中足特化,失去步行作用,仅具攀附功能。后足较小,胫节膨大,具一束橙红色长毛束。各足附节末端均有 1 对粗大的爪钩,适宜于攀悬物体。

幼虫(见图 5-8) 体长 52~79 mm。体黄褐色,头部棕黑色,胴部背面各节均具 3 块褐色毛片,前一块大后两块小,排列成"品"字形,毛片上具原生刚毛。

图 5-8 疖蝙蛾成虫(左)和幼虫(右)

生活史

在河南省和浙江省皆为 2 年发生 1 代,以卵在土表落叶层或以幼虫在被害树干(枝)的髓部中越冬。详见表 5-4。

表 5-4　疖蝙蛾生活史

年份	月份								
	3 上中下	4 上中下	5 上中下	6 上中下	7 上中下	8 上中下	9 上中下	10 上中下	11~翌年2 上中下
第1年	●●● —	— — —	— — —	— — —	— — —	— — —	— — —	— — —	— — —
第2年						△	△△△ +++ ●●	●●●	●●●

注：● 卵，— 幼虫，△ 蛹，+ 成虫。

生活习性与为害

成虫羽化前 2~3 d，蛹体借助腹节上的刺列，从坑底"锉动"至坑道口，顶破孔口的丝盖和粪屑苞。成虫多在 14：00~20：00 羽化。羽化历经 20 min。蛹壳 1/3 伸出羽化孔外，经久不脱落。成虫爬出羽化孔后，昼间悬挂于林下灌木、杂草的枝叶上，入暮时起飞。飞行途中，若跌落地面，只能在地面上兜圈运动，很难再起飞。两性成虫交配多在 19：00~21：00 进行，长达 22 h。据室内饲养显示，雌、雄成虫寿命分别为 4~10 d、6~12 d。雌成虫产卵无固定场所，振翅或飞行途中均能产卵，卵无黏着性，散于地面。

初孵幼虫均栖居于林下落叶层或腐殖质丰富的土中，吐丝缀叶，取食其中。初龄幼虫爬行迅速，受惊迅速后退。3 龄前后，陆续离地，开始沿树干螺旋形向上爬行，找到宜居场所，即将臀足固定，吐丝结椭圆形丝网，虫体隐匿于网下，先在树干皮层蛀一横沟，旋即蛀入髓心，并向下蛀成圆柱形坑道，内壁光滑，坑道平均长 16.6 mm，平均直径 0.9 mm。幼虫白天一般不取食，傍晚后常爬至孔口，啃食周围边材，日久形成一圆勺状的凹陷（见图 5-9）。

植株遭害后，蛀孔上方的主干常遭风折，或逐渐枯萎死亡。蛀孔下方的主干上萌生 2~3 个不定芽，发育成细弱的新枝。

图 5-9　坑道（左）和圆勺状凹陷的孔口（右）

若蛀孔距地较近,蛀孔下方则丛生许多不定根。幼虫成熟后,在坑道口吐丝做一直径6～11 mm 近圆形的黄色丝盖或丝柱,封住坑道。幼虫居于坑道底部化蛹。蛹历期18～21 d。

4. 褐刺蛾 *Setora postornata* (Hampson)

为害症状

幼虫取食栎树等林木叶片,形成缺刻、孔洞,严重时食尽叶肉,仅残留主脉,影响寄主的光合作用。幼虫虫体具毒毛,人体接触后,引起皮肤痛痒。该虫是我国生态栎林、经济林木、观赏林木和庭园林木的重要食叶害虫。

形态识别

成虫(见图5-10) 体长16～20 mm。体、翅褐色。前翅前缘离翅基2/3处,向臀角和基角各引1条深褐色弧线。前翅臀角附近有1条近三角形的棕色斑。前足腿节基部具一横列毛丛。

幼虫(见图5-10) 体长23～35 mm。体黄绿色。背线天蓝色,各节在背线前后各有1对黑点。亚背线有黄色、红色两型:黄色型枝刺黄色,红色型枝刺紫红色。中胸至第9腹节在亚背线上着生枝刺1对;中胸、后胸、第1、第5、第8和第9腹节上的枝刺较长。

图5-10 褐刺蛾成虫(上)和黄色型枝刺幼虫(下)

生活史

在浙江省1年发生2代,以成熟幼虫在栎树等寄主下的疏松表土层中越冬。生活史见表5-5。

表5-5 褐刺蛾生活史

世代	月份							
	4 上中下	5 上中下	6 上中下	7 上中下	8 上中下	9 上中下	10 上中下	11～翌年3 上中下
越冬代	— — —	— — △△△ +	△ ++					
第1代			●	● ●	△ △△ +++			
第2代				△	● ● ●	— — —	— — —	— — —

注:● 卵,— 幼虫,△ 蛹,+ 成虫。

为害症状

越冬幼虫于翌年 5 月上旬开始化蛹。5 月下旬始见越冬代成虫羽化,羽化多集中在 17:00～20:00。羽化后蛹壳滞留于茧内,成虫从土中钻出。昼间成虫静栖于栎树等寄主树冠或林下灌木杂草丛中。成虫羽化后一个多小时,即可交配,交配多集中在 19:00～22:00。成虫具趋光习性。孕卵雌成虫择栎树等寄主叶背产卵,卵多为散产。每头雌虫产卵量约 100 粒。成虫寿命 3～7 d。

幼虫多隐栖于叶片背面。由于腹足退化,行动时依靠身体收缩,向前蠕动,行动十分缓慢。初孵幼虫能取食卵壳。幼虫分散栖息和取食。初龄幼虫咬食叶片下表皮和叶肉,呈网状,残存叶脉;中龄幼虫食叶成缺刻和孔洞,仅留叶柄和主脉;成熟幼虫常从叶尖啃食叶片形成平直缺刻,如刀切,严重时食尽全叶。幼虫全天食叶,以夜间为盛。

幼虫成熟后,沿树干下爬或直接坠落地面,寻找适宜的场所结茧化蛹(第 1 代)或越冬(第 2 代),多择 2 cm 以内的疏松表土层结茧。

5. 栎黄掌舟蛾 *Phalera assimilis* (Bremer et Grey)

为害症状

幼虫食叶呈缺刻状。林内虫口密度高时,短时间内受害的栎、栗株,叶片被食殆尽,仅残留叶柄。被害株下的杂草灌木上常见众多的黑色粒状虫粪。该虫为害抑制了栎、栗等树的生长,环境适宜时常猖獗成灾,是我国栎、栗林内最严重的食叶害虫。

形态识别

成虫(见图 5-11)　体长 19～28 mm。头、胸、腹部黄褐色。前翅灰褐色,具银白色鳞片,有光泽,顶角具明显的淡黄色斑,似掌状。翅中央具 1 个白色肾形小斑,后翅淡褐色,外缘色较深。

图 5-11　栎黄掌舟蛾成虫(左)和幼虫(右)

幼虫（见图 5-11） 体长 50～60 mm。头棕黑色，自前胸至尾端有 8 条橙红色纵带。各体节中间具 1 条橙红色横纹。腹部自前胸至尾端两侧足间有 1 条红色纵线。各体节具灰黄色长毛。

生活史

在浙江省 1 年发生 2 代，以蛹在寄主树下浅土中越冬。生活史见表 5-6。

表 5-6 栎黄掌舟蛾生活史

世代	月份							
	4 上中下	5 上中下	6 上中下	7 上中下	8 上中下	9 上中下	10 上中下	11～翌年3 上中下
越冬代	△△△	△△△	△△ +++					
第1代			••• −−−	−−− △△	△ +++			
第2代					•• −−	• −	− △△△	△△△

注：● 卵，— 幼虫，△ 蛹，+ 成虫。

生活习性与为害

羽化前蛹上移至表土内。成虫均在夜间羽化。成虫昼间藏匿于栎树等寄主叶背或灌木杂草丛中，用前翅后缘包着腹部呈圆筒形，受惊扰即坠地或作短距离滑翔。

飞翔、交配和产卵等行为均在夜间进行，羽化当天即可交配。交配呈"一"字形。交配历时 4～8 h 不等。孕卵雌成虫多择寄主叶背边缘处产卵，常近百粒卵单层面整齐排列。初产卵为球形乳白色。卵约经 10 d 孵化。

卵多在上午孵化。初孵幼虫红褐色，常聚集栎叶背面，仅取食叶肉，残留叶脉及栎叶表皮。静止时多在叶背面呈抬头翘尾姿态。2 龄幼虫在叶片边缘取食。1～3 龄幼虫遇惊则吐丝下垂，爬离或随风飘荡，迅速转移，并再次聚集为害。4 龄幼虫分散为害，取食量大增，昼夜取食。虫口密度高时，在被害树冠下，能听见食叶时发出的轻微"Sai!Sai!"声，被害株叶片被食殆尽。食源缺乏时，幼虫则群集爬离寄主，另择食源丰富的植株，转移为害。爬行途中和重新取食时，若受惊扰则纷纷坠地作假死状，但很快恢复行动。

幼虫历经 5 龄发育，成熟后先后沿寄主树干下爬，并钻入表土层中。第 1 代成熟幼虫入土后约经 5 d 化蛹；第 2 代成熟幼虫入土化蛹，并以蛹越冬。

6. 铜绿异丽金龟 *Anomala corpulenta* Motschulsky

为害症状

成虫啃食栎树等林木、果树嫩梢,造成断梢;取食叶片,形成不规则的缺刻、孔洞,甚至仅剩叶脉和叶柄,严重影响树木生长和观赏(见图5-12)。幼虫(俗称"蛴螬")在苗圃地表土中取食栎树等林木、果树苗木的幼树根茎、幼嫩须根,严重时致苗株和幼根枯萎死亡。

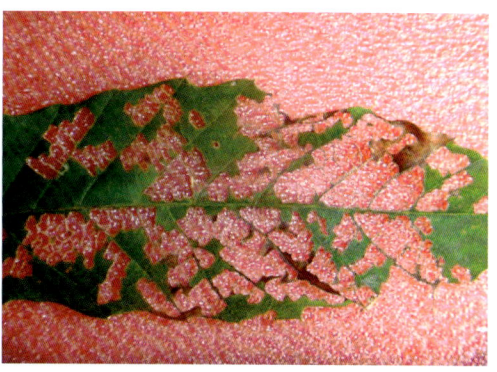

图5-12 为害症状:栎树断梢(左)和栎叶孔洞(右)

形态识别

成虫(见图5-13) 体长17~20 mm,头部较大,触角9节,黄褐色。前胸背板铜绿色,具光泽,密布刻点,两侧有1 mm宽的黄边。鞘翅为黄铜绿色,色较浅,上有不甚明显的3~4条隆起线。胸部腹板黄褐色,有细毛。足腿节和胫节黄色。前足胫节外缘具2齿,前、中足大爪分叉,后足大爪不分叉。

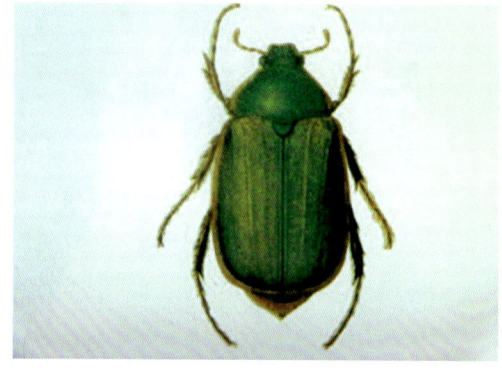

幼虫(见图5-13) 体长29~31 mm。头部黄褐色,前顶两侧各具毛8根,排成一纵列。腹部乳白色。胸足3对较发达,腹部无足。体肥大,多皱纹,常向腹部弯成"C"字形。

图5-13 铜绿异丽金龟成虫(上)和幼虫(下)

生活史

华东地区 1 年发生 1 代,以 3 龄幼虫在土中越冬。生活史见表 5-7。

表 5-7 铜绿异丽金龟生活史

世代	月份									
	3 上中下	4 上中下	5 上中下	6 上中下	7 上中下	8 上中下	9 上中下	10 上中下	11～翌年 2 上中下
越冬代	— — —	— — —	△△△ ++	△△ +++	++				
第 1 代					• • •	— — —	— — —	— — —	— — —

注:● 卵,— 幼虫,△ 蛹,+ 成虫。

生活习性与为害

翌年 4 月初随着气温回升,越冬幼虫在土内开始向上移动。5 月幼虫在苗圃表土中啃食栎苗根茎,咬食主根和侧根,或剥食根,仅剩木质部。在苗圃地,常致苗木萎蔫枯死,造成缺苗、断垄现象。5 月上旬幼虫成熟,在土中做土室化蛹。5 月中旬至 6 月上旬为化蛹盛期。

5 月下旬成虫开始羽化出土。昼间成虫静栖疏松潮湿的表土中,一般距地深 5 cm。黄昏后,尤以无风闷热的夜晚活动最为频繁。低温雨天,成虫一般不出土活动。钻出表土的成虫,飞往栎树等寄主树冠,食取嫩梢,啃食栎叶,具"暴食""盗食"习性。严重被害的苗圃、栎林中残存众多的断梢和残留叶脉的植株。凌晨 4:00 前飞离树冠,潜回土中。6～7 月是成虫为害高峰期。

成虫具较强的趋光性和飞翔能力。林间 20:00～23:00,常见多头成虫围绕黑光灯飞舞,发出"weng! weng!"声。成虫具假死习性,受惊扰即坠地,经 3～4 min 后,恢复活动。

成虫补充营养后,两性多在 18:00～20:00 进行交配。孕卵雌成虫将卵产在苗圃、栎树等林木的土内。卵历期约 10 d。7 月下旬出现第 1 代幼虫,取食寄主林木的根部。10 月下旬幼虫从 7～10 cm 浅土层下移至深土层越冬。

7. 板栗大蚜 *Lachnus tropicalis*(Van der Goot)

为害症状

成、若虫群集新梢、嫩枝、叶背和果梗,刺吸汁液,致枝梢枯萎、果实不能成熟,是我国栎、栗类树木的重要刺吸式害虫(见图 5-14、图 5-15)。

图 5-14　若虫聚集嫩枝　　　　图 5-15　嫩梢生长对比

　　　　　　　　　　　　　　　健康梢(左)、被害梢(右)

形态识别

成虫　分无翅胎生雌蚜和有翅胎生雌蚜两种。前者体长约 5 mm,黑色具光泽,足细长,腹部肥大,腹管短小,尾片末端圆形,上生有短刚毛;后者体长约 4 mm,黑色,腹部色较淡,翅黑色不透明。

若虫　形似无翅胎生雌蚜,体长约 2 mm,色淡,随龄期增加渐变为深褐色至黑色,腹管痕迹明显(见图 5-16)。

 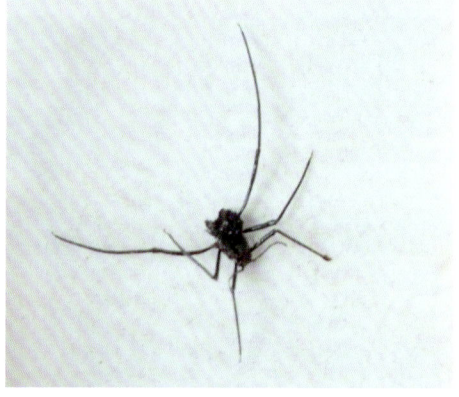

图 5-16　板栗大蚜若虫群体(左)和个体(右)

生活史、生活习性及为害

在浙江省 1 年发生 9～10 代,以受精卵在树干裂缝、伤痕和洞穴等处越冬,背阴面较多,常数百粒单层成片排在一起。

翌年 4 月上中旬,栎树树液开始流动,越冬卵孵化出无翅胎生雌蚜,陆续爬至嫩芽、新梢,逐渐扩至叶片为害,形成当年首个为害高峰。此期均为无翅胎生雌蚜,行孤雌胎生繁殖。

5 月上旬产生有翅胎生雌蚜,迁飞扩散至嫩枝、叶及花上为害、繁殖,常数百头聚集枝梢吸食汁液。6～7 月为林间蚜群种群数量高发期,严重影响枝梢生长发育。

10 月中旬始产生两性蚜,经雌雄交配产生受精卵。11 月上旬为产卵高发期,并进入越冬期。

8. 咖啡豹蠹蛾(咖啡木蠹蛾)*Zeuzera coffeae* Nietner

为害症状

初孵幼虫从嫩梢上方的腋芽处蛀入,新叶嫩梢迅即枯萎,转移至较粗的枝条,先在韧皮部与木质部间环蛀一圈后,蛀入木质部,并向上蛀食。每隔 5～10 mm,向外咬筑一列排粪孔,状如竹笛。枝条被害部位逐渐凋萎,常在环蛀一圈处折断。

形态识别

成虫 体长 13～26 mm。头部较小。触角黑色,雄虫基半部双栉状,端半部细锯齿状;雌虫丝状。腹部灰白色,具 3 对青蓝色圆点。前翅灰白色,翅脉黄褐色,翅脉间密布大小不一的青蓝色短斜斑点。后翅透明,翅脉间密布斜近圆形青蓝色斑点。腹部第 3 至第 7 节背面及侧面具 5 个青蓝色毛斑组成的横列。第 8 腹节背面为青蓝色鳞片覆盖。

幼虫 体长 18～35 mm,橙红色。头部梨形,黄褐色,头壳基半部缩入前胸。胸部背板黄褐色至黑褐色,前缘具 4 个小缺刻,后缘有 4 行锯齿状小刺(见图 5-17)。

图 5-17 咖啡豹蠹蛾幼虫及为害坑道

生活史

该虫在我国一年发生1~2代,据在浙江省淳安县观察一年发生1代,以成熟幼虫在被害枝条中越冬,翌年4月中旬开始活动。生活史见表5-8。

表5-8 咖啡豹蠹蛾生活史

世代	3 上中下	4 上中下	5 上中下	6 上中下	7 上中下	8 上中下	9 上中下	10 上中下	11~翌年2 上中下
越冬代	− − −	− − −	− − △ △△△ ++	△ +++					
第1代			●	●●●	●				− − −

注:● 卵,— 幼虫,△ 蛹,+ 成虫。

生活习性

每年4月中旬,越冬幼虫恢复取食活动。4月下旬成熟幼虫化蛹前,吐丝连缀蛀屑和粪粒,堵塞蛀道两端成蛹室,并向外咬筑圆形羽化孔。幼虫头向下,经2~3 d预蛹期,进入蛹期,蛹平均历期18.5 d(12~25 d)。

羽化前,蛹体借助腹部的刺列,蠕动至羽化孔口,顶破蛹室外的丝盖。羽化后蛹壳一半露于孔外,许久不落。

成虫全日均能羽化。成虫白天静伏,入暮后开始活动。羽化当晚两性成虫即可交配,交配历时5~10 h。雄成虫的飞翔能力强于雌成虫;雌成虫的趋光性强于雄成虫。孕卵雌成虫多择麻栎等栎树寄主树皮缝隙、旧蛀道内或芽腋处产卵。卵粒多呈块状分布,每一卵块中卵粒数量多在400粒以上。初产卵为淡黄白色或乳白色,孵化前呈紫黑色。

幼虫孵化后,吐丝结网,群集于丝网下取食卵壳。2~3 d食尽卵壳,即分散爬行,多从弗吉尼亚栎等栎树新梢芽腋处蛀入,并向叶柄端部钻蛀。2天后,受害叶柄枯萎,并在蛀孔处折断,经6 d左右,幼虫转移至三年生较粗的栎树枝条为害。幼虫昼夜均能蛀食,尤以夜间为盛。幼虫先在被害枝条的韧皮部与木质部之间近水平地环蛀一圈,随即蛀入枝条髓部,蛀坑取食。若遇大风天气,被

图5-18 幼虫排出的圆柱状粪粒

害枝条常在环蛀处折断,大多下垂悬挂枝上,十分显眼;少数断坠地面。幼虫在枝条髓部,每蛀一段距离,向外咬筑一个排粪孔,边蛀边将黄褐色的圆柱状粪粒排出孔外(见图5-18)。11月上旬幼虫停止取食,在蛀道内静栖越冬。

9. 栎实象 *Curculio dentipes* Roelofs

为害症状

幼虫钻蛀栎实,种仁被害一空,仅残存薄薄的种皮。种皮内充塞大量的褐色虫粪,诱发菌类寄生,对栎实的加工利用及栎树造林造成严重的经济损失。该虫是栎树重要的种实害虫。

图5-19 栎实上的蛀孔(左)及其内的虫粪(右)

形态识别

成虫(见图5-20) 体长8~13 mm,雌虫略大于雄虫。体卵圆形,赤褐色,被黄褐色或灰色鳞毛。头半球形,均匀地布满椭圆形刻点。喙细长呈圆柱形,雌虫长约8.8 mm,雄虫长约4.8 mm。喙基部黑褐色,端部赤褐色,具光泽,中央以前向下弯曲。触角膝状,雌虫着生于近喙基部1/3处,雄虫着生喙中央。前胸背板似梯形,前缘窄,后缘宽,中央有3条

 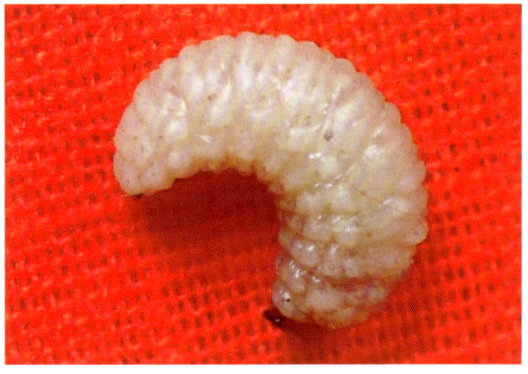

图5-20 栎实象成虫(左)和幼虫(右)

纵隆纹。鞘翅上具密集的窝状刻点,上覆盖褐色鳞片,聚集成不规则的斑点,形成横带。

幼虫(见图5-20) 体长约8 mm。居栎实内幼虫乳白色,入土越冬呈乳黄色。体肥弯曲,多皱褶。头部长椭圆形,黄褐色。口器黑褐色。

生活史

浙江省该虫1年发生1代,跨越两个年度。翌年6月上旬,越冬代幼虫成熟开始化蛹。7月成虫羽化,7月下旬至8月中旬成虫从土中钻出,极少数至9月上旬才出土。9月为产卵盛期。10月中旬第1代幼虫成熟,陆续弃离为害的栎实,钻入土中越冬。

生活习性与为害

成虫羽化,滞留土室约半个月,待体壁变硬后,用喙钻破土室,开掘隧道,择晴朗的昼日钻出土中。出土成虫行动迟缓,选择近旁栎树,沿树干上爬,多藏匿于果枝叶丛间,用口器插入幼嫩栎实内,取食内含物,以作营养补充。成虫昼夜均能取食,一般1粒栎实只有1头栎实象为害,被害栎实外呈现1个取食孔。被害栎实内坑道多呈辐射状,其深度略与喙长。成虫受惊扰则从树冠坠落地面,作假死状。两性成虫多在傍晚交配,呈背负式,具重复交配现象。孕卵雌成虫多择总苞与栎实交界处,用口器咬孔,旋即掉转方向,将产卵器插入,每孔产1卵,一般1粒栎实产1卵,极少产2~3粒卵。产后即转爬至其他栎实产卵。成虫寿命为11~40 d。

初孵幼虫取食栎实子叶皮层,形成宽约1 mm的褐色细坑道。2龄后随着虫龄和食叶量的增大,蛀道随之向纵深扩大。幼虫成熟时,栎实被蛀一空,仅残存种皮,内充塞着大量的粉状虫粪。被害栎实先后坠落地面,幼虫仍居栎实内蛀食。9月中旬至10月上旬为幼虫为害盛期,致使栎林中大量栎果落地。幼虫成熟后在栎实上咬一直径约2 mm的圆形小孔,弃离栎实并钻入土中,多在离地面约10 cm处,筑长椭圆形的内壁光滑的土室,并在其中越冬。

成熟幼虫在土室内化蛹,化蛹初期为乳白色,以后逐渐变成黄褐色。蛹期约20 d。

第三节
星天牛对弗吉尼亚栎的为害及其防治建议

星天牛（*Anoplophora chinensis*）主要分布于我国广西、广东、海南、台湾、福建、浙江、江苏、上海、江西、湖南、湖北、河北、河南等地，鞘翅目天牛科。为害的主要寄主有：桉树、柑橘、杨、柳、榆、刺槐、核桃、桑树、核桃楸、梧桐、悬铃木、紫薇、大叶黄杨、樱花、月季、山茶等19科40余种树木及花卉植物。成虫取食叶片，咬食嫩枝皮层，严重的可导致枝条枯死；幼虫主要蛀食近地面的主干主根，破坏树体养分和水分运输，影响树木生长，致使树势衰弱，重者整株枯死；幼虫蛀害还影响用材林材质，降低使用价值。

在星天牛活动盛期，分别在富阳新登、三桥地区随机设置6个样地作为观察点，样地大小为20 m×30 m，每天9:00～16:00进行调查，记录样地内星天牛成虫补充营养的寄主植物种类与数量以及各寄主植物受害株的数量，计算其在总株数中所占的比率。调查发现，星天牛成虫在富阳地区，补充营养的植物寄主有弗吉尼亚栎、纳塔栎、柳叶栎、水栎以及复叶槭、银槭（*Acer saccharinum*）、洋白蜡和河桦（*Betula nigra*）等8种植物，由于样地内树种机构不同，其为害程度也有所不同。本节内容以星天牛为研究对象，以弗吉尼亚栎、纳塔栎、柳叶栎、水栎、复叶槭、银槭、河桦、洋白蜡为供试寄主植物，研究了星天牛成虫对弗吉尼亚栎等树种的选择性，为弗吉尼亚栎纯林或混交林的星天牛虫害防治提供依据。

（一）研究方法

1. 供试成虫的采集和喂养

供试成虫是分批采集于富阳三桥和松溪林间处于补充营养期的星天牛成虫。将林间捕捉的成虫，用单个洁净塑料调味瓶分装放入12 ℃的恒温箱里，进行低温保存，试验前2 d提前拿出，放入60 cm×40 cm×20 cm的塑料盒内，盒内放盛水的罐头瓶，待其恢复活性后再进行测定。

2. 寄主选择性试验

于6月下旬在中国林业科学研究院亚热带林业研究所抗逆林木育种实验室将弗吉尼

亚栎、纳塔栎、柳叶栎、水栎、复叶槭、银槭、河桦和洋白蜡的嫩枝条，截成30 cm长的小段，用湿纱布包裹切口，按一定处理（见表5-9）放置于60 cm×40 cm×20 cm的塑料盒内，每次放入1只星天牛成虫，任其取食，3日后进行观察，记录其3日内在木段上的取食面积，每个处理以星天牛雄性和雌性成虫各进行3次。

表5-9　寄主选择性试验处理安排

处理1	弗栎、纳塔栎、柳叶栎、水栎
处理2	弗栎、纳塔栎、柳叶栎、水栎、河桦
处理3	弗栎、纳塔栎、柳叶栎、水栎、复叶槭
处理4	弗栎、纳塔栎、柳叶栎、水栎、银槭
处理5	弗栎、纳塔栎、柳叶栎、水栎、洋白蜡
处理6	河桦、复叶槭、银槭、洋白蜡
处理7	弗栎、纳塔栎、柳叶栎、水栎、河桦、复叶槭、银槭、洋白蜡

（二）主要研究结果

1. 富阳地区苗圃地星天牛为害情况

通过林间调查发现，星天牛成虫在浙江富阳地区补充营养的植物寄主有弗吉尼亚栎、纳塔栎、柳叶栎、水栎以及复叶槭、银槭、洋白蜡和河桦等8种植物。由于样地内树种机构不同，其为害程度也有所不同。

从表5-10可以看出，在浙江富阳松溪地区，星天牛取食树种有弗吉尼亚栎、纳塔栎、

表5-10　富阳松溪样地星天牛为害情况

富阳松溪样地1		富阳松溪样地2		富阳松溪样地3	
植物种类	为害水平/%	植物种类	为害水平/%	植物种类	为害水平/%
弗栎	32.89	弗栎	78.43	弗栎	79.15
纳塔栎	18.12	纳塔栎	50.09	纳塔栎	52.72
柳叶栎	43.81	柳叶栎	82.23	柳叶栎	85.35
水栎	10.01	水栎	32.79	水栎	31.22
银槭	60.51	洋白蜡	5.06		
河桦	82.13				

柳叶栎、水栎、银槭、河桦、洋白蜡7种,其为害程度为:河桦＞银槭＞柳叶栎＞弗吉尼亚栎＞纳塔栎＞水栎＞洋白蜡。

在1号样地内有4种栎树以及银槭和河桦,河桦的为害率最高(82.13%),其次为银槭,为害率为60.51%,而对4种栎树的为害率都在50%以下,远远低于2号样地和3号样地;2号样地中的寄主植物为4种栎树与洋白蜡,星天牛对柳叶栎的嗜食程度最高,其次为弗吉尼亚栎、纳塔栎、水栎,对洋白蜡的嗜食度很低,为害率仅为5.06%;在3号样地,星天牛对柳叶栎的为害率为85.35%,对弗吉尼亚栎的为害率为79.15%,水栎的为害率最低,为31.22%。2号样地和3号样地中星天牛对4种栎树的为害趋势和为害程度基本相同,且远高于1号样地。

从表5-11可以看出,在浙江富阳三桥地区,星天牛取食树种有弗吉尼亚栎、纳塔栎、柳叶栎、水栎、银槭、河桦、复叶槭7种,其为害程度仍然是河桦最大,其次是银槭与复叶槭,两种槭树基本相同;最后是4种栎树,其为害程度仍然是柳叶栎＞弗吉尼亚栎＞纳塔栎＞水栎。

表5-11 富阳三桥样地星天牛为害情况

富阳三桥样地 1		富阳三桥样地 2		富阳三桥样地 3	
植物种类	为害水平/%	植物种类	为害水平/%	植物种类	为害水平/%
弗吉尼亚栎	45.68	弗吉尼亚栎	33.06	弗吉尼亚栎	80.23
纳塔栎	30.03	纳塔栎	17.99	纳塔栎	60.55
柳叶栎	62.01	柳叶栎	45.01	柳叶栎	83.51
水 栎	19.37	水 栎	9.85	水 栎	29.08
复叶槭	65.97	河 桦	87.66		
银 槭	67.56				

对三桥1号样地的调查显示,星天牛对槭树科植物的嗜食性高于栎树,银槭和复叶槭的为害率分别为67.56%和65.97%,栎树仍是柳叶栎的为害率最高,达到62.01%;三桥2号样地为4种栎树和河桦的林地,星天牛对河桦的为害率为87.66%,对柳叶栎的为害率为45.01%,柳叶栎为4种栎树中受害率最高的栎树;三桥3号样地为仅有4种栎树的纯栎树林,星天牛对4种栎树的为害率从高到低依次为柳叶栎、弗吉尼亚栎、纳塔栎、水栎,为害率分别为83.51%、80.23%、60.55%、29.08%。总体来说,三桥样地中栎树为害率是3号样地＞1号样地＞2号样地。

通过对6个样地为害率的分析发现,当有河桦和槭树科植物存在时,星天牛对河桦的选择性最高,其次为银槭与复叶槭,而对栎类植物的为害率降低。在富阳松溪样地,当有河桦和银槭存在时,星天牛对柳叶栎的为害率相对纯栎树林时降低了48.67%,对弗吉尼亚栎的为害率降低了58.45%,对纳塔栎的为害率降低了65.63%,对水栎的为害率降低了67.94%。在三桥样地,当有复叶槭和银槭存在时,星天牛对柳叶栎的为害率相对纯栎树林时降低了25.75%,对弗吉尼亚栎的为害率降低了43.06%,对纳塔栎的为害率降低了50.40%,对水栎的为害率降低了33.39%;当有河桦存在时,星天牛对柳叶栎的为害率相对纯栎树林时降低了46.10%,对弗吉尼亚栎的为害率降低了58.79%,对纳塔栎的为害率降低了70.29%,对水栎的为害率降低了66.13%。

由此可见,在有星天牛的嗜食树种存在时,星天牛可能优先取食嗜食树种,从而降低对栎类树种的为害率。所以可以通过在栎树林中种植星天牛的嗜食树种,从而降低其对栎树的取食。

2. 室内星天牛对寄主植物的选择性

(1) 处理1中星天牛取食情况分析

由表5-12可知,星天牛雄虫取食柳叶栎枝条的面积最大($8.22\ cm^2$),比弗吉尼亚栎枝条被取食面积多7.87%,比纳塔栎枝条多42.27%,比水栎枝条多108.18%。雌虫最喜食的栎树仍然是柳叶栎($8.44\ cm^2$),比弗吉尼亚栎枝条被取食面积多8.07%,比纳塔栎枝条多44.60%,比水栎枝条多119.22%。方差分析可知,星天牛雄虫与雌虫对弗吉尼亚栎和柳叶栎枝条的取食面积较大,两者不存在显著性差异;纳塔栎枝条被取食面积次之,与其他栎树存在显著性差异;水栎枝条被取食面积最小,与其他栎树存在显著差异。

表5-12 处理1中星天牛取食情况

	雄虫			雌虫	
植物	取食面积/cm^2	方差分析($P<0.05$)	植物	取食面积/cm^2	方差分析($P<0.05$)
柳叶栎	8.22±0.36	a	柳叶栎	8.44±0.10	a
弗栎	7.62±0.52	a	弗栎	7.81±0.27	a
纳塔栎	5.78±0.24	b	纳塔栎	5.84±0.29	b
水栎	3.95±0.12	c	水栎	3.85±0.35	c

不同性别的星天牛成虫在只有栎树枝条的情况下选择状况一致,即优先选择柳叶栎枝条,其次选择弗吉尼亚栎枝条,对水栎枝条的取食最少。由此可知,在只有栎树枝条存

在的情况下,柳叶栎和弗吉尼亚栎枝条对星天牛成虫的吸引力较大。

分别对不同性别的星天牛取食单种栎树枝条的取食面积进行方差分析发现,雌雄星天牛对4种栎树枝条的取食面积之间均未呈现显著性差异,说明星天牛性别对栎树枝条选择性没有影响(见图5-21)。

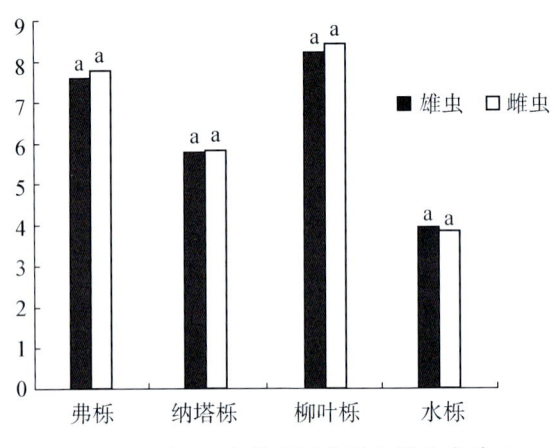

图5-21 处理1中单种树雌雄虫间取食情况

(2)处理2中星天牛的取食情况

从表5-13可以看出,在处理2的枝条中,星天牛雄虫最喜取食河桦枝条,其取食面积达到11.4 cm²,远远大于4种栎树枝条的被取食面积,且处理2中4种栎树枝条的被取食面积远小于处理1中相同栎树枝条的被取食面积;星天牛雌虫的取食状况和雄虫相同。通过方差分析发现,星天牛雄虫与雌虫取食河桦枝条的面积最大,并且与其他4种栎树存在显著性差异;4种栎树枝条的被取食面积之间不存在显著性差异。

表5-13 处理2中星天牛的取食情况

雄虫			雌虫		
植物	取食面积/cm²	方差分析($P<0.05$)	植物	取食面积/cm²	方差分析($P<0.05$)
河桦	11.40±0.60	a	河桦	11.72±0.51	a
柳叶栎	0.39±0.34	b	柳叶栎	0.37±0.33	b
纳塔栎	0.30±0.26	b	纳塔栎	0.32±0.28	b
弗栎	0.28±0.27	b	弗栎	0.26±0.23	b
水栎	0.027±0.046	b	水栎	0.007±0.012	b

不同性别的星天牛成虫在处理2中对枝条的选择状况一致,均为优先选择河桦枝条,对栎树枝条的取食量极少。由此可知,在有河桦枝条存在的情况下,星天牛成虫对河桦枝条的嗜食性极强,从而导致其对栎树枝条的取食很少。

分别对不同性别的星天牛取食单种树枝条的取食面积进行方差分析发现,雌雄星天牛对4种栎树枝条和河桦枝条的取食面积之间均未呈现显著性差异,说明星天牛性别对4种栎树枝条和河桦枝条选择性没有影响(见图5-22)。

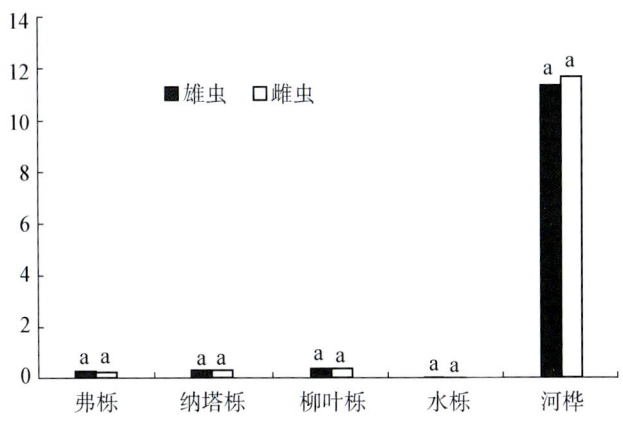

图5-22 处理2中星天牛单种树雌雄虫间取食情况

（3）处理3中星天牛的取食情况分析

从表5-14可以看出,星天牛雄虫取食复叶槭枝条的面积最大(9.08 cm^2),取食栎树枝条的面积较小,且处理3中4种栎树枝条的被取食面积小于处理1并大于处理2中相同栎树枝条的被取食面积;星天牛的雌虫取食状况和雄虫相同。通过方差分析可知,星天牛雄虫与雌虫对复叶槭枝条的取食面积最大,并且与其他4种栎树存在显著性差异;4种栎树枝条的被取食面积之间不存在显著性差异。

表5-14 处理3中星天牛的取食情况

雄虫			雌虫		
植物	取食面积 /cm²	方差分析（$P<0.05$）	植物	取食面积 /cm²	方差分析（$P<0.05$）
复叶槭	9.08±0.13	a	复叶槭	9.04±0.34	a
柳叶栎	1.59±0.52	b	柳叶栎	1.64±0.33	b
纳塔栎	1.18±0.19	b	弗栎	1.32±0.34	b
弗栎	1.13±0.05	b	纳塔栎	1.20±0.30	b
水栎	0.92±0.06	b	水栎	1.05±0.13	b

当有4种栎树枝条和复叶槭枝条存在时,不同性别的星天牛成虫对枝条的选择状况一致,都是优先选择复叶槭枝条,而对栎树枝条的取食量较少。由此可知,在有复叶槭枝条存在的情况下,星天牛成虫优先选择取食复叶槭枝条,从而导致其对栎树枝条的为害变小。

分别对不同性别的星天牛取食单种树枝条的取食面积进行方差分析发现,雌雄星天牛对4种栎树枝条和复叶槭枝条的取食面积均未呈现显著性差异,说明星天牛性别对4种栎树枝条和复叶槭枝条选择性没有影响(见图5-23)。

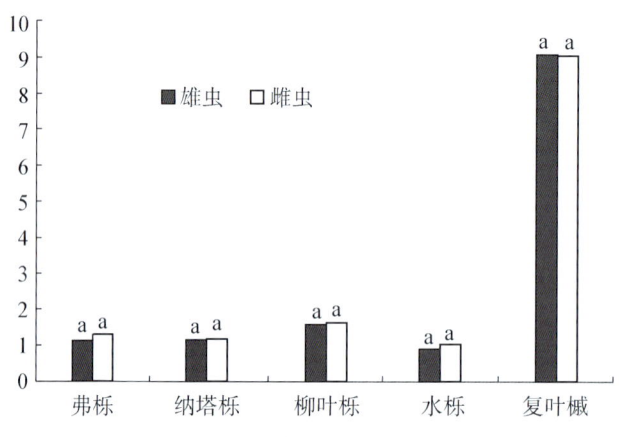

图5-23 处理3中单种树雌雄虫间取食情况

(4)处理4中星天牛的取食情况分析

从表5-15可以看出,星天牛雄虫取食银槭枝条的面积最大($9.10\ cm^2$),取食栎树枝条的面积较小,且处理4中4种栎树枝条的被取食面积与处理1、处理2中相同栎树枝条的被取食面积相比,结果与处理3一致;星天牛的雌虫取食状况和雄虫相同。通过方差分析可知,星天牛雄虫与雌虫对银槭枝条的取食面积都是最大,并且与其他4种栎树存在显著性

表5-15 处理4中星天牛的取食情况

	雄虫			雌虫	
植物	取食面积 /cm²	方差分析($P<0.05$)	植物	取食面积 /cm²	方差分析($P<0.05$)
银槭	9.10±0.25	a	银槭	8.69±1.42	a
弗栎	1.35±0.23	b	柳叶栎	1.59±0.19	b
柳叶栎	1.25±0.19	b	弗栎	1.31±0.24	b
纳塔栎	1.15±0.15	b	纳塔栎	1.26±0.33	b
水栎	0.88±0.089	b	水栎	1.00±0.14	b

差异;4种栎树枝条的被取食面积不存在显著性差异。

当有4种栎树枝条和银槭枝条存在时,不同性别的星天牛成虫对各种枝条的选择状况一致,都是优先选择银槭枝条,而对栎树枝条的取食量较少。由此可知,在有银槭枝条存在的情况下,星天牛成虫优先选择取食银槭枝条,从而导致其对栎树枝条的为害变小。

分别对不同性别的星天牛取食单种树枝条的取食面积进行方差分析发现,雌雄星天牛对4种栎树枝条和银槭枝条的取食面积之间均未呈现显著性差异,说明星天牛性别对4种栎树枝条和银槭枝条选择性没有影响(见图5-24)。

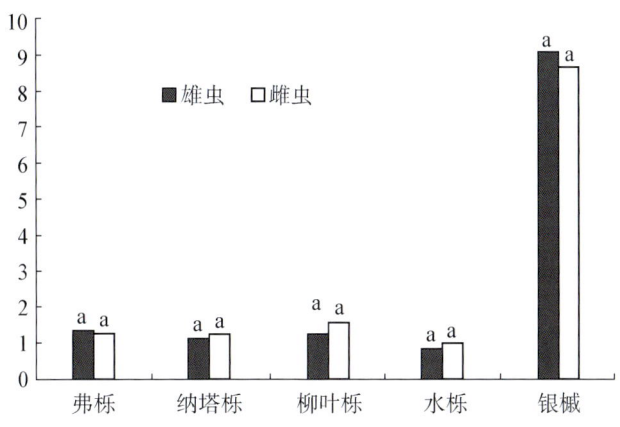

图5-24 处理4中单种树雌雄虫间取食情况

(5)处理5中星天牛的取食情况分析

从表5-16可以看出,星天牛雄虫取食量最大的是柳叶栎枝条(8.40 cm^2),比弗吉尼亚栎枝条被取食面积多2.60%,比纳塔栎枝条多47.89%,比水栎枝条多108.96%,而洋白蜡枝条被取食面积最小(0.25 cm^2);星天牛雌虫取食柳叶栎枝条的面积也最大(8.28 cm^2),

表5-16 处理5中星天牛的取食情况

	雄虫			雌虫	
植物	取食面积/cm^2	方差分析($P<0.05$)	植物	取食面积/cm^2	方差分析($P<0.05$)
柳叶栎	8.40±0.24	a	柳叶栎	8.28±0.24	a
弗栎	8.19±0.34	a	弗栎	8.07±0.09	a
纳塔栎	5.68±0.20	b	纳塔栎	5.85±0.44	b
水栎	4.02±0.06	c	水栎	3.99±0.10	c
洋白蜡	0.25±0.26	d	洋白蜡	0.19±0.23	d

比弗吉尼亚栎枝条被取食面积多2.60%,比纳塔栎枝条多41.59%,比水栎枝条多107.52%,而洋白蜡枝条被取食面积也是最小的(0.19 cm²)。通过方差分析可知,星天牛雄虫与雌虫对弗吉尼亚栎和柳叶栎枝条的取食面积较大,它们之间不存在显著性差异;纳塔栎枝条的被取食面积次之,与其他栎树存在显著性差异;再次是水栎,其与其他栎树存在显著差异;洋白蜡枝条的被取食面积最小,与4种栎树存在显著差异。

当有4种栎树枝条和洋白蜡枝条存在时,不同性别的星天牛成虫对各种枝条的选择状况一致,都是优先选择栎树枝条,而对洋白蜡枝条的取食量极少。由此可知,洋白蜡枝条对星天牛成虫的引诱性显著低于栎树枝条,且在4种栎树枝条和洋白蜡枝条存在的情况下,柳叶栎和弗吉尼亚栎枝条对星天牛成虫的吸引力较大。

分别对不同性别的星天牛取食单种树枝条的取食面积进行方差分析发现,雌雄星天牛对4种栎树枝条和洋白蜡枝条的取食面积之间均未呈现显著性差异,说明星天牛性别对4种栎树枝条和洋白蜡枝条选择性没有明显影响(见图5-25)。

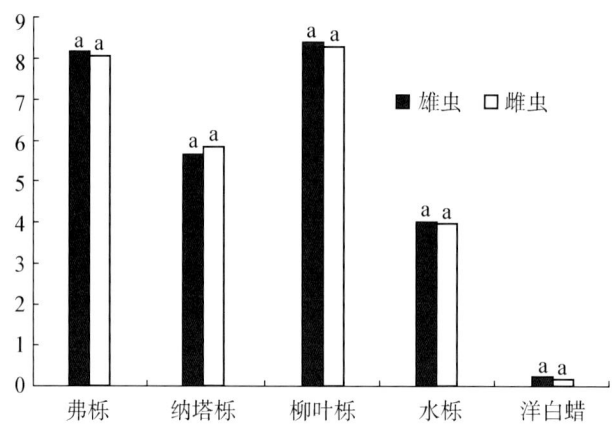

图5-25 处理5中单种树雌雄虫间取食情况

(6)处理6中星天牛的取食情况分析

从表5-17可以看出,星天牛雄虫取食河桦枝条的面积为11.99 cm²,与复叶槭枝条被取食面积相比多116.04%,与银槭枝条被取食面积相比多111.09%,洋白蜡枝条被取食面积为河桦枝条被取食面积的0.33%;星天牛雌虫取食河桦枝条的面积为12.10 cm²,与复叶槭枝条被取食面积相比多111.17%,与银槭枝条被取食面积相比多104.05%,洋白蜡枝条被取食面积为河桦枝条被取食面积的0.66%。通过方差分析可知,星天牛雄虫与雌虫取食河桦枝条的面积最大;复叶槭与银槭枝条的被取食面积次之,两者之间不存在显著性差异,但它们与河桦存在显著性差异;洋白蜡被取食面积最小,与其他三种树存在显著差异。

表5-17 处理6中星天牛的取食情况

	雄虫			雌虫		
植物	取食面积/cm²	方差分析（$P<0.05$）	植物	取食面积/cm²	方差分析（$P<0.05$）
河桦	11.99±0.45	a	河桦	12.10±0.07	a
银槭	5.68±0.31	b	银槭	5.93±0.12	b
复叶槭	5.55±0.29	b	复叶槭	5.73±0.40	b
洋白蜡	0.04±0.07	c	洋白蜡	0.08±0.08	c

不同性别的星天牛成虫在有河桦、复叶槭、银槭和洋白蜡的情况下选择状况一致，都是优先选择河桦枝条，对复叶槭和银槭枝条的选择状况相似，而对洋白蜡枝条的取食极少。由此可知，在其他非栎树枝条存在的情况下，星天牛成虫最嗜好树种为河桦，其次为槭树科植物，对洋白蜡嗜好性较弱。

对不同性别的星天牛取食上述单种树种枝条的取食面积方差分析发现，雌雄星天牛对上述各种枝条的取食面积之间均未呈现显著性差异，说明星天牛性别对上述不同科的树种枝条选择性没有影响（见图5-26）。

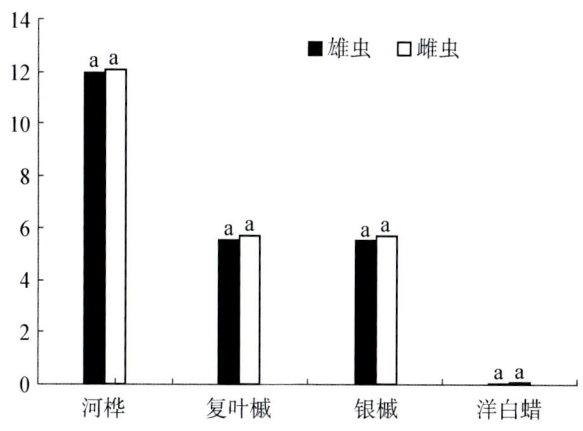

图5-26 处理6中单种树雌雄虫间取食情况

（7）处理7中星天牛的取食情况分析

从表5-18可以看出，星天牛雄虫取食河桦枝条的面积为9.89 cm²，为弗吉尼亚栎枝条被取食面积的13.19倍，为纳塔栎枝条的11.37倍，为柳叶栎枝条的10.52倍，为水栎枝条的13.36倍，为复叶槭枝条的1.82倍，为银槭枝条的1.80倍，洋白蜡枝条被取食面积为河桦枝条的0.20%；雌虫取食河桦枝条的面积为10.02 cm²，为弗吉尼亚栎枝条被取食面积的11.39倍，为纳塔栎枝条的11.01倍，为柳叶栎枝条的9.45倍，为水栎枝条的13.01倍，为复叶槭枝条的1.83倍,为银槭枝条的1.83倍,洋白蜡枝条被取食面积为河桦枝条的0.20%。通过方差分析可知,星天牛雄虫与雌虫对河桦枝条的取食面积都为最大;复叶槭与银槭枝条的被取食面积次之,并且两者之间不存在显著性差异,但它们都与河桦存在显著性差异;之后是4种栎树,4种栎树枝条的被取食面积之间不存在显著性差异;洋白蜡枝条被取食面积最小,与其他七种树存在显著差异。

表5-18 处理7中星天牛的取食情况

雄虫			雌虫		
植物	取食面积/cm²	方差分析（$P<0.05$）	植物	取食面积/cm²	方差分析（$P<0.05$）
河桦	9.89±0.33	a	河桦	10.02±0.07	a
银槭	5.48±0.50	b	银槭	5.48±0.37	b
复叶槭	5.43±0.17	b	复叶槭	5.47±0.11	b
柳叶栎	0.94±0.14	c	柳叶栎	1.06±0.11	c
纳塔栎	0.87±0.07	c	纳塔栎	0.91±0.06	c
弗栎	0.75±0.21	c	弗栎	0.88±0.04	c
水栎	0.74±0.03	c	水栎	0.77±0.07	c
洋白蜡	0.02±0.03	d	洋白蜡	0.02±0.04	d

不同性别的星天牛成虫在有4种栎树和河桦、复叶槭、银槭以及洋白蜡的情况下选择状况一致,都是优先选择河桦枝条,其次选择复叶槭和银槭枝条,再次选择栎树枝条,而对洋白蜡枝条的取食极少。由此可见,在上述8种树种枝条存在的情况下,星天牛成虫最嗜好

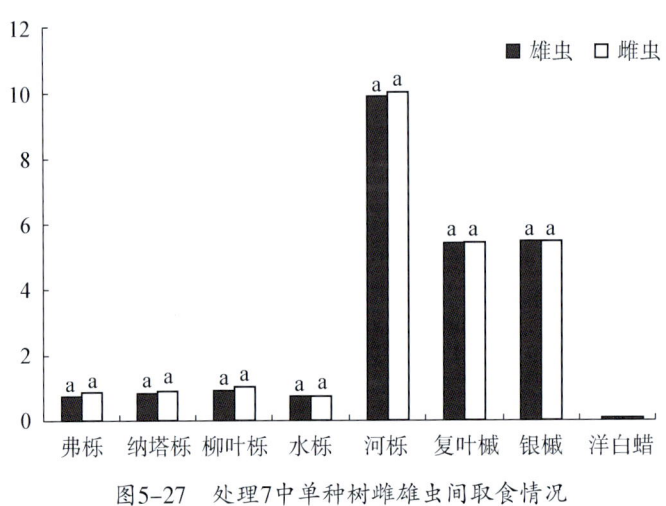

图5-27 处理7中单种树雌雄虫间取食情况

树种为河桦,其次为槭树科植物,对栎树枝条有一定的取食性,对洋白蜡嗜好性较小。

对不同性别的星天牛取食上述单种树种枝条的取食面积进行方差分析发现,雌雄星天牛对上述各种枝条的取食面积均未呈现显著性差异,说明星天牛性别对上述8种树种枝条选择性没有影响(见图5-27)。

(8)星天牛对4种栎树取食选择性差异

通过对处理1~5中4种栎树分别进行方差分析可知,处理1与处理5中,星天牛对4种栎树的取食面积不存在显著的差异,结合前面对处理1和处理5的方差分析,可知洋白蜡的存在对星天牛取食4种栎树没有显著的影响,星天牛只表现出对栎树的趋性,即柳叶栎＞弗吉尼亚栎＞纳塔栎＞水栎;在处理3和处理4中,星天牛对4种栎树的取食面积不存在显著的差异,但取食面积远低于处理1和处理5,并存在显著差异,是由于复叶槭和银槭的存在。结合对处理3和处理4的方差分析可知,当复叶槭和银槭存在时,星天牛更趋向于取食复叶槭和银槭,而减小了对栎树的取食性,同时其对4种栎树的取食面积不存在显著差异。由此可知,星天牛对复叶槭和银槭的趋性大于4种栎树。

处理2中,星天牛对4种栎树的取食面积不存在显著的差异,且取食面积远低于处理1、3、4、5,并存在显著差异,这是由于处理2中河桦的存在。结合对处理2的方差分析可知,当河桦存在时,星天牛更趋向于取食河桦,而减小了对栎树的取食性,同时其对4种栎树的取食面积不存在显著差异。由此可知,河桦是供试的8种树种中对星天牛引诱性最高的树种,复叶槭和银槭次之,4种栎树中排序为柳叶栎＞弗吉尼亚栎＞纳塔栎＞水栎,洋白蜡虽然也有被取食,但取食性较小。

另外,由图5-28和图5-29还可以看出星天牛的雌虫和雄虫对这4种栎树具有相同的选择趋势。

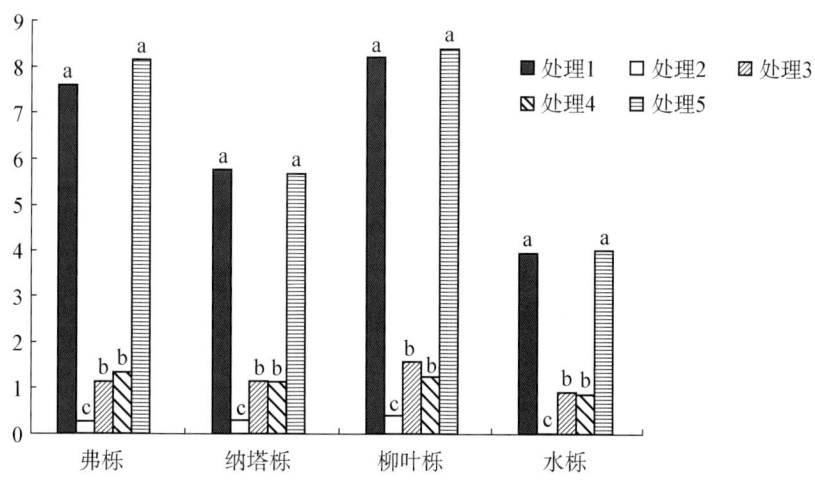

图5-28 处理1~5中雄虫取食4种栎树的情况

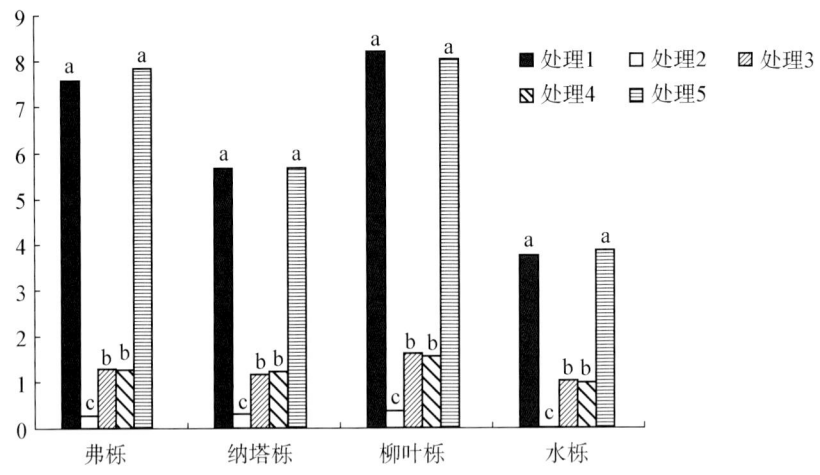

图5-29 处理1~5中雌虫取食4种栎树的方差分析结果

(9) 结论与讨论

虫害对林木的影响及林木对虫害的忍耐能力是林木育种和造林生产中的一个重要技术经济指标,特别是随着我国大规模人工林中星天牛等高为害森林害虫的蔓延肆虐,其研究和应用获得了广泛重视。现在国内还没有对国外引进的栎树虫害方面作系统的报道,对其与虫害有关的生理指标测定也较少。

在弗吉尼亚栎引进地,没有害虫为害的相关报道,被认为是抗虫性较好的树种。引进浙江盐碱地区作为造林树种,与水栎、柳叶栎、纳塔栎等几种栎树混栽造林,取得了很好的造林效果。但引种后,出现了多种害虫为害,如栎毛虫、云斑天牛、星天牛等。通过对富阳的松溪及三桥地区的调查可知,星天牛是为害最重的害虫之一,其在补充营养阶段大量取食栎树树皮,严重影响了栎树的正常生长。

在仅有栎树的人工林中,弗吉尼亚栎的受害率仅次于柳叶栎,最高达到80.23%,高于纳塔栎和水栎,其叶片枯黄,树势衰弱,部分已经开始死亡。但在有河桦、复叶槭、银槭的栎树人工林中,栎树的受害率明显降低,在河桦与栎树的混交人工林中,弗吉尼亚栎的受害率下降了59%,柳叶栎的受害率下降了48.7%,纳塔栎的受害率下降了70.3%,水栎的受害率下降了68.4%;而在复叶槭、银槭与栎树的混交人工林中,弗吉尼亚栎的受害率下降了43.1%,柳叶栎的受害率下降了25.7%,纳塔栎的受害率下降了50.4%,水栎的受害率下降了33.4%。另外在林间,星天牛还取食洋白蜡,但取食量远小于栎树,在有洋白蜡的栎树林中,星天牛对栎树的为害率并没有降低。由此可见,在林间调查中发现的8种星天牛营养补充的树种,星天牛最喜取食河桦;其次是复叶槭和银槭;再次是4种栎树,4种栎树中,柳叶栎大于弗吉尼亚栎,弗吉尼亚栎大于纳塔栎,水栎最低;而洋白蜡受害最小。

同时我们用8种枝条进行了星天牛室内取食性试验。可以看到,处理1与处理5中,4种栎树的被取食面积都是最大的,且各个栎树在两个处理间都不存在显著差异,由此可知,在处理5中的洋白蜡对星天牛取食栎树没有影响,两处理中,星天牛对4种栎树的取食喜好都是柳叶栎＞弗吉尼亚栎＞纳塔栎＞水栎,这与野外调查结果一致。而在处理3和处理4中,我们分别加入了银槭与复叶槭,可以看到,4种栎树被取食面积明显低于处理1和处理5,且存在显著差异,但各个栎树在处理3和处理4间不存在显著差异,而两处理内,星天牛对4种栎树的取食面积也不存在显著差异,由此可知,银槭与复叶槭对星天牛的引诱性大于栎树,但星天牛对银槭与复叶槭取食性没有差异,这点在处理6中也可以看出,在处理6中同时加入了银槭与复叶槭,星天牛对它们的取食面积不存在显著差异。在处理5中,我们用河桦与4种栎树进行了对比,4种栎树的被取食面积也大幅度降低,且与处理1、2、3、4存在显著差异,但在处理5中,栎树间被取食面积不存在显著差异,由此可知,星天牛对河桦的取食性高于栎树,同时在处理6中只安排了河桦、复叶槭、银槭、洋白蜡4种树,发现河桦被取食面积最大,与其他三者存在显著差异,复叶槭与银槭次之,它们之间不存在显著差异,洋白蜡最低,与前三者都存在显著差异。通过星天牛室内取食性试验,我们可以得到与野外调查相同的结论,林间调查中,发现的8种星天牛营养补充的树种,星天牛最喜取食河桦;其次是复叶槭和银槭;再次是4种栎树,4种栎树中,柳叶栎大于弗吉尼亚栎,弗吉尼亚栎大于纳塔栎,水栎最低;而洋白蜡受害最小。

通过林间调查和室内试验,我们可以找到降低星天牛为害弗吉尼亚栎的方法,即在弗吉尼亚栎林中,适量的混栽河桦、复叶槭、银槭等树种,引诱星天牛取食,以保护弗吉尼亚栎,降低星天牛对其的为害。但是作为诱饵树的河桦、复叶槭、银槭等树种,在造林中究竟应当配置何种比例才能够达到最佳的控制星天牛为害弗吉尼亚栎的效果,还有待进一步研究。

第四节
栎树主要害虫防控技术

基于目前人工栎林生产实践和害虫发生现状,应认真贯彻"预防为主、科学防控、依法治理、促进健康"的方针。从保护和改善栎林生态环境出发,以实现害虫可持续控制为目标,遵循"预防为主、标本兼治"的原则,严把检疫关,在加强监测的基础上,以营林措施为主,药剂防治为辅,协调运用人工、物理等技术和措施,进行综合治理。

(一) 提升栎林自身保护性能

1. 建立栎林复合生态体系

大面积纯林是害虫发生蔓延的温床,把大面积单一树种的栎林逐步改建成条、块状混交林,避免同属栎树混交,以防互为害虫的取食源。变单层林为复层林、疏林为密林,逐年形成以栎树为主的多树种、多林种、多林分类型的栎林生态体系,完善体系内的生物群落,达到生物多样化,有虫不成灾。

2. 清理林地,注重林地卫生

密切关注冬春连续冰冻雨雪、夏秋持续高温干旱和台风等极端气象灾害引发的钻蛀性害虫种群数量的剧增。及时清理林中雪压断木、衰弱木、风倒木和虫害木,清洁钻蛀性害虫生长繁育的场所。栎林特别是幼林下的杂草灌木是褐刺蛾、疖蝙蛾等多种蛾类成虫昼间栖息场所,结合抚育管理,及时清理。

(二) 营林措施和人工防治

1. 垦翻林地

秋季采收栎实后,结合抚育,可垦翻林地,破坏栎实象和麻栎象等象虫的越冬幼虫土室,并利于天敌捕食裸露的栎实象、麻栎象及褐刺蛾、栎黄掌舟蛾、铜绿异丽金龟等土中越冬的幼虫,降低翌年的虫口密度。

2. 温水浸种

采收栎实后,及时用温水浸种 15 min,杀死栎实内幼虫,不影响发育和储藏运输。

(三)开展多途径的生物防治

1. 保护和招引益鸟

森林鸟类,尤其在繁育期间能消灭大量害虫,用益鸟降低栎树人工林害虫的虫口密度,抑制害虫大发生效果显著。利用人工巢箱招引益鸟是增加鸟类数量,合理利用鸟类资源,控制栎树人工林害虫的有效方法。每公顷栎林悬挂 2 个巢箱,林中均匀布设。巢箱挂于距地 2 m 以上树冠中下部,巢口向下坡(见图 5-30)。

图 5-30 人工巢箱

① 大山雀(*Parus major*)。栖山区、平原,活动于村落、田野、园林和城镇的阔叶、针叶林木间。常在栎树上层枝叶间,攀挂倒悬枝上,或凌空追捕飞行的害虫。嘴、足强健,啄食较大害虫时,足踩嘴撕,破茧撕壳摄取。飞行或栖息时发出"jia-ziz,jia-ziz,jia-ziz"的鸣叫声。4月开始产卵,窝卵 6~9 枚。用巢箱招引该鸟,对降低栎林内的白蚁、蚜虫、蝽象、栎毛虫、刺蛾、叶甲和金龟甲等害虫种群数量起到重要作用。

② 大斑啄木鸟(*Picoides major*)。栖山地、丘陵针阔混交林。常单独活动,在树干上,边螺旋形攀登,边以嘴快速叩树,笃笃作响,当察觉树干内有虫时,就啄破树皮,以舌钩出害虫而食。5 月中旬至 6 月中旬产卵,窝卵 4~7 枚。招引并留住该鸟能有效控制地星天牛、云斑白条天牛和疖蝙蛾等多种钻蛀性害虫的为害。

2. 保护和释放天敌昆虫

栎林生态系统中,天敌昆虫种类数量及种群大小,对于维护生态平衡具有重要地位和意义。上海青蜂(*Chrysis shanghaiensis*)是褐刺蛾、黄刺蛾等刺蛾类害虫的重要天敌。自然寄生率较高,江苏、浙江地区 6 月上旬至 7 月中旬是该蜂成虫的羽化期,栎林中应严禁施用化学杀虫剂。

人工释放天敌昆虫是生物防控害虫中应用最广、最多的方法。我国林业领域,生物防控体系初步形成,已掌握了管氏肿腿蜂(*Scleroderma guani*)等天敌昆虫的规模繁殖并大面积推广应用。该蜂是星天牛、云斑白条天牛和橙斑白条天牛等多种天牛的体外寄生蜂。释放后的雌蜂从天牛产卵疤或木质部侵入孔钻入树干韧皮部和木质部，用上颚咬住天牛幼虫表皮，并爬在天牛幼虫体上反复进行刺蛰，致寄主陷入麻痹状态，丧失反抗能力，摄取寄主体液，并在寄主体表产卵。该蜂初孵幼虫头部及胸部2~3节钻入寄主体壁内，取食体液，其余部分均裸露寄主体外，似寄主体表长满瘤刺。栎林天牛发生区，每年在其幼虫期，拟在气温25 ℃以上的晴天释放。单管繁殖的蜂子，拔去管口棉塞，将指形管套在树冠的小枝上，也可预先在大栎树干上扎一枚大头针，并将蜂管套在针上。棉塞上的蜂子需用毛笔把它们移到树枝上，蜂管距地1.5 m为宜。每10亩（0.67公顷）设1个放蜂点，每个放蜂点放蜂1万头左右。

3. 利用致病微生物

利用病原微生物（真菌、细菌、病毒等）防控栎林害虫，具有繁殖快、用量少、无残留、无公害，与少量化学杀虫剂混合使用可以增效等优点。苏云金杆菌（*Bacillus tharingiensis*）简称Bt，是一类产品体芽孢杆菌，施用后害虫食欲减退，败血症是害虫死亡的主要因素；球孢白僵菌（*Beauveria bassiana*）通过孢子发芽，芽管分泌酶溶解害虫体壁，即芽管的机械作用直接侵入虫体，造成害虫生理机能紊乱而致死；青虫菌（*Bacillus thuringiensis* var. *galleria*）是由苏云金杆菌蜡螟变种发酵、加工成的制剂，芽孢在害虫体内发芽，进入体腔，利用害虫体液大批滋生，使害虫得败血症而死，死虫及其粪便传染至其余健康害虫，引起流行病，从而节制害虫为害。表5-19为防治栎林害虫常用的微生物制剂。

表5-19 微生物制剂防治栎林害虫

制剂名称	使用方法	防治害虫种类
苏云金杆菌乳剂	稀释1000倍液，喷洒	栎黄掌舟蛾等舟蛾幼虫和咖啡豹蠹蛾等幼虫
白僵菌粉	稀释300~500倍液，喷洒	油桐尺蛾
白僵菌纯孢子粉	高湿条件下，喷粉	褐刺蛾等刺蛾初龄幼虫
青虫菌6号悬浮液	栎干4 mg/蛀孔，喷粉	云斑白条天牛等天牛
青虫菌粉	稀释1000倍液，喷洒	栎黄掌舟蛾等舟蛾幼虫
	稀释1000倍液，喷洒	褐刺蛾等刺蛾幼虫

（四）灯诱监测和诱杀栎林中趋光性害虫

害虫通过其视觉器官中的感光细胞，对特定范围内的光谱产生感应而表现出的一种定向活动行为。利用害虫的趋光性,栎林中设置频振式、太阳能等杀虫灯(见图 5-31),可监测林内铜绿异丽金龟、褐刺蛾和栎黄掌舟蛾等主要害虫的种群数量动态规律,并诱杀成虫,降低虫口密度。栎林灯诱在害虫标本采集、虫种鉴定、检查检疫和害虫的防控上具有兼容性优势。用于监测,以隔日收集一次诱虫为宜;诱杀主要害虫可 5～7 d 收集一次。

图 5-31　频振式、太阳能杀虫灯

(五)药剂防治

药剂防治是栎林害虫防控的主要措施之一,具有收效快、防治效果显著、使用方法简便、受季节限制小、适宜于较大面积使用等优点,但也存在明显的缺点,特别是化学杀虫剂,如选择和施用不当,易杀伤天敌,污染环境,并会出现害虫产生抗药性、再猖獗和农药残留的问题。栎林防治时,应慎重选择对环境友好的药剂种类,如植物源杀虫剂、抗生素类杀虫剂、拟除虫菊酯类杀虫剂和仿生制剂等,严格控制施用有机磷杀虫剂。

1. 拟除虫菊酯类杀虫剂防治

拟除虫菊酯是一类能防治多种害虫的广谱性杀虫剂,对害虫具有强烈的触杀作用。其作用机理是扰乱害虫神经的正常生理,使之由兴奋、痉挛到麻痹而死亡。因用量小、使用浓度低,故对人畜较安全,对环境的污染很小。其缺点主要是对鱼毒性高。表 5-20 为相关杀虫剂按稀释倍数,喷洒防治栎林目标害虫。

表 5-20　拟除虫菊酯防治栎林害虫

杀虫剂名称	稀释倍数	防治目标害虫
2.5%溴氰菊酯乳油	10000	栎实象等栎实害虫成虫
	8000~10000	双带方额叶甲、茶扁角叶甲等
	5000~10000	大袋蛾、茶袋蛾等幼虫
	5000~8000	栎黄掌舟蛾等舟蛾幼虫
	4000~5000	褐刺蛾等刺蛾幼虫
	3000~4000	板栗大蚜成、若虫
	2000~3000	铜绿异丽金龟等金龟成虫
10%速灭菊酯乳油	400	云斑白条天牛等天牛用药棉塞孔
20%氰戊菊酯乳油	8000~10000	栎黄掌舟蛾等舟蛾幼虫
	3000	板栗大蚜成、若虫
	2000	栎黄掌舟蛾等舟蛾幼虫
	1500	油桐尺蛾幼虫
30%增效氰戊菊酯乳油	6000~8000	低龄油桐尺蛾幼虫
10%氯氰菊酯乳油	3000	大袋蛾等袋蛾幼虫
2.5%功夫乳油	3000	咖啡豹蠹蛾成虫

2. 抗生素类杀虫剂防治

抗生素类杀虫剂是一类利用微生物代谢产物防治害虫的生物杀虫剂，具有特异性强、防治效果好、对人畜安全、不破坏生态环境、害虫不易产生抗药性等优点。阿维菌素具有胃毒和触杀作用，害虫幼虫与阿维菌素接触后即出现麻痹症状，不活动、不取食，2~4 d 后死亡。应用 1.8%阿维菌素乳油 6000~8000 倍液可防治板栗大蚜；1.8%阿维菌素乳油 1200 倍液可防治褐刺蛾等刺蛾幼虫。

3. 仿生制剂防治

仿生制剂药物与害虫体内分解酶结合使其失去活性，致使害虫不能正常蜕皮而死亡。该制剂具有高效低毒、残效期长、不污染环境的优点。栎林害虫防治中常用制剂见表 5-21。

表 5-21　仿生制剂防治栎林害虫

制剂名称	使用方法	防治目标害虫
25%灭幼脲Ⅰ号胶悬剂	稀释 3000 倍液，喷洒	栎毛虫
25%灭幼脲Ⅲ号胶悬剂	稀释 1500 倍液，喷洒	栎黄掌舟蛾等舟蛾幼虫
	稀释 1000～2000 倍液，喷洒	褐刺蛾等刺蛾幼虫
20%除虫脲	稀释 2000 倍液，喷洒	油桐尺蛾等尺蛾幼虫
25%灭幼脲Ⅲ号粉剂	潮湿条件下，喷粉	栎枯叶蛾等幼虫

4. 有机磷杀虫剂防治

有机磷杀虫剂抑制害虫胆碱酯酶活性，使其中毒，是一类最常用的林用杀虫剂，具有触杀、胃毒和熏蒸等不同的杀虫作用和高效速杀性能。其缺点是对人畜毒性一般较大，残效期短，易失效，使用过程中稍有不当，就会发生中毒事故，使用时要慎重。当栎林中害虫种群数量剧增，暴发成灾时，在了解防治目标害虫发生、为害规律的基础上，可采用下列药剂进行防治，见表 5-22。

表 5-22　有机磷杀虫剂防治栎林害虫

药剂名称	稀释倍数	使用方法	防治目标害虫
90%晶体敌百虫	1000～1500	喷洒	栎黄掌舟蛾等舟蛾幼虫和叶甲
	1000	喷洒	栎实象、铜绿异丽金龟成虫
	800～1000	喷洒	大袋蛾、褐刺蛾和栎毛虫初龄幼虫
80%敌敌畏乳油	800～1500	喷洒	
	1000	喷洒	褐刺蛾、黄刺蛾等刺蛾幼虫
	800～1000	喷洒	大袋蛾、毒蛾等初龄幼虫
	500	虫孔注药	栎黄掌舟蛾等舟蛾幼虫
50%马拉硫磷乳油	1000～2000	喷洒	云斑白条天牛、星天牛等天牛
	1000	喷洒	铜绿异丽金龟等金龟成虫
	800～1000	喷洒	毒蛾、枯叶蛾幼虫
75%辛硫磷乳油	1000～2000	喷洒	栎黄掌舟蛾等舟蛾幼虫
50%辛硫磷乳油	1500～2000	喷洒	铜绿异丽金龟成虫
50%杀螟松乳油	1000～2000	喷洒	褐刺蛾、袋蛾等幼虫
	800～1000	喷洒	褐刺蛾、大袋蛾等初龄幼虫
40%乐果乳油	1500	喷洒	栎实象入土时
10%吡虫啉乳油	300	虫口注药	板栗大蚜成、幼虫和疖蝙蛾幼虫

参考文献

[1] 赵锦年.一点蝙蛾生活习性及防治的初步研究[J].昆虫知识,1983,2:78-80.

[2] 赵锦年,刘若平,周明勤.疖蝙蛾生物学特性的初步研究[J].林业科学,1988,1:101-105.

[3] 蔡振声,史先鹏,徐培河.青海经济昆虫志[M].西宁:青海人民出版社,1994:133-147.

[4] 杜开书,周祖基.川硬皮肿腿蜂防治柳树星天牛试验初报[J].安徽农业科学,2006,34(13):3104-3105.

[5] 贾隽,李红彦.几种混交林对黄斑星天牛的抗虫性研究[J].西部林业科学,2008,3(1):82-85.

[6] 李孟楼.生物多样性与林分抗虫性的评判[J].西北农林科技大学学报,2004,32(3)81-83.

[7] 骆有庆,李建光.控制杨树天牛灾害的有效措施——多树种合理配置[J].森林病虫通讯,1999(3):46-48.

[8] 壬希泉,张真.杨树对黄斑星天牛抗性的初步研究[J].林业科学,1987(1):95-99.

[9] 王福贵.混交林中黄斑星天牛选择寄主的行为与寄主抗虫性关系的研究[J].林业科学,2001,36(1):58-65.

[10] 杨雪彦,燕新华,周嘉熹.杨树对黄斑星天牛的抗性研究[J].西北林学院学报,1991,6(2):30-38.

[11] 中国林业科学研究院.中国森林昆虫[M].北京:中国林业出版社,1983.

[12] 张克斌.抗黄斑星天牛的树种及其机制的研究初探[J].西北农学院学报,1984(3),87-91.

[13] 周祖基.川硬皮肿腿蜂研究概述[J].四川林业科技,1999,20(3):59-61.

[14] 周嘉熹.黄斑星天牛成虫行为及其对树种的选择性[J].西北林学院学报,1984(1):119-127.

[15] 周嘉熹,刘铭汤,逯玉中,等.黄斑星天牛的初步研究[J].林业科学,1981(4):413-418.

[16] 蒋书楠. 中国天牛幼虫[M]. 重庆:重庆出版社,1989:36-37.
[17] 赵红艺. 杨树天牛防治技术[J]. 青海农林科技,2005(4):62-63.
[18] 萧刚柔. 中国森林病虫. 二版[M]. 北京:中国林业出版社,1992.

第六章
弗吉尼亚栎的遗传变异与改良策略

弗吉尼亚栎按叶片大小和壳斗形状的差异被区分为2个变种，即得克萨斯弗吉尼亚栎 [*Quercus virginiana* var. *fusiformis* (Small) Sarg.] 和沙地弗吉尼亚栎 [*Quercus virginiana* var. *geminata* (Small) Sarg.]。因立地条件不同形成了不同的形态型，如矮化型、灌木型和宽冠乔木型。目前国内引种的弗吉尼亚栎种源主要来自于美国的路易斯安那州，少量来自阿肯色州、佛罗里达州和弗吉尼亚州。在美国原产地，弗吉尼亚栎基本上处于自然状态，除了选育出少数几个园艺品种之外，基本上未进行系统的遗传改良。引种发现，来自同一个种源或同一批种子所培育出的树苗，不同单株之间存在着极其丰富的形态和生长差异。近几年来，不同单位和地区从美国进口的弗吉尼亚栎种子量高达数千千克，培育出大小树苗大约200多万株，为我们开展弗吉尼亚栎遗传改良准备了必要的物质基础。

第一节
弗吉尼亚栎半同胞家系苗期生长的遗传变异

2011年11月在浙江上虞、海盐和上海松江、江苏吴江的弗吉尼亚栎人工林中，采集到35株结实母树的种子，树龄为7～10年，树高6～7 m，胸径10～16 cm。采种之后，每株随机取50粒种子用电子秤称取鲜重，重复3次。同时取30粒量取种子长度与宽度。

2012年在浙江富阳进行容器育苗，容器大小为直径8 cm、高13 cm，混合基质（稻田土4＋泥炭5＋珍珠岩1），每只容器播1粒种子。3～4月间每个家系标定40只容器，定期观察芽苗出土率和最终出苗率（相当于场圃发芽率）。5月底将容器苗移至室外圃地培养，并设置随机区组试验，10～12株单行小区，重复4次。5～10月每月底逐株测量苗高，9月用叶绿素测定仪观测叶绿素相对含量，每小区测定8株，重复3次；10月遭遇大旱，逐区观察死亡率。11月底逐株测量基径和分枝数，并按生长表现挑选有代表性的24个家系，在每个小区内取平均苗3株，重复3次，分别称取地上部和地下部干重。

（一）家系间种子性状的差异

不同母树所结种子的大小和形状存在显著差异（见表6-1）。35株母树种子百粒重的平均值为174.79 g，株间差异悬殊，201号母树种子的百粒重最大，为257.71 g，F61母树种子最小，只有61.3 g，高低相差3倍以上。35株母树种子的平均长度17.75 mm，株间变幅13.71～24.04 mm；种子平均宽度12.77 mm，株间变幅10.06～15.38 mm；种子形状指数（长宽比）平均为1.394，变幅1.224～1.728（卵形至长卵形）。

表6-1 弗吉尼亚栎家系种子大小和形状的差异

家系号	百粒重 /g	种子长度 /mm	种子宽度 /mm	种子长宽比
B21	255.29±5.49 a	24.04±1.11 a	13.95±0.91 cdef	1.728±0.113 a
201	257.71±1.87 a	19.95±0.82 b	15.38±0.56 a	1.298±0.048 op
B25	234.09±3.02 b	19.93±0.92 b	14.01±0.57 cde	1.422±0.046 hi

续表

家系号	百粒重 /g	种子长度 /mm	种子宽度 /mm	种子长宽比
171	230.76±1.73 b	19.61±1.02 bc	14.26±0.95 c	1.377±0.054 jk
33	211.23±2.09 d	19.57±0.96 bc	13.53±0.49 fgh	1.446±0.050 gh
SJ7	236.13±6.81 b	19.32±1.25 c	13.83±1.06 defg	1.401±0.085 ij
C31	178.01±2.29 fg	19.25±0.97 c	12.87±0.81 ijk	1.497±0.050 cde
68	218.73±4.73 c	19.22±0.88 c	14.15±0.66 cd	1.359±0.056 klm
B2-2	196.17±1.27 e	19.18±0.92 c	13.19±0.59 hi	1.455±0.052 fgh
268	177.37±1.49 fg	19.13±0.85 c	12.84±0.62 ijk	1.491±0.044 de
168	137.65±0.88 kl	18.32±0.80 d	11.73±0.53 o	1.564±0.066 b
B24	177.54±4.47 fg	18.31±0.84 d	13.58±0.69 fgh	1.349±0.049 klm
60	182.47±3.05 f	18.31±0.90 d	12.91±0.65 ij	1.419±0.038 hi
C32	143.35±1.07 k	18.14±1.09 d	12.30±0.59 lmn	1.477±0.083 efg
252	218.27±4.84 c	18.03±1.06 de	14.77±1.11 b	1.224±0.054 r
E51	174.45±1.44 gh	17.88±0.90 de	13.43±0.67 gh	1.333±0.045 lmno
SJ4	209.95±1.40 d	17.87±0.97 de	13.71±0.79 efg	1.307±0.080 nop
E54	134.03±3.72 lm	17.86±1.04 de	11.81±0.77 o	1.518±0.124 cd
20	194.54±1.99 e	17.53±0.77 ef	13.73±0.49 efg	1.277±0.036 pq
B23	183.66±1.98 f	17.30±1.30 fg	14.02±0.93 cde	1.235±0.065 r
SJ6	155.05±3.43 j	17.19±1.01 fgh	11.99±0.60 no	1.436±0.092 hi
SJ5	192.90±6.19 e	17.19±1.21 fgh	13.44±0.81 gh	1.279±0.061 pq
D41	167.79±7.64 i	17.07±1.04 fghi	12.56±0.82 jklm	1.361±0.068 klm
WJ2	—	17.02±1.12 fghi	11.14±0.79 pq	1.531±0.072 bc
E53	—	16.92±0.71 ghi	12.48±0.47 klm	1.357±0.048 klm
SJ2	181.03±6.18 fg	16.89±0.81 ghi	13.57±0.57 fgh	1.245±0.047 qr
C35	170.51±6.55 hi	16.82±1.56 ghi	12.61±0.80 jkl	1.333±0.077 lmno
WJ1	—	16.64±1.05 hij	11.20±0.64 p	1.488±0.085 def
C34	130.41±2.84 mn	16.53±0.89 ij	12.19±0.67 mn	1.357±0.061 klm
SJ1	153.77±2.22 j	16.51±0.95 ij	12.35±0.52 lmn	1.337±0.052 lmn

续表

家系号	百粒重/g	种子长度/mm	种子宽度/mm	种子长宽比
SJ3	125.42±1.99 n	16.15±1.11 j	11.31±0.65 p	1.427±0.061 hi
E52	110.71±3.98 o	14.99±0.62 k	11.32±0.45 p	1.325±0.056 mno
21	103.99±2.10 p	14.71±0.85 k	10.79±0.73 q	1.366±0.052 kl
C33	89.07±3.00 q	14.13±0.99 l	10.07±0.96 r	1.406±0.064 ij
F61	61.30±3.99 r	13.71±1.36 l	10.06±0.65 r	1.363±0.056 klm
总平均	174.79±3.30	17.75±0.99	12.77±0.70	1.394±0.063
F 值	472.63	108.91	96.38	75.158
P 值	0.0001	0.0001	0.0001	0.0001

（二）家系间出苗速度和出苗率的差异

由于受到冬季低温限制，弗吉尼亚栎于12月中旬播种后，生根发芽缓慢。胚根先行生长形成棒状直根，再从其顶部萌发芽梢（上胚轴），但直至3月中旬芽梢才开始陆续出土。36个半同胞家系，从3月24日第1次观测时的平均出苗率8.8%，到4月30日出苗结束时的最终平均出苗率69.8%，整个出苗过程经历了40 d左右。从图6-1中看出，出苗先后以及最终出苗率存在巨大的家系间差异。例如，第1次观测时有56%的家系尚未出苗，但D41号家系的出苗率达40%；第2次观测时仍有8.3%的家系未出苗，而D41号家系出苗率已达75%。最终的出苗率，D41号家系最高为93%，SJ6号家系最低为36.7%。这反映不同家系种子成熟度和对发芽条件的需求存在显著差异。

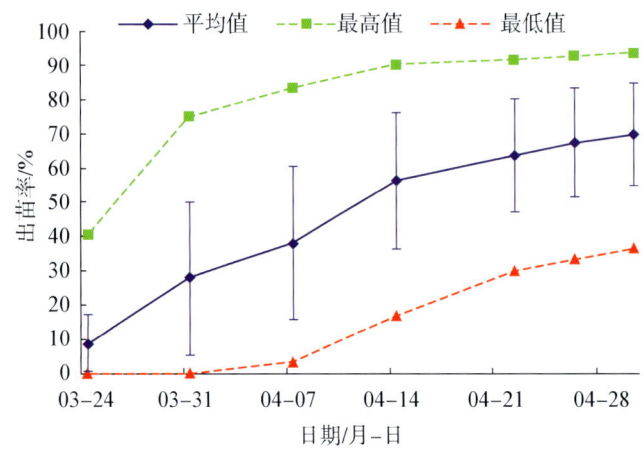

图6-1 弗吉尼亚栎家系出苗率的变化过程

(三)家系间苗木生长的差异

表6-2显示,36个家系总的平均苗高33.2 cm(变幅24.9～41.4 cm),平均基径3.89 mm(变幅3.33～4.34 mm)。苗木总体生长量水平不高,这可能与所采用的容器规格偏小和密度过大有关。但家系之间差异极为显著,最优家系(A201)平均苗高和基径分别大于最差家系(WJ1、C33)的66%和31%。侧枝数、叶绿素相对含量的家系间差异也达到极显著水平。反映不同家系抗旱性的旱死率指标也存在一定差异,但未达显著水平。从36个家系中挑选24个家系苗木进行破坏性取样,每家系取9株平均苗(在3重复内各取3株)测定干物质重量。结果列在表6-2的右侧3栏,在不同家系之间,株干重、根干重和根梢比等指标都存在极显著差异。单株生物量最高的家系(B25)超过最低家系(C33)的1倍以上。

表6-2 弗吉尼亚栎家系一年生容器苗生长差异分析

家系号	苗高/cm	基径/mm	侧枝数	叶绿素相对含量	旱死率/%	株干重/g	根干重/g	根梢比
A201	41.38	4.34	2.70	30.14	23.18			
A33	38.39	3.87	2.47	29.14	4.13	8.01	4.73	1.637
A68	37.81	4.05	2.20	29.42	7.00			
SJ7	37.12	3.99	1.20	43.33	13.73			
A20	36.90	3.93	1.29	31.40	20.98	7.17	4.65	1.877
SJ5	36.72	4.21	2.43	34.62	2.37	7.92	4.55	1.310
A171	36.69	3.96	1.62	32.92	2.37	7.90	4.81	1.580
A268	35.94	3.94	2.16	34.60	7.73	7.83	4.80	1.630
HY1	35.70	3.84	1.85	34.31	9.25	6.00	3.62	1.453
E51	35.67	3.92	2.08	32.36	19.25	7.19	4.71	2.027
B21	35.65	3.92	1.39	30.84	4.37	9.11	6.22	2.223
A252	35.52	4.05	2.49	32.93	15.01	8.73	5.28	1.533
C31	35.31	4.25	1.94	33.74	15.75	8.51	5.45	2.037
SJ1	35.01	3.96	1.76	33.21	7.16	7.11	4.39	1.730
D41	34.61	4.12	1.80	29.32	1.15	8.10	5.17	1.850
SJ4	34.53	4.21	2.44	31.54	0.95	7.08	4.17	1.643

续表

家系号	苗高/cm	基径/mm	侧枝数	叶绿素相对含量	旱死率/%	株干重/g	根干重/g	根梢比
B24	34.41	3.95	1.87	33.84	4.32	7.65	4.94	1.867
E53	34.04	4.08	2.38	33.64	4.53	8.37	5.41	2.047
B25	34.01	4.11	1.87	36.43	0.95	9.51	5.99	1.747
E54	33.63	3.96	1.78	32.03	27.08			
A60	33.63	3.95	1.89	31.98	12.36			
SJ2	32.78	4.10	2.05	34.71	6.70	8.48	5.29	1.677
B22	32.68	3.87	1.50	33.76	12.07	6.76	4.54	2.137
C32	32.37	4.15	1.87	30.44	4.32			
E52	31.04	3.69	1.71	31.18	28.42	6.09	3.83	1.680
A21	30.94	3.65	1.64	30.68	10.44			
A168	30.01	3.74	1.23	29.76	4.13	7.94	5.13	1.867
SJ6	29.18	3.55	0.97	31.07	2.65			
C34	29.16	3.42	1.12	30.92	1.15	5.37	3.58	2.117
C35	29.08	3.65	1.39	29.95	1.15	6.28	4.04	1.897
WJ2	28.81	3.89	1.19	31.09	25.00			
B23	28.74	3.77	1.89	33.33	6.22			
SJ3	28.63	3.70	1.25	33.50	0.00	6.53	4.19	1.863
F61	28.23	3.56	1.42	31.87	7.00			
C33	25.24	3.33	0.94	33.04	6.65	4.41	2.75	1.567
WJ1	24.88	3.44	1.14	33.89	1.15			
平均	33.18	3.89	1.75	32.53	8.91	7.42	4.68	1.791
F 值	7.1060	7.6840	3.3300	5.8640	1.3870	4.4180	4.5840	3.6490
P 值	0.0001	0.0001	0.0001	0.0001	0.1226	0.0001	0.0001	0.0001

进一步对24个家系的综合表现进行聚类分析与评价，以各个家系的苗高、基径、侧枝数、根干重、根梢比、旱死率等8项指标为基础，经标准化变换，采用卡方距离和离差平方和法进行聚类分析，获得树状图（见图6-2）。在距离2.0处，24个家系被清晰地划分为A、B、C、D四组。

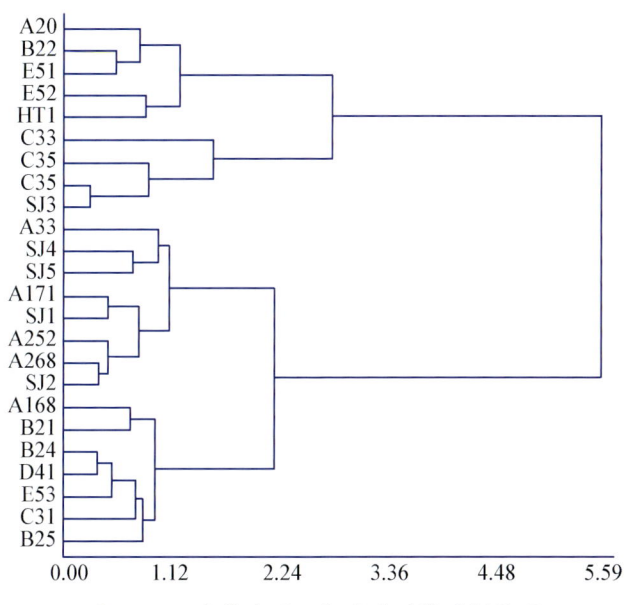

图6-2 24个弗吉尼亚栎家系的聚类树状图

4个小组的基本特征见表6-3。A组包含7个家系,其基本特点是株生物量最大,基径、根系发达,抗旱性较强;B组包含8个家系,其株生物量较大,苗高和侧枝数最大,但根系生物量比值最低,抗旱力一般;C组包含4个家系,其特点是地上生长最差,全株生物量最低,侧枝稀少,但抗旱力最强;D组包含5个家系,生长量和生物量一般,抗旱力最差。

表6-3 分组弗吉尼亚栎家系的基本特征

组别	所含家系	苗高/cm	基径/mm	株干重/g	根梢比	侧枝数	旱死率/%
A	B25、C31、E53、D41、B24、B21、A168	34.85	4.32	8.46	1.95	1.79	6.79
B	SJ2、A268、A252、SJ1、A171、A33、SJ4、SJ5	37.40	4.20	7.88	1.60	2.18	8.75
C	C33、C34、C35、SJ3	29.66	3.83	5.65	1.86	1.18	4.10
D	A20、B22、E51、E52、HY1	34.76	3.96	6.64	1.83	1.83	19.59

(四)苗木生长与种子性状的简单相关

表6-4显示,弗吉尼亚栎种子百粒重和种子宽度与苗高、基径、根系干重、地上干重和总干重之间均呈现极显著的正相关,$r=0.628\sim0.773$。种子长度对高径生长和生物量的

影响以及种子大小对分枝数的影响相对较低,但大多也达到显著相关水平;苗高、基径、侧枝数3个生长性状与根系干重、地上干重和总干重3个生物量指标之间大多呈现极显著的正相关,$r=0.534\sim0.860$,但侧枝数与根系干重的相关未达显著水平。种子发芽率、出苗速度指数(即初期出苗率与最终出苗率之比值)以及叶绿素相对含量与种子大小、苗木生长和生物量指标之间均不存在显著的相关关系。但观测表明,发芽出土早迟与幼苗早期高生长有一定的正相关关系。根梢比除了与侧枝数呈显著的负相关之外,与所有其他指标的相关都不密切。

表6-4 弗吉尼亚栎家系苗木生长与种子性状之间的简单相关

	$x(2)$	$x(3)$	$x(4)$	$x(5)$	$x(6)$	$x(7)$	$x(8)$	$x(9)$	$x(10)$	$x(11)$	$x(12)$	$x(13)$
$x(1)$	0.8279	0.9257	0.0175	0.0112	0.7565	0.6628	0.4892	0.1396	0.7091	0.6961	0.7730	0.0190
$x(2)$		0.6579	0.0912	0.0116	0.5855	0.4278	0.2003	0.0193	0.7547	0.4973	0.7255	0.3635
$x(3)$			0.0626	0.0237	0.7957	0.6973	0.6011	0.1872	0.6489	0.7081	0.7355	−0.0409
$x(4)$				0.0322	0.3765	0.3257	0.2466	−0.1300	0.2817	0.3339	0.3091	−0.2311
$x(5)$					0.2491	0.1923	0.3487	−0.1375	0.0653	0.1464	0.0673	−0.1367
$x(6)$						0.7644	0.6981	0.0813	0.5988	0.6984	0.6995	−0.1579
$x(7)$							0.7357	0.3305	0.6955	0.8604	0.7908	−0.2120
$x(8)$								0.2124	0.3395	0.7088	0.5388	−0.4927
$x(9)$									0.1211	0.3529	0.2305	−0.2619
$x(10)$										0.7716	0.9508	0.2118
$x(11)$											0.9155	−0.3975
$x(12)$												−0.0402

注:相关系数临界值:$a=0.05$时,$r=0.4227$;$a=0.01$时,$r=0.5368$。表内:$x(1)$,百粒重;$x(2)$,种子长度;$x(3)$,种子宽度;$x(4)$,出苗速度指数;$x(5)$,种子发芽率;$x(6)$,苗高;$x(7)$,基径;$x(8)$,侧枝数;$x(9)$,叶绿素相对含量;$x(10)$,根系干重;$x(11)$,地上干重;$x(12)$,总干重;$x(13)$,根梢比。

图6-3表示32个家系不同时期平均苗高与其种子大小指标之间的相关系数的变化过程。总体而言，种子百粒重和种子宽度与苗高的相关比种子长度与苗高的相关更加密切，相关系数值呈现由高向低的变化趋势，但均处于极显著相关的水平（相关系数临界值：$a=0.05$时，$r=0.3494$；$a=0.01$时，$r=0.4487$）。种子发芽出土初期，百粒重和种子宽度与初期苗高的相关系数分别高达0.87和0.83。最终的相关系数仍处于0.66～0.77的较高水平。因此，在生产应用中，挑选大粒种子的弗吉尼亚栎母树进行采种育苗，有利于培育壮苗。

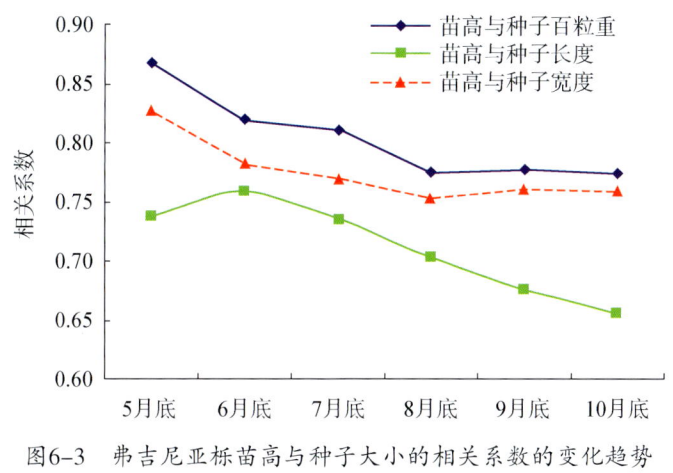

图6-3 弗吉尼亚栎苗高与种子大小的相关系数的变化趋势

（五）结论与讨论

在原产地美国，弗吉尼亚栎是常用的城市园林树种和防护林树种之一，在园林栽培和抗逆生理生态领域有不少研究，但至今未见有关弗吉尼亚栎遗传改良的研究报道。本研究中的弗吉尼亚栎自由受粉子代苗期试验证明，不同家系苗木高径生长量、侧枝数、全株生物量和根梢比、叶绿素相对含量都表现出显著差异，此外，干旱死亡率也存在一定差异。按照多个经济性状进行聚类分析，可将参试家系划分为4个具有不同特点的组（见表6-3），显然，其中生物量大、根系发达和抗旱力较强的A组家系是首先考虑的选择对象。虽然本试验所采用的容器偏小，在一定程度上影响了弗吉尼亚栎家系苗木的生长，尤其对那些比较速生家系的影响可能更大，这样会对家系的评价带来偏差，但本苗期试验的主要目的是检验家系间变异的大小幅度。以上结果说明，弗吉尼亚栎半同胞后代在苗期阶段表现出丰富的遗传差异，未来改良的潜力巨大。通过进一步的造林试验和观测研究，定能选育出具有不同用途的理想品系。

研究表明，苗木各种性状之间存在不同程度的相关关系。尤其是种子大小（百粒重、种子宽度）与苗木最终的生长量和生物量性状之间存在高度相关（$r=0.649$～0.796），即大粒种子所育出的苗木生长更粗壮,这具有一定应用意义。同时,种子大小与苗高的相关系数呈现由高向低的变化趋势,这是由于栎树幼苗初期生长主要依赖于种子自身(子叶)所含营养物质的活化,种子的大小关系到营养物质的多少。随着时间的推移,苗木的生长逐步转向依靠根系对土壤营养的吸收,种子大小的影响逐步减小,致使相关系数呈现逐步下降的趋势。栎树种子大小对苗木生长的影响,国外已有不少报道。在其他树种中也经常发生,例如杉木、马尾松等。按照数量遗传学理论,树木的后代表现取决于遗传与环境的综合,其中遗传效应包括加性效应、显性效应和母体效应,在这里,种子大小的效应应该属于母体效应的一种表现,该效应究竟可以延续多长时间,有待深入研究。

第二节
弗吉尼亚栎半同胞家系抗逆性的差异

通过前面的实验研究(第三章第四节),了解到弗吉尼亚栎对重金属严重污染土壤有较强的忍耐性。为了进一步研究弗吉尼亚栎种内抗逆性的遗传差异,这里采用弗吉尼亚栎和枫香各12个半同胞家系的容器苗在富阳大畈铅锌尾矿库设置造林试验,同时采用同一批材料在附近没有污染的农田圃地栽种,观察比较种间与种内抗逆性的差异。尾矿库土壤情况前面已有介绍。

2012年年初,用两个树种各12个家系种子在大棚内播种于无纺布小容器(高10 cm,直径4.5 cm,基质为泥炭加土各1/2),6月底采用15～20 cm高的芽苗连带容器土到尾矿库栽种(小穴客土),株行距0.5 m×1 m,5株小区,重复4次。同时用同一批的小容器苗在尾矿库附近600 m距离的苗圃中同时栽种,作为对照试验区,5株小区,重复3次。2013年年底对尾矿区和对照区的生长调查结果列在表6-5。

表6-5 弗吉尼亚栎与枫香家系在铅锌尾矿库和圃地栽种2年高生长表现

弗栎(苗高/cm)				枫香(苗高/cm)			
家系号	尾矿区	圃地	耐受指数	家系号	尾矿区	圃地	耐受指数
SJ1	58.60	71.78	0.8164	九连山1	43.50	108.79	0.3999
E51	50.75	67.44	0.7525	衡阳2	38.00	97.00	0.3918
A60	45.57	66.29	0.6875	九连山3	34.94	99.23	0.3521
A168	45.11	73.56	0.6133	衡阳4	34.71	90.00	0.3856
A68	45.00	69.40	0.6484	九连山4	34.16	96.46	0.3541
A268	41.63	63.75	0.6529	天目1	34.16	84.50	0.4042
D41	39.90	73.57	0.5423	衡阳3	33.50	99.13	0.3380
SJ4	38.13	83.30	0.4577	信阳3	33.00	87.14	0.3787

续表

弗栎（苗高/cm）				枫香（苗高/cm）			
家系号	尾矿区	围地	耐受指数	家系号	尾矿区	围地	耐受指数
A252	37.30	67.56	0.5521	天目2	30.30	73.80	0.4106
A21	37.00	55.00	0.6727	信阳2	29.15	87.25	0.3341
E54	36.11	70.30	0.5137	天目3	28.53	82.43	0.3461
C32	29.17	79.25	0.3680	信阳4	27.63	84.33	0.3276
平均值	42.02	70.10	0.6065	平均值	33.46	90.84	0.3684
F值	3.0750	2.0220		F值	4.8580	4.0160	
P值	0.0015	0.0352		P值	0.0001	0.0001	

同样的弗吉尼亚栎和枫香家系在两种立地条件下栽种，2年后保存率差异不大（85%～91%），但不同家系的高生长量均存在显著差异（$P<0.05$）。从表6-5可以看出，在尾矿库中生长最好的弗吉尼亚栎家系SJ1和E51的苗高超过最差家系C32的近1倍。尾矿区与对照区的生长量之比值（即耐受指数的大小）反映出植物综合抗性的强弱，12个家系耐受指数变动于0.37～0.82之间，其中SJ1和E51的耐受指数最高，分别达到0.82和0.75，说明这两个家系的综合抗性较强。枫香家系在两种立地条件下苗高生长量同样存在显著差异，其中九连山1号和衡阳2号表现最佳。在尾矿区枫香总体生长量小于弗吉尼亚栎，而在围地对照区的生长量则大大超过弗吉尼亚栎，平均耐受指数0.3684，远低于弗吉尼亚栎的平均耐受指数值0.6065，说明弗吉尼亚栎对尾矿库恶劣环境的综合抗性强于枫香，在尾矿库绿化治理中更有应用潜力；而且通过弗吉尼亚栎的家系选择，能进一步提高弗吉尼亚栎的抗逆性。

第三节
弗吉尼亚栎无性系生长差异

2009年春,在浙江富阳新登弗吉尼亚栎圃地,挑选五年生母树17株,于2月上旬对母株进行截干处理,截干高度20 cm。5月下旬采集伐桩萌条,剪取其中下部部分木质化的茎段作插穗直接扦插于穴盘容器内,扦插基质为泥炭3+珍珠岩1。每个无性系扦插35~60根穗条(穗长7~8 cm、粗度4~5 mm)不等。插后罩以塑膜小棚,3个月后撤除,定时喷雾管理。当年年底和翌年年底观测成活率与生长量。

结果表明(见表6-6),扦插当年17个无性系平均成活率为61.5%,成活率无性系间高低差距悬殊。其中4个无性系成活率达80%以上,但有5个无性系成活率不到50%,最低的仅27.5%。扦插当年地上生长相当缓慢,17个无性系平均苗高为7.94 cm。生长最好的几个无性系平均高10.81 cm,最差的无性系39号基本上没有抽梢生长。留床培养至第二年年底,平均苗高30.56 cm,无性系间差异显著。最好的无性系19号高达57.29 cm,最低的39号无性系只有16.21 cm,高低相差2.5倍以上,说明弗吉尼亚栎无性系选择潜力很大。

表6-6 弗吉尼亚栎伐桩萌条5月穴盘扦插成活率与苗木高生长

无性系号	成活率/%	当年年底苗高/cm	翌年年底苗高/cm
30	65.0	13.18 a	37.76 bcd
04	87.8	12.32 ab	43.00 b
25	75.0	11.00 ab	34.20 bcd
19	27.5	10.00 abc	57.29 a
37	62.1	9.88 abc	27.13 defg
44	55.7	9.86 abc	41.75 bc
43	48.3	9.43 abc	27.86 defg
27	88.3	8.31 bcd	25.27 defg
26	43.0	7.29 bcd	31.80 bcde

续表

无性系号	成活率/%	当年年底苗高/cm	翌年年底苗高/cm
02	45.6	6.64 cd	19.20 efg
40	56.4	6.58 cd	30.10 cdef
21	61.7	6.43 cd	37.75 bcd
36	60.0	6.33 cd	29.31 cdef
18	81.5	5.33 de	24.94 defg
35	45.0	5.20 de	17.67 fg
33	54.1	4.90 de	18.33 fg
39	88.3	2.24 e	16.21 g
平均	61.5	7.94	30.56
P值	—	0.0001	0.0001

2011年春，将弗吉尼亚栎扦插苗移栽至圃地栽培，株行距60 cm×70 cm，5株小区，重复4次。但由于田间管理的疏忽，移栽成活率不高，2012年春又一次移栽，分系栽种，无性系株数10~20株不等，未设重复。表6-7是2014年7月的调查结果，从表中可以看出，在密度较大环境下栽种3.5年的弗吉尼亚栎无性系之间生长差异极其显著，树高和直径的广义遗传力高达0.89~0.92。生长最好的无性系（36号）树高超过最差无性系（18号）25.7%；02号无性系直径生长最差，与36号相差44.7%。

图6-4　弗吉尼亚栎四年生无性系试验林

表6-7　弗吉尼亚栎7个无性系栽种3.5年的生长差异

无性系号	平均树高 /cm	平均米径 /mm
36	272.50 a	24.25 a
04	261.76 ab	22.59 a
21	242.14 bc	19.43 a
30	226.00 cd	19.20 a
25	223.75 cd	20.00 a
02	211.58 d	13.42 b
18	202.50 d	19.25 a
总平均	234.32	19.73
F 值	12.0180	8.7360
P 值	0.0001	0.0001
$h^2=1-(1/F)$	0.917	0.886

从该试验得到如下结论：

① 通过截干促萌、采集基部萌条（幼化）扦插繁殖的方法，可以使弗吉尼亚栎达到较高的扦插成活率。

② 弗吉尼亚栎扦插生根和生长速度缓慢，扦插苗根系不够发达（多1~2条侧根），移栽到大田后需要精细管理才能获得较高的造林成活率。

③ 弗吉尼亚栎种内个体变异极其丰富，扦插成活率、生长速度和形态特征（树形、叶形等）均存在极显著的无性系间差异，因此，弗吉尼亚栎种内无性系选择的潜力巨大。选择扦插生根能力强、生长速度快和形态特异的优良无性系是完全可能的。在本试验中，04号无性系扦插容易成活，生长速度较快，树干挺直，顶端优势明显，树形相当整齐，这样的无性系应该大力扩繁利用。

第四节
弗吉尼亚栎的遗传改良策略与方法

分类学家根据叶片大小和壳斗形状从典型的弗吉尼亚栎（*Quercus virginiana* Mill., Live oak 或 Virginia live oak）中区分出两个变种：得克萨斯栎 [*Quercus virginiana* var. *fusiformis* (Small)Sarg., Texas live oak] 和沙地弗吉尼亚栎 [*Q.virginiana* var. *geminata* (Small)Sarg., Sand live oak](Harms W.R., 1992)。在 Petrides G.A.（1998）编著的《*A Field Guide to Eastern Trees*》一书中，将 Virginia live oak 与 Sand live oak 并列为 2 个种。

弗吉尼亚栎的基本特点是低矮而特别宽大的树冠，抗逆性强，生长速度相对缓慢，目前该树种在美国被广泛用作遮阴树和景观绿化。美国的园艺学家已经选育出一些弗吉尼亚栎的园艺品种，比如无性系品种 Cathedral Oak®和 Highrise®等（Gilman, 2006）。但总体而言，相对于其他栎树，对弗吉尼亚栎的遗传改良研究仍然比较滞后，没有开展系统的遗传改良进程。从前面的大量观察和试验资料可以证实，所引进的弗吉尼亚栎种内存在极其丰富的表型多样性与遗传多样性，这是实行遗传改良所必要的物质基础。为了充分发挥弗吉尼亚栎在我国林业建设中特别是在生态环境建设中的更大作用，有必要逐步推进弗吉尼亚栎的遗传育种研究。

（一）选育方向与目标

根据弗吉尼亚栎的基本特点，笔者认为，应该根据我国生态建设的不同立地特点和市场需求确定不同的目标，实行定向选育。大体分为以下 3 个方向：

1. 沿海防护林品种选育

在我国长三角沿海地区大风、台风频发，土壤盐碱度和地下水位较高，乡土的抗风耐盐耐水的常绿树种稀少，弗吉尼亚栎作为抗风、耐盐、耐湿的常绿树种，正好填补了这一空白，在该地区沿海防护林建设中的应用前景广阔。但是作为防护林树种，迫切需要更加理想的品系，即速生、主干顶端优势明显、更加抗风、耐盐，这是今后主要的选育目标。

2. 城镇园林景观品种选育

园林景观建设需要形态特异、观赏价值高的品种，弗吉尼亚栎个体形态变异极其丰富，树形、冠形、皮形、枝形、叶形等变异极大，通过选择和无性繁殖方法将一些有利变异加以固定，就可以较快地育出特异品种，例如辐射宽冠型、窄冠圆柱型、垂枝型、大叶型、长叶型或彩叶型等不同类型的观赏品系。进一步可以通过杂交，创制出新一代复合型新品种。

3. 尾矿沙地抗逆品种选育

弗吉尼亚栎是喜爱砂质土壤的常绿树种，研究证明，它可以在砂质尾矿库正常生长，并对重金属和干旱瘠薄环境具有较高抗性，不同家系或无性系的抗逆性有差异。因此，通过大量筛选试验，选育出更加抗重金属和抗干旱瘠薄的基因型是可能的，常绿树种在荒芜尾矿库治理中更具吸引力。

弗吉尼亚栎引种实践表明，虫害特别是蛀干害虫时有发生，有时为害程度相当严重。不管是哪个选育方向，应该将抗虫性作为首要选育目标加以考虑。但真正的抗虫育种难度较大，目前暂且把主要精力放在其他目标的改良方面。

（二）选育策略与技术路线

任何树种的遗传改良，都是从种质资源的收集与研究开始的。弗吉尼亚栎非我国乡土树种，虽然十多年来从美国引进了一大批种子，形成了超过数百万个体树木组成的种群，初步具备了遗传改良的基本条件。但是，现有资源的来源地域较窄，迫切需要继续扩大收集保存来自不同气候带、不同立地环境的种源以及生态型、形态型和优良单株等资源，以丰富现有物质基础。这对于一个外来树种的遗传改良能否取得成效和效率高低是至关重要的问题。

以个体选择为核心，有性繁殖与无性繁殖相结合，混合选择、家系选择和无性系选择相结合，分阶段逐步提高良种水平，这是当前弗吉尼亚栎遗传改良的基本策略。具体的技术路线（见图6-5）和方案建议如下：

1. 建立母树林

两种方法可以采用：一是从现有弗吉尼亚栎人工林进行留优去劣和疏伐改造之后，成为母树林；二是从现有林中挑选优良单株，按一定的株行距进行移栽，建成母树林。母树林繁育种子属于一种混合选择方法，能够在较短时间内大量生产出经过初步改良的种子，较早满足当前生产的种子需求，也能取得一定的遗传增益（5%左右），可以说这是一

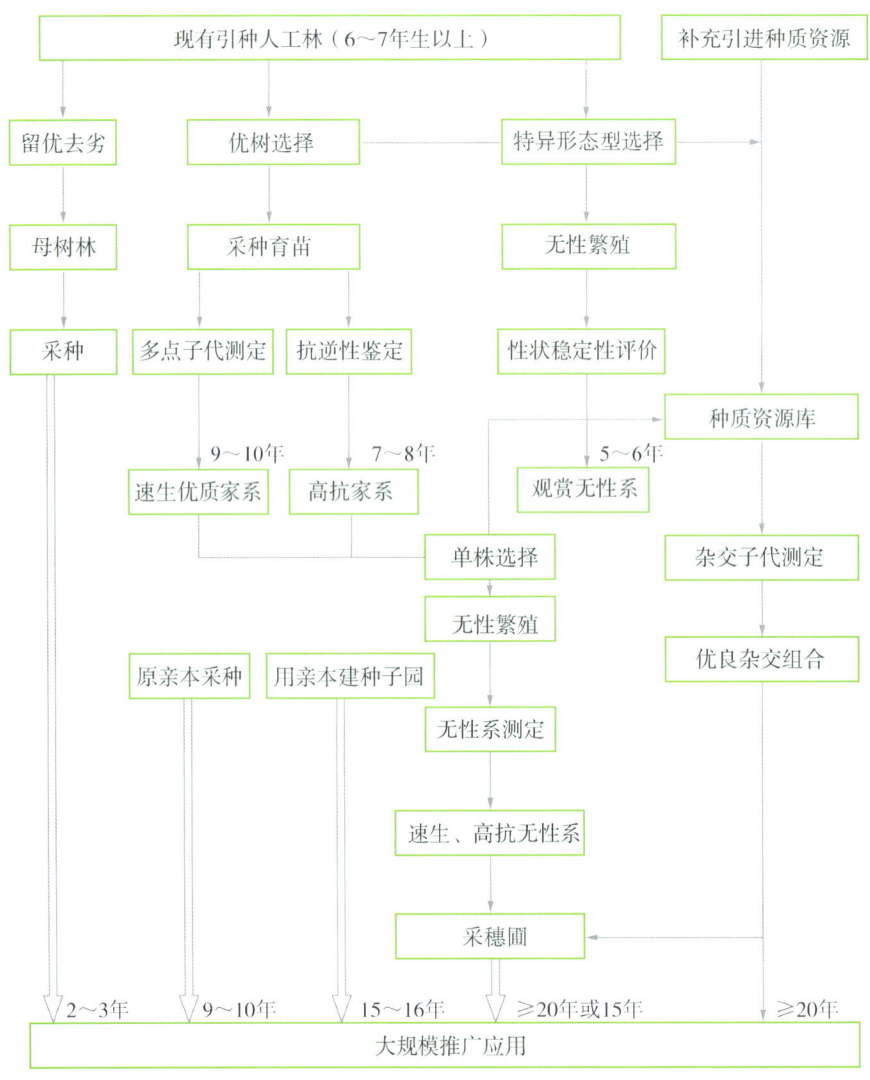

图 6-5　弗吉尼亚栎遗传改良技术路线图

种权宜之计。

2. 优树选择和子代测定

优树选择和子代测定是林木常规育种的传统方法,其目标是为防护林建设服务,选育速生优质(形质)的亲本及其半同胞家系,再通过建立种子园方式大量繁育经过改良的造林用种。对于弗吉尼亚栎,从 6~7 年生以上的现有林中,按 1/1000~1/5000 的选择率挑选优树(生长突出,尤其高生长优势明显、干形通直、无病虫害等)100~200 株,采集优树种子开展育苗,并按照正规实验设计在沿海地区营造多地点的子代鉴定林。7~8 年后进行家系评选。根据评选结果,一是对原亲本优树采种用于造林(7~8 年);二是在子代测定林内进行疏伐改造,保留优良家系和优良单株,建立实生种子园生产种子(9~10年);三是采用优良家系之亲本优树建立嫁接无性系种子园生产种子(15~16年)。这样一条选育途径是许多树种常用的途径,生长量的遗传增益通常在15%~25%。

图6-6 通过留优去劣建立弗吉尼亚栎母树林(浙S-SS-QV-015-2015)(浙江上虞)

图6-7 弗吉尼亚栎优树264号和019号

图 6-8　弗吉尼亚栎高干窄冠型单株　　　图 6-9　垂枝弗栎

3. 特异形态型选择和无性系鉴定

在上述优树选择的同时,开展特异型单株选择。窄冠型、大叶型、光皮型、大果型等特异形态型选择和无性系鉴定的主要目的是为城镇绿化选育园林观赏品种,其关键在于无性繁殖技术是否过关。栎树无性繁殖难度较大,目前弗吉尼亚栎的扦插技术虽然基本解决,但仍需要研究完善,提高成活率。从现有林内挑选特异型单株之后,通过修剪或截干促萌等措施获得较多的幼化嫩枝进行扦插繁殖,成活率较高。在获得不同形态型的无性系苗木之后,需要至少设置1~3个地点的无性系鉴定林,观测各种特定形态性状的稳定性,同时开展生长、抗性等观测研究,3~4年后进行总体评价。这样,从选树开始,通过5~6年的工作可望获得具有观赏价值的优良品系或者早期速生型的优良无性系,再通过建采穗圃进行推广应用。这是弗吉尼亚栎改良中速度最快和效率最高的一种途径。

4. 抗逆品系鉴定与选育

其目的是为污染地、瘠薄地、盐碱地等选育高抗品系。此项工作可在优树选择和子代鉴定工作基础上进行。根据优树子代鉴定2~3年的初步结果,挑选部分生长突出的家系苗木开展盆栽逆境胁迫实验(干旱、重金属、养分、盐分等),同时开展尾矿区、盐碱地等造林试验,4~5年后进行评价总结,可以选出不同类型的高抗家系。其规模化应用需通过原亲本采种或建立种子园来实现。

5. 第二轮选择与鉴定

以上 2、3、4 三个途径,都是以现有林中的优树或特异单株为起点,通过遗传鉴定(子代鉴定或无性系鉴定),评选出遗传优良的亲本,再通过对优良亲本的种子繁殖(原亲本采种或新建无性系种子园)或扦插繁殖(采穗圃)加以应用,这在林木育种中属于轮回选择方案中的第一轮选择。

为进一步提高遗传增益,需要制订长远的改良计划,在第一轮选择基础上着手第二轮选择是必要的。这就是在优树的子代鉴定林中,挑选出优良家系中的优良单株,对这些优良单株进行无性繁殖和无性系鉴定,选出第 2 代速生、高抗的优良无性系,再通过采穗圃加以利用。这样的过程需要 15～20 年后完成。另一方面,利用第 1 代优树或特异单株(通过子代和无性系鉴定,其遗传特性已清楚)和第 2 代优良单株开展有针对性的配对杂交,并设置杂交子代试验林,甚至开展弗吉尼亚栎与其他近缘栎树的种间杂交,将弗吉尼亚栎的遗传改良不断推上新台阶。

参考文献

[1] 陈益泰,陈雨春,黄一青,等.抗风耐盐常绿树种弗吉尼亚栎引种初步研究[J].林业科学研究,2007,20(4):542–546.

[2] 陈益泰,孙海菁,王树凤,等.5种北美栎树在我国长三角地区的引种表现[J].林业科学研究,2013,26(3):344–351.

[3] 陈益泰,王树凤,陈雨春,等.弗吉尼亚栎种子产量、脱落过程与种子形态特征的变异及稳定性[J].林业科学研究,2015,28(4):524–530.

[4] 蒋燚,王以红,邱凤英,等.大叶栎优良种源早期选择研究[J].西部林业科学,2011,40(1):1–7.

[5] Farmer R E. Variation in seed yield of white oak[J]. Forest Science,1981,27(2):377–380.

[6] Gilman E F,Anderson P J. Pruning lower branches of live oak (*Quercus virginiana* Mill.) cultivars and seedlings during nursery production: balancing growth and efficiency[J]. Journal of Environmental Horticulture,2006,24(4):201–206.

[7] Harms W R. *Quercus virginiana* Mill. live oak[M]. Burns R M,Honkala B H. Silvics of North America. Vol. 2 Hardwoods. Agric. Handb. 654. Washington D C:U. S. Department of Agriculture,Forest Service. 1990,751–754.

[8] Healy W M,Lewis A M,Boose E F. Variation of red oak acorn production[J]. Forest Ecology and Management,1999,116:1–11.

[9] Kormanik P P,Sung S S,Kormanik T L,et al. Effect of acorn size on development of northern red oak 1–0 seedlings[J]. Canadian Journal of Forrest Research,1998,28:1805–1813.

[10] Petrides G A. A Field Guide to Eastern Trees: Eastern United States and Canada, Including the Midwest[M]. Houghton Mifflin (Trade),1998.

[11] Sharik T L,Ross M S,Hopper G M. Early fruiting in chestnut oak (*Quercus prinus* L.) [J]. Forest Science,1983,29(2):221–224.